"十四五"时期国家重点出版物出版专项规划项目

山西省基础研究计划面上项目（202403021221179）资助
山西省应用基础研究计划青年项目（201901D211427）资助
山西省高校科技创新项目（2020L0494）资助
大同市应用基础研究项目（2024073）资助
山西大同大学博士科研启动项目（2018-B-16）和横向项目（202409001）资助

植物对非生物胁迫的分子响应与调控

殷丽丽 ◎ 著

中国农业科学技术出版社

图书在版编目(CIP)数据

植物对非生物胁迫的分子响应与调控 / 殷丽丽著. --
北京：中国农业科学技术出版社，2025.3. -- ISBN
978-7-5116-7341-1

I. Q945

中国国家版本馆 CIP 数据核字第 2025MY4836 号

责任编辑	陶　莲
责任校对	王　彦
责任印制	姜义伟　王思文

出 版 者	中国农业科学技术出版社
	北京市中关村南大街 12 号　　邮编：100081
电　　话	（010）82109705（编辑室）　　（010）82106624（发行部）
	（010）82109709（读者服务部）
网　　址	https://castp.caas.cn
经 销 者	各地新华书店
印 刷 者	北京建宏印刷有限公司
开　　本	170 mm×240 mm　1/16
印　　张	14.25
字　　数	280 千字
版　　次	2025 年 3 月第 1 版　2025 年 3 月第 1 次印刷
定　　价	80.00 元

◆◆◆ 版权所有・翻印必究 ◆◆◆

作者简介

殷丽丽，女，1987年9月出生，山西大同人，博士，副教授，硕士生导师。主要从事植物逆境生理及分子生物学研究。主持山西省基础研究计划面上项目1项、山西省基础研究计划青年项目1项、山西省高校科技创新项目1项、大同市科技计划项目1项、山西大同大学产学研专项1项、横向项目1项，以第一作者发表论文11篇，其中SCI收录5篇、北大核心收录5篇、参编著作1部。主持山西省教学改革研究项目1项，发表教学改革论文1篇，指导国家级大学生创新创业训练项目1项，指导第八届全国大学生生命科学竞赛获国家级一等奖1项、三等奖1项。

前　言

在自然界中，植物所处的生存环境不是恒定不变的，即使同一地区，一年四季也有冷热旱涝之分，使植物频繁面临不同于自身生境的各类胁迫。外界自然条件变化对植物造成的胁迫称为非生物胁迫，然而，植物在漫长的进化进程中逐步构建起一系列高效的适应机制来响应这些非生物胁迫。深入了解植物对环境的适应机制，对于增强植物的抗逆性、保护生态环境以及提高农业产量具有重要意义。因此，本书围绕植物对非生物胁迫的响应和适应机制进行了论述。

本书将科学性和创新性融为一体，综合了著者近年来的研究成果，并吸取国内外相关领域的最新研究进展，以耐缺铁砧木小金海棠缺铁适应性反应机制和基因家族成员对干旱和盐胁迫的分子响应为例，论述了植物对非生物胁迫的分子响应和调控机制。全书共九章，围绕植物对非生物胁迫的响应机制与适应策略展开论述。第一章从形态、生理、生化及分子多维度概述了植物响应非生物胁迫的策略；第二章聚焦于植物缺铁适应性反应这一特定研究领域，并阐述小金海棠在此领域的研究进展；第三章至第五章进一步围绕小金海棠，详细介绍了转录因子 MxFIT、MxIRO2 的特性及功能，并揭示其调控小金海棠缺铁适应性反应的分子机制；第六章概述了基因家族成员对干旱及盐胁迫的响应，在基因层面阐述植物应对干旱和盐胁迫的响应策略；第七章至第九章分别深入介绍了绿豆 OSCA 基因家族、绿豆 BBX 基因家族以及大豆 BBX 基因家族的鉴定及对干旱和盐胁迫的响应，通过对不同植物基因家族的剖析，体现了基因家族成员响应干旱和盐胁迫的特性。本书通过系统且深入的研究与阐述，为植物抗逆研究提供了理论参考，有助于推动该领域的持续发展。

本书逻辑严谨、条理清晰，具有很强的时效性，适合从事植物逆境生理、植物抗逆机制、功能基因研究等领域的科研人员阅读和使用。

本书得到了山西省基础研究计划面上项目（202403021221179）、山西省应用基础研究计划青年项目（201901D211427）、山西省高校科技创新项目（2020L0494）、大同市应用基础研究项目（2024073）、山西大同大学博士科研启动项目（2018-B-16）和横向项目（202409001）的资助。

  虽然在本书的撰写上进行了不懈的努力，但是由于著者知识水平有限，加之植物对非生物胁迫适应性研究的不断更新，书中难免有疏漏和欠妥之处，敬请同领域专家和广大读者批评指正。

殷丽丽
2025 年 1 月

目　录

1 植物对非生物胁迫的适应性 … 1
1.1 非生物胁迫对植物生长发育的影响 … 1
1.1.1 盐胁迫对植物生长发育的影响 … 1
1.1.2 干旱胁迫对植物生长发育的影响 … 2
1.1.3 营养缺乏对植物生长发育的影响 … 3
1.2 植物对非生物胁迫的适应性 … 4
1.2.1 植物对盐胁迫的适应性 … 4
1.2.2 植物对干旱胁迫的适应性 … 7
1.2.3 植物对营养缺乏的适应性 … 9
1.3 提高植物对非生物胁迫适应性的途径 … 10
1.3.1 逆境锻炼 … 10
1.3.2 生长调节剂的作用 … 11
1.3.3 合理施肥 … 11
1.3.4 选育耐逆品种 … 12
参考文献 … 12

2 植物缺铁适应性研究 … 15
2.1 铁素营养对植物的重要性 … 15
2.2 高等植物铁吸收机制 … 16
2.2.1 机理Ⅰ型植物铁吸收机制 … 16
2.2.2 机理Ⅱ型植物铁吸收机制 … 19
2.3 植物铁吸收调控研究 … 19
2.3.1 机理Ⅰ型植物感应缺铁的信号物质及其调控 … 20
2.3.2 参与缺铁适应性反应的转录因子 … 21
2.4 小金海棠对铁的吸收及缺铁适应性研究 … 26
2.4.1 果树缺铁及适应研究概况 … 26

2.4.2 小金海棠缺铁适应性研究进展 ········· 27
   参考文献 ········· 29
3 小金海棠 *MxFIT* 基因的克隆及功能研究 ········· 39
  3.1 材料与方法 ········· 39
    3.1.1 试验材料 ········· 39
    3.1.2 植物材料培养 ········· 39
    3.1.3 培养基及营养液配制 ········· 40
    3.1.4 试验所用溶液配制 ········· 40
    3.1.5 试验方法 ········· 42
  3.2 结果与分析 ········· 55
    3.2.1 小金海棠 *MxFIT* 基因的克隆 ········· 55
    3.2.2 MxIFIT 的亚细胞定位 ········· 56
    3.2.3 *MxFIT* 的自激活验证 ········· 59
    3.2.4 MxFIT-His 融合蛋白的原核表达及纯化 ········· 60
    3.2.5 *MxFIT* 在缺铁胁迫下的表达分析 ········· 63
    3.2.6 *MxFIT* 在不同铁供应下的表达分析和 MxFIT 的免疫组织化学定位 ········· 64
    3.2.7 过表达 *MxFIT* 对烟草悬浮细胞铁吸收的影响 ········· 66
    3.2.8 转基因拟南芥的检测 ········· 66
  3.3 讨论与结论 ········· 69
  3.4 小结 ········· 71
  参考文献 ········· 72
4 小金海棠 *MxIRO2* 基因的克隆及特性分析 ········· 75
  4.1 材料与方法 ········· 75
    4.1.1 试验材料 ········· 75
    4.1.2 植物材料培养 ········· 75
    4.1.3 试验方法 ········· 75
  4.2 结果与分析 ········· 80
    4.2.1 *MxIRO2* 基因的克隆及其同源性分析 ········· 80
    4.2.2 MxIRO2 的亚细胞定位 ········· 80
    4.2.3 MxIRO2 的自激活验证 ········· 81
    4.2.4 MxIRO2-His 融合蛋白的表达及纯化 ········· 84
    4.2.5 抗体的纯化及抗体效价分析和抗原滴度分析 ········· 85

  4.2.6　*MxIRO2* 在缺铁胁迫下的表达分析 …………………………… 86
 4.3　结论与讨论 ………………………………………………………………… 88
 4.4　小结 ………………………………………………………………………… 89
 参考文献 …………………………………………………………………………… 90

5　小金海棠 MxFIT 和 MxIRO2 转录因子对铁吸收基因的调控 …… 92
 5.1　材料与方法 ………………………………………………………………… 92
  5.1.1　试验材料 ……………………………………………………………… 92
  5.1.2　试验方法 ……………………………………………………………… 92
 5.2　结果与分析 ………………………………………………………………… 98
  5.2.1　酵母单杂交检测 MxFIT 与 *MxIRT1*、*MxFRO2* 启动子的
    　 关系 …………………………………………………………………… 98
  5.2.2　酵母双杂交检测 MxFIT 与 MxIRO2 的互作关系 ……………… 98
  5.2.3　瞬时注射烟草检测 MxFIT、MxIRO2 与 *MxIRT1*、*MxFRO2*
    　 启动子的关系 ………………………………………………………… 100
  5.2.4　*MxIRT1* 及 *MxFRO2* 启动子活性检测 …………………………… 100
  5.2.5　*MxIRT1*、*MxFRO2* 启动子及其删除片段活性的检测 ………… 101
  5.2.6　MxFIT、MxIRO2 与 *MxIRT1*、*MxFRO2* 启动子及其删除
    　 片段的关系 …………………………………………………………… 102
 5.3　结论与讨论 ………………………………………………………………… 104
 5.4　小结 ………………………………………………………………………… 106
 参考文献 …………………………………………………………………………… 106

6　基因家族对干旱和盐胁迫的响应 …………………………………… 108
 6.1　*NAC* 基因家族对干旱和盐胁迫的响应 ………………………………… 108
  6.1.1　*NAC* 基因家族特性 ………………………………………………… 108
  6.1.2　*NAC* 基因家族对干旱胁迫的响应 ………………………………… 108
  6.1.3　*NAC* 基因家族对盐胁迫的响应 …………………………………… 109
 6.2　*WRKY* 基因家族对干旱和盐胁迫的响应 ……………………………… 110
  6.2.1　*WRKY* 基因家族特性 ……………………………………………… 110
  6.2.2　*WRKY* 基因家族对干旱胁迫的响应 ……………………………… 110
  6.2.3　*WRKY* 基因家族对盐胁迫的响应 ………………………………… 111
 6.3　*MYB* 基因家族对干旱和盐胁迫的响应 ………………………………… 112
  6.3.1　*MYB* 基因家族特性 ………………………………………………… 112
  6.3.2　*MYB* 基因家族对干旱胁迫的响应 ………………………………… 112

6.3.3　MYB 基因家族对盐胁迫的响应 …………………………………………… 113
6.4　bZIP 基因家族对干旱和盐胁迫的响应 ………………………………………… 114
6.4.1　bZIP 基因家族特性 …………………………………………………………… 114
6.4.2　bZIP 基因家族对干旱胁迫的响应 …………………………………………… 114
6.4.3　bZIP 基因家族对盐胁迫的响应 ……………………………………………… 115
6.5　ERF 基因家族对干旱和盐胁迫的响应 ………………………………………… 115
6.5.1　ERF 基因家族特性 …………………………………………………………… 115
6.5.2　ERF 基因家族对干旱胁迫的响应 …………………………………………… 116
6.5.3　ERF 基因家族对盐胁迫的响应 ……………………………………………… 117
参考文献 ……………………………………………………………………………… 117

7　绿豆 OSCA 基因家族的鉴定及对干旱和盐胁迫的响应 ……………………… 125
7.1　引言 ……………………………………………………………………………… 125
7.2　材料与方法 ……………………………………………………………………… 127
7.2.1　试验材料 ……………………………………………………………………… 127
7.2.2　试验方法 ……………………………………………………………………… 127
7.3　结果与分析 ……………………………………………………………………… 130
7.3.1　绿豆 OSCA 家族成员的全基因组鉴定 ……………………………………… 130
7.3.2　绿豆 OSCA 家族成员的进化分析 …………………………………………… 131
7.3.3　绿豆 OSCA 基因家族各成员的结构分析 …………………………………… 131
7.3.4　绿豆与水稻、拟南芥、大豆 OSCA 基因的种间共线性分析 ……………… 135
7.3.5　绿豆 OSCA 基因的共线性分析 ……………………………………………… 138
7.3.6　VrOSCA 启动子顺式作用元件分析 ………………………………………… 140
7.3.7　绿豆 OSCA 基因对干旱胁迫和 ABA 处理的应答分析 …………………… 144
7.4　结论与讨论 ……………………………………………………………………… 145
7.5　小结 ……………………………………………………………………………… 147
参考文献 ……………………………………………………………………………… 148

8　绿豆 BBX 基因家族的鉴定及对干旱和盐胁迫的响应 ………………………… 154
8.1　引言 ……………………………………………………………………………… 154
8.1.1　BBX 蛋白的结构及分类 ……………………………………………………… 154
8.1.2　BBX 蛋白的功能 ……………………………………………………………… 155
8.2　材料与方法 ……………………………………………………………………… 159
8.2.1　试验材料 ……………………………………………………………………… 159
8.2.2　试验方法 ……………………………………………………………………… 160

8.3 结果与分析 ·· 164
　8.3.1 绿豆 *BBX* 基因家族的鉴定 ······························ 164
　8.3.2 绿豆 *BBX* 基因家族保守结构域分析 ······················ 166
　8.3.3 绿豆 *BBX* 基因家族的系统发育分析 ······················ 169
　8.3.4 绿豆、水稻、拟南芥和大豆 *BBX* 成员的共线性分析 ········ 171
　8.3.5 绿豆 *VrBBX* 基因的扩增分析 ··························· 173
　8.3.6 绿豆 *VrBBX* 基因的结构及保守基序分析 ·················· 176
　8.3.7 绿豆 *VrBBX* 基因启动子上的顺式作用元件分析 ············ 178
　8.3.8 绿豆 *VrBBX* 基因的表达分析 ··························· 179
8.4 结论与讨论 ·· 181
8.5 小结 ··· 185
参考文献 ··· 185

9 大豆 *BBX* 基因家族的鉴定及对干旱和盐胁迫的响应 ············· 195
9.1 引言 ··· 195
9.2 材料与方法 ·· 196
　9.2.1 大豆 *BBX* 基因家族的鉴定及其在染色体上的分布 ·········· 196
　9.2.2 大豆 BBX 蛋白保守结构域分析 ···························· 197
　9.2.3 大豆 *BBX* 家族基因系统发育树的构建 ···················· 197
　9.2.4 *GmBBX* 基因的扩展模式分析 ····························· 197
　9.2.5 *GmBBX* 基因启动子序列分析及表达特征分析 ··············· 198
9.3 结果与分析 ·· 198
　9.3.1 大豆 *BBX* 基因家族鉴定及在染色体上的分布 ·············· 198
　9.3.2 大豆 BBX 蛋白保守结构域分析 ···························· 201
　9.3.3 大豆 *BBX* 家族的系统发育 ······························ 201
　9.3.4 *GmBBX* 基因的扩展模式 ································· 203
　9.3.5 *GmBBX* 基因启动子序列分析 ····························· 204
　9.3.6 *GmBBX* 的组织特异性及逆境胁迫表达 ····················· 205
9.4 结论与讨论 ·· 207
9.5 小结 ··· 209
参考文献 ··· 210

1 植物对非生物胁迫的适应性

环境变化致使不适宜植物生长的环境频繁出现，植物常常受到干旱、水涝、盐渍、营养缺乏等不良环境因素的影响。对植物生长发育不利的各类环境因素统称为逆境，也称作胁迫。在生长发育进程中，植物面临着各种各样的环境胁迫，其中非生物胁迫是影响植物生存和产量的关键因素之一。非生物胁迫包括盐胁迫、干旱胁迫、营养缺乏等，这些胁迫影响植物的生理、生化和代谢过程，如水分吸收减少、蒸腾作用降低、光合作用减弱、呼吸改变、生长抑制物积累等，严重时甚至会导致植物死亡。在长期的进化历程中，植物形成了一系列适应机制来应对这些非生物胁迫。深入了解植物的非生物胁迫响应机制和环境适应性，对于增强植物的抗逆性、保护生态环境以及提高农产品产量具有至关重要的意义。

1.1 非生物胁迫对植物生长发育的影响

1.1.1 盐胁迫对植物生长发育的影响

1.1.1.1 盐胁迫

盐胁迫是指土壤或水中的盐分浓度过高，对植物生长产生不利影响的现象。盐胁迫主要来源于土壤中的盐分积累、海水入侵、灌溉水含盐量过高以及工业废水和生活污水的排放等，我国盐碱地多是盐化和碱化混合，统称其为盐碱化。我国盐碱地面积广阔，在东北、西北及沿海地区均有分布，总面积约占我国耕地面积的10%，并且由于降水、海水侵蚀等多方面原因，目前我国盐碱地范围呈现逐年扩大趋势，一定程度上阻碍了我国农业发展。据统计，目前世界上约有超过6%的陆地面积受盐渍化的危害，每年都给农业生产带来巨大的经济损失（赵可夫等，1999；王佳丽等，2011）。迄今，土壤盐碱化的蔓延仍是一个重大的环境问题，气候变化、过度使用地下水、劣质灌溉水的滥用、在半干旱至干旱气候区进行大规模灌溉以及土壤淋溶的缺乏都会加剧土壤盐渍化现象。培育耐盐作物、开发利用耐盐植物资源是抵御盐胁迫的一种可行途径。

1.1.1.2　盐胁迫对植物生长发育的影响

在生长发育方面，盐胁迫严重抑制植物生长。高浓度盐分导致土壤水势降低，植物根系难以吸收水分，根系生长受阻，根长缩短、侧根减少、根毛发育不良，地上部分茎生长缓慢变细，叶片面积大幅减小，使光合作用面积受限，影响植物生物量的积累。同时，盐胁迫会延迟植物的发育进程，干扰激素平衡，致使开花时间推迟，影响植物从营养生长向生殖生长的转变。

在生理代谢方面，高盐形成的渗透胁迫使植物细胞失水，尽管植物会积累脯氨酸、甜菜碱等小分子有机化合物，但仍会导致部分气孔关闭，气孔关闭限制了二氧化碳进入，从而影响光合作用，且盐离子会破坏叶绿体结构和功能，降低光合色素含量和光合酶活性，使光合作用受损（王复标等，2011）。在呼吸代谢方面，初期因维持离子平衡和合成胁迫应对物质，呼吸代谢增强，但后期线粒体受损，呼吸代谢受到抑制。此外，盐胁迫破坏细胞膜结构和功能，改变膜的流动性和通透性，增强膜脂过氧化作用，产生丙二醛等有害物质（胡涛等，2018）。

在离子平衡方面，盐胁迫会造成离子毒害，大量 Na^+、Cl^- 取代了 K^+ 等重要离子，从而干扰植物生理过程。同时，盐分与营养元素竞争吸收位点，使植物对氮、磷、铁等营养元素吸收量减少，导致营养缺乏症状（郭瑞等，2016）。

1.1.2　干旱胁迫对植物生长发育的影响

1.1.2.1　干旱胁迫

干旱胁迫是指土壤或空气中的水分含量过低，不能满足植物正常生长需求的现象。干旱胁迫主要来源于气候干旱、降水不足、土壤保水性差以及不合理的灌溉等。当植物耗水大于吸水时，组织内水分亏缺，而过度水分亏缺的现象，便称为干旱。干旱可分大气干旱和土壤干旱这两种不同类型，大气干旱的特点是大气温度高而湿度相对低（10%~20%），在这种环境下，植物的蒸腾作用大大加强，导致水分平衡被严重破坏。而当土壤中缺乏可被植物吸收利用的水分，根系吸水困难，植物体内水分平衡遭到破坏、致使植物生长缓慢或完全停止生长的现象，称为土壤干旱。土壤干旱受害情况比大气干旱严重，我国的西北、华北、东北等地区均常有土壤干旱发生。

1.1.2.2 干旱胁迫对植物生长发育的影响

在形态结构方面，干旱胁迫下植物的根系会努力获取更深层土壤中的水分，但根系整体生长速度可能因缺水而减缓，根毛数量减少，地上部分，叶片通常会卷曲、变小变厚，以此减少蒸腾面积，降低水分散失。严重干旱时，叶片还会发黄、枯萎甚至脱落，茎干也会变得细弱，植株生长矮小。

在生理代谢方面，干旱首先影响植物的水分平衡，细胞因缺水而膨压降低，导致气孔关闭，减少水分散失，但气孔的关闭限制了二氧化碳的进入，光合作用受到抑制，光合效率降低，光合产物减少。同时，呼吸代谢也发生变化，胁迫初期，为维持能量供应呼吸代谢加强，随着干旱胁迫加剧，呼吸底物减少，呼吸代谢受到抑制。此外，干旱胁迫扰乱了植物体内的激素平衡，如脱落酸含量增加，促使气孔关闭和叶片衰老。

从细胞水平来看，干旱胁迫使细胞膜的稳定性变差，膜脂过氧化加剧，膜的通透性增大，细胞内的离子和有机物质外渗（吴佳芯等，2024）。活性氧大量积累，对蛋白质、核酸和膜脂等生物大分子造成氧化损伤。总之，干旱胁迫干扰了植物的正常生理功能，影响植物的生长发育。

1.1.3 营养缺乏对植物生长发育的影响

1.1.3.1 营养缺乏

营养缺乏是指土壤中养分供应不足或过量而产生限制植物生长的现象。植物的生长发育需要氮、磷、钾、硫、铁等多种矿质营养元素，如氮是构成蛋白质和核酸的关键成分，磷参与植物的光合作用和呼吸作用，钾元素则有助于维持细胞的渗透压平衡和植物的正常生理功能，增强植物的抗逆性，硫是某些氨基酸和维生素的组成部分，铁元素在叶绿素合成以及电子传递链中起着关键作用，而这些元素在不同类型土壤中的生物有效性存在极大差异。

1.1.3.2 土壤含水量和pH值对营养元素吸收的影响

土壤中的水分不仅是植物生长所必需的物质，更是营养元素运输的重要载体。当土壤含水量处于适宜范围时，水分可以溶解各种矿质营养元素，使其成为离子状态，便于植物根系吸收；如果土壤含水量过低，土壤溶液浓度相对升高，一方面可能导致某些盐分浓度过高对植物产生毒害，另一方面，营养元素的扩散速度会大幅降低，植物根系周围的营养元素得不到及时补充，致使植物对营养元素的吸收难度增加，严重影响植物的正常生长与发育。相反，若土壤含水量过高，出现积水现象，土壤孔隙被水分充满，会导致土壤通气性变差，植物根系需要氧气进行呼吸作用，缺氧状态下根系的呼吸代谢受阻，能量供应不足，从而影响了根系主动吸收营养元素的能力，长期积水还可能导致根系腐烂，进一步削弱植物对营养的摄取。

土壤 pH 值对植物营养元素吸收的影响是多方面的。在酸性土壤环境中（pH 值较低），一些营养元素的化学性质会发生改变，如铁、铝、锰等元素的溶解度会增加，可能会在土壤溶液中达到过高的浓度，对植物产生毒害。同时，酸性条件下，磷元素容易与铁、铝结合形成难溶性的沉淀，导致磷的有效性降低，难以被植物体吸收利用。另外，在酸性较强的土壤中，微生物的活性也会受到抑制，而这些微生物在土壤养分循环和转化过程中起着重要作用，它们的活性降低会间接影响植物对营养元素的吸收。在碱性土壤中（pH 值较高），铁、锌、硼等微量元素的溶解度会降低，它们会形成难溶性化合物，使得植物对这些微量元素的吸收量减少，且碱性条件下，土壤中某些离子之间的平衡被打破，也会干扰植物对其他营养元素的正常吸收过程。不同植物对土壤 pH 值有不同的适应范围，超出这个范围，就容易因营养元素吸收不良而出现生长异常。

1.2 植物对非生物胁迫的适应性

1.2.1 植物对盐胁迫的适应性

1.2.1.1 形态适应

（1）根系形态变化

根长被认为是植物对盐碱胁迫响应的重要参数，根系越长，水分和养分吸收越多。在盐胁迫环境下，土壤中的盐分可能干扰植物正常的水分吸收，发达的根系能够帮助植物在逆境胁迫下获取更多的水分和营养物质。如柽柳在盐胁迫下，地上部分生物量分配比例下降，根系生物量分配比例提高，从而促进根吸收水分和养分（宋香静，2017）。盐胁迫下，植物的根毛数量会增多，增加根系与土壤的接触面积，从而提高对水分和养分的吸收效率。

（2）茎部形态变化

在盐胁迫下，植物可能面临水分不足、养分缺乏等问题，粗壮的茎部能够为植物提供更好的物质运输通道，保证水分、养分等在植物体内的正常运输，海边的盐生植物其茎部往往比普通植物更加粗壮。有些植物的茎会呈现肉质化的特征，即茎部的细胞体积增大，细胞间隙变小，储存大量的水分和营养物质。这种肉质化的茎部可以帮助植物在盐胁迫环境中储存足够的水分和养分，以应对盐分对植物体内水分平衡的破坏。如仙人掌等多肉植物在干旱和高盐的环境中，通过茎部的肉质化来适应恶劣的环境条件。

（3）叶片形态变化

盐胁迫会导致植物体内的水分平衡失调，叶片增厚能够帮助植物保持体内的水分，减轻盐分对植物造成的脱水伤害，减小叶面积可以降低植物的蒸腾作用，减少水分的散失。在群落水平上，研究发现，湿润区域植物群落叶片较薄，随着水分减少，植物群落叶片逐渐变厚（龚时慧等，2011）。此外，在盐胁迫下，植物的叶片表皮角质层会加厚，增强叶片的保水能力，减少盐分对叶片的伤害，加厚的角质层还可以阻挡部分盐分进入叶片内部，降低盐分对植物细胞的毒害作用。部分植物会在叶片表面形成特殊的泌盐结构，如盐腺、盐囊泡等，将体内多余的盐分排出体外。

（4）植株整体形态变化

植物会调整地上部分和地下部分的生物量分配适应盐胁迫环境，如增加地下部分（根系）的生物量占比，减少地上部分（茎、叶、花、果实等）的生物量占比，以减少植物对水分和养分的需求，降低植物在高盐环境中的代谢，使植物能够更好地适应盐胁迫环境。

1.2.1.2 生理响应

（1）渗透调节

在盐胁迫下，植物细胞内渗透压升高致水分外流，为了维持细胞的正常膨压和生理功能，植物会进行渗透调节。一是积累无机离子，主动吸收如 K^+、Na^+、Cl^- 等，耐盐植物可将多余 Na^+ 隔离在液泡，维持细胞质高 K^+ 浓度以保持正常代谢，如盐地碱蓬可通过调节离子转运蛋白转运 Na^+ 到液泡，并调节其在器官的分布以减少伤害（陈洁和林栖凤，2003）。二是合成有机渗透调节物质，如脯氨酸、甜菜碱、可溶性糖等，增加细胞溶质浓度、降低渗透势，使植物在高盐环境下吸水。

（2）水分平衡调节

在盐胁迫下，植物会减少气孔的开放程度，降低蒸腾作用，从而减少水分的散失。同时，植物还会增加气孔对二氧化碳的通透性，以保证光合作用的正常进行。冰叶日中花在长期盐渍环境下将其光合途径从 C3 途径改变成景天酸代谢（CAM）途径，植株在夜间开放气孔以减少蒸腾失水（Parida and Das，2005）。

(3) 离子平衡调节

在盐胁迫下，植物会选择性地吸收或排出某些离子，以维持细胞内离子的平衡。一些耐盐植物能够优先吸收 K^+，而排斥 Na^+，从而降低细胞质中的 Na^+ 浓度，减轻 Na^+ 对细胞的毒害作用。例如，黑麦草根部通过对 K^+、Ca^{2+} 的选择性吸收来维持较高的 K^+/Na^+ 比和 Ca^{2+}/Na^+ 比，缓解盐碱胁迫下过多 Na^+ 带来的毒害（申午艳等，2020）。生长在退水渠盐渍环境中的新疆杨能够通过选择性吸收 K^+，抑制过多的 Na^+ 进入根系，从而增加地上部的 K^+/Na^+ 比和植物的耐盐能力（刘静等，2007）。此外，植物可以将过多的离子隔离在特定的细胞区域或器官中，以减少离子对细胞的伤害。

1.2.1.3 生化响应

(1) 抗氧化系统

盐胁迫会导致植物体内产生大量的活性氧（ROS），如超氧阴离子（O_2^-）、过氧化氢（H_2O_2）、羟基自由基（·OH）等。这些活性氧会对植物细胞造成氧化损伤，为了清除活性氧，植物会启动抗氧化系统，包括酶促抗氧化系统和非酶促抗氧化系统。酶促抗氧化系统主要包括超氧化物歧化酶（SOD）、过氧化物酶（POD）、过氧化氢酶（CAT）等。这些酶能够催化活性氧的分解，将其转化为无害的物质，SOD 能够将超氧阴离子转化为过氧化氢，POD 和 CAT 则能够将过氧化氢分解为水和氧气。非酶促抗氧化系统主要包括抗坏血酸、谷胱甘肽等，这些物质可以作为电子供体，与活性氧发生氧化还原反应，从而清除活性氧。

(2) 代谢调节

盐胁迫会抑制植物的光合作用，降低植物的光合速率，为了适应盐胁迫，植物会调整光合作用的机制，如增加叶绿素含量、提高光系统Ⅱ的活性、增强二氧化碳的固定能力等。盐胁迫会影响植物的呼吸作用，改变植物的呼吸速率和呼吸途径，为了适应盐胁迫，植物会调整呼吸作用的机制。随着胁迫的加深，抗氰呼吸的运行能提高底物水平的代谢，同时产生的中间代谢物可为细胞色素途径的修复及渗透调节物质的合成提供碳骨架。因此，盐胁迫能加强抗氰呼吸，这可能是植物抵御盐胁迫的机制之一。

1.2.1.4 分子响应

植物在盐胁迫下会产生一系列复杂的分子响应来减轻伤害。

（1）信号物质的活化

植物感知盐胁迫后，盐胁迫诱导的 Ca^{2+} 内流、植物激素等信号物质可促进细胞壁多聚糖合成和修饰相关基因表达，维持细胞壁完整性，增强植物对盐胁迫的适应（汪明滔等，2023）。

（2）抗盐基因的表达

如编码离子转运蛋白基因的表达，钠氢逆向转运蛋白（NHX）可将细胞内多余钠离子排出或区隔化到液泡，减少毒害。编码渗透调节物质合成基因的表达，如脯氨酸合成酶基因，合成的脯氨酸等渗透调节物质可降低细胞水势，利于植物在高盐环境吸水（Schroeder et al.，2013）。

（3）转录因子对盐胁迫的应答

盐胁迫会诱导 DREB、MYB、WRKY 等转录因子表达和激活，它们可结合相关基因启动子区域调控其表达，从而启动抗盐生理生化反应。

（4）ROS 稳态的调控

维持盐碱胁迫下植物体内的 ROS 稳态，是植物耐盐碱的重要机制，如 TaSRO1 可与线粒体逆行信号的"开关"TaNAC017 互作，抑制 TaNAC017 的入核和转录激活能力，从而精细调控线粒体中 ROS 的产生和逆行信号的启动，实现小麦耐盐性和生长发育的平衡（Wang et al.，2022）。

1.2.2 植物对干旱胁迫的适应性

1.2.2.1 形态方面

相关研究表明，在水资源紧缺的状态下，植物更倾向于根系向下生长，以获取土壤深层水分资源（马涛等，2023）。植物可以通过增加根长、根表面积和缩短根直径来提高对土壤资源的有效利用，以应对干旱（Jongrungklang et al.，2011）。

在干旱胁迫下，一些植物的叶片变小、变厚，这样可以减少表面积与体积的比值，降低蒸腾作用。例如，干旱处理后，佛甲草发生叶片萎蔫、黄化、纸质化、干枯脱落及茎叶夹角变小等现象，但后期仍可保存部分叶片和枝条，说明佛甲草可以通过表型变化，降低蒸腾面积，进行主动避旱，具有较强的干旱抵抗能力（刘文利等，2011）。还有些植物的叶片会卷曲，如禾本科的一些植物，通过卷曲叶片来减小暴露在空气中的面积，减少水分蒸发。另外，植物叶片表面的角质化程度会增加，角质层可以有效阻止水分从叶片内部扩散到外界（刘文利等，2011）。

1.2.2.2 生理方面

在干旱胁迫下，植物会增强根系的主动吸水能力，通过提高根细胞的水势梯度，促进水分的吸收。同时，调节木质部导管的结构和功能，降低导管中出现空穴和栓塞的概率，确保水分能够在植物体内正常运输。此外，植物会积累渗透调节物质来降低细胞的渗透势，使细胞能够在较低的土壤水势下从环境中吸收水分（席璐璐等，2021）。同时，通过调节气孔的开闭来控制水分散失，这样可以减少蒸腾作用，降低水分损失。同时，一些植物能够调整气孔的分布和密度，减少水分蒸发。干旱胁迫会使植物的光合作用减弱，植物可以通过改变光合途径来适应干旱。

1.2.2.3 分子方面

干旱胁迫下的分子响应机制是一个复杂且有序的过程，涉及多个层面的调控，植物通过这些机制来增强对缺水环境的适应性。

（1）信号感知

植物细胞具备多种感知干旱胁迫的机制。在这些机制中，细胞膜上的受体蛋白扮演着至关重要的角色，其中部分受体能够对渗透压的变化产生感应。当干旱发生致使细胞失水，进而引起膨压下降时，细胞膜上相应受体蛋白的活性状态会随之改变，以此启动早期的信号传导过程。例如，某些类受体激酶可能参与到这一过程当中，它们能够将细胞外的干旱信号传递至细胞内部。此外，细胞壁与细胞膜之间的相互作用在信号感知中也不容忽视。细胞壁在干旱条件下物理性质发生变化，这种变化可以被膜上的传感器感知，进而触发后续反应。

（2）信号转导

在信号转导过程中，Ca^{2+}作为第二信使发挥重要作用。干旱胁迫引发细胞Ca^{2+}浓度迅速变化，这些Ca^{2+}可以与多种钙结合蛋白相互作用，如钙调蛋白（CaM）和钙依赖蛋白激酶（CDPK）等，CaM与Ca^{2+}结合后，会激活一些靶蛋白，而CDPK则可以直接磷酸化下游的蛋白，从而将信号进一步传递。

（3）转录调控

转录因子在干旱胁迫响应的基因表达调控中占据关键地位。例如，ABA响应元件结合因子（ABF）是一类重要的bZIP转录因子，在干旱胁迫下，ABA水平升高，ABF与ABA响应元件结合，激活大量与干旱胁迫相关的基因表达，包括参与渗透调节物质合成、抗氧化防御系统增强的基因等。NAC转录因子家族成员也在干旱胁迫中发挥重要作用，它们可以调控与细胞程序性死亡、次生细胞壁合成等相关基因的表达，有助于维持细胞在干旱环境下的功能和结构完整性（张丽等，2017）。此外，WRKY 转录因子家族成员可以识别并结合特定的顺式作用元件，调控抗氧化酶基因的表达，增强植物对干旱诱导下氧化胁迫的抵抗力。

（4）功能基因表达

许多功能基因在干旱胁迫下的表达变化对植物适应干旱至关重要。如干旱胁迫下一些水通道蛋白基因的表达受到调控，使水通道蛋白的活性降低，减少细胞水分的散失；渗透调节物质合成相关基因表达加强，使脯氨酸、甜菜碱等渗透调节物质在细胞内积累，增加细胞的渗透压，维持细胞膨压。另外，与抗氧化防御系统相关的基因表达上调，合成的抗氧化酶能够清除干旱胁迫诱导产生的活性氧自由基，减轻氧化损伤。此外，一些参与叶片表皮蜡质合成和角质层发育的基因表达增强，提高叶片的保水能力，减少非气孔性水分散失。通过这些分子响应机制的协同作用，植物在干旱胁迫下尽可能维持正常的生理功能和生长发育。

1.2.3　植物对营养缺乏的适应性

1.2.3.1　根系形态变化

土壤养分的分布影响作物根系的分布（贾彦博等，2005）。在营养缺乏时，植物根系会出现补偿性生长。例如，许多缺磷植物根系形态及分布会发生一定的变化，包括侧根数量增加，根系变细、变长等现象。另一典型的形态学变化是排根的形成明显增加（李春俭，1999）。根毛是植物根系吸收养分的重要部位。在营养缺乏的情况下，根毛的密度和长度通常会增加。如缺铁胁迫下，铁高效植物的根尖膨大、增粗、产生大量根毛（黄秋婵等，2004）。低磷条件下生长的拟南芥，根毛约是高磷下生长植株的 5 倍，而在低磷条件下根毛吸收的磷量占了吸收总磷的 90%，根毛长度和密度的增加使可吸收的土壤面积加大，从而增加了磷的吸收（Ticconi and Abel，2004）。

1.2.3.2　生理代谢调整

（1）根系分泌物变化

在营养缺乏时，植物根系会分泌一些有机化合物，如有机酸、质子和酶等。例如，缺铁时根系的有机酸分泌量增加，使得根际 pH 值下降，根际中的 Fe^{3+} 被还原为 Fe^{2+}，进而被根系吸收（殷文娟，2014）。

(2) 养分的再分配和循环利用

在植物营养缺乏的情况下，养分的再分配和循环利用机制对于植物的生存和生长有着重要意义。当某种养分缺乏时，植物会优先保障关键器官和生长点的养分供应。例如，氮素缺乏时，老叶中的氮会被分解并转运至新叶和幼嫩组织，以维持其正常的代谢和生长。磷缺乏时，植物会从衰老组织中调动磷元素，重新分配到需要磷进行能量代谢和核酸合成的部位。

同时，植物体内存在着养分的内循环。脱落的叶片、枝干等在分解过程中释放出的养分可被植物根系重新吸收利用。而且，植物与土壤微生物之间的相互作用也参与养分循环，微生物分解植物残体，将有机态养分转化为无机态，便于植物吸收，以此来缓解营养缺乏的压力，维持植物的基本生命活动和一定的生长能力。

1.2.3.3 基因表达调控

营养缺乏会诱导许多特定基因的表达。例如，磷缺乏会激活一系列磷吸收诱导基因的表达，如磷转运蛋白、酸性磷酸酶等，有助于植物对磷的吸收和利用。拟南芥中，低磷处理显著增加了两种高亲和性磷转运子基因 *Pht1;1* 和 *Pht1;4* 的转录水平，这些转运子在低磷植物根系吸磷中具有非常重要的作用（Shin et al., 2004）。此外，一些转录因子在营养缺乏胁迫响应中发挥关键作用。以铁缺乏为例，在拟南芥中，铁缺乏响应转录因子 AtFIT 可以调控铁吸收相关基因 *IRT1*（铁转运蛋白）和 *FRO2*（三价铁还原酶）的表达（Bauer et al., 2007；Yuan et al., 2008）。

1.3 提高植物对非生物胁迫适应性的途径

1.3.1 逆境锻炼

逆境锻炼是一种提高植物适应非生物胁迫的策略，通过人为地将植物暴露于一定程度的胁迫条件下，刺激植物的适应性增强，使其在未来的自然环境中能更好地生存。植物在营养生长时期给予适度的逆境锻炼是植物适应环境胁迫的主要方式以及提高抵御能力的主要途径，它可以加速植物的适应性响应，通过逆境锻炼，植物的感受器官可以更快地对胁迫做出反应，从而在分子水平上快速调整其生理和代谢过程，提高其在逆境中的生存能力。其次，逆境锻炼还可以提高植物的抗逆性。长期的逆境训练可以使植物逐渐增强其抗氧化、抗逆等相关基因的表达，从而增强其整体的逆境抗性。与未经过锻炼植株相比，经过锻炼植株的信号调控物质、次级代谢产物、胁迫保护性物质等可以更快、更有效地对再次发生的逆境胁迫产生响应，从而增强植株耐逆性。如在种子萌动期予以干旱锻炼，可以提高抗旱能力，在苗期适当控制水分，可以促进根系生长，控制地上部分生长，以适应干旱环境。

1.3.2 生长调节剂的作用

在农业生产上，胁迫环境严重影响作物的生长及产量和品质，而植物生长调节剂是对植物生长发育具有调节作用的微量有机物，在植物抗逆性中应用较广。植物激素是调节植物生长、发育和环境应激反应等关键方面的信号化合物。赤霉素可以通过调控植物细胞的分裂和扩张来帮助植物抵御干旱等非生物胁迫。细胞分裂素可以提高植物在非生物胁迫下的生存能力，例如在盐胁迫和干旱条件下，细胞分裂素的应用可以提高植物的叶绿素含量、光合速率，以及抗氧化酶的活性，减少活性氧的积累，从而提高了植物的抗逆性和适应性。在ABA的调控下，植物可以通过改善气孔的开闭来调节水分的散失，而乙烯的调节则与植物的熟化过程、乙烯信号转导以及对多种环境胁迫的响应密切相关。在应用生长调节剂来提高植物对非生物胁迫的适应性上，需要注意的是，并非所有的植物生长调节剂都适用于所有的植物种类和所有的非生物胁迫类型。因此，在实际应用中，需要通过大量的田间试验和实验室研究来确定最佳的植物生长调节剂类型、浓度和施用时期，以期达到提高植物抗逆性和适应非生物胁迫的目的。

1.3.3 合理施肥

合理施肥是实现高产、稳产、低成本，环保的一个重要措施。合理施肥是指在农业生产中，根据作物的生长需求和土壤的肥力状况，科学地施用化肥和有机肥料，以满足作物生长发育所需的各种营养元素。合理施肥的核心原则是"适量、均衡、适时"，即根据作物生长的不同阶段和土壤肥力的具体情况，合理配比和控制施肥的种类、时间和方法，既能保证作物健康生长，提高产量和品质，又能避免或减少对环境的不良影响。合理施用磷、钾肥，适当控制氮肥，可提高作物的抵御逆境能力。磷能促进有机磷化合物的合成，提高原生质胶体的水合度，增加抗旱性，钾能改善作物的糖代谢，增加细胞的渗透浓度，保持气孔保卫细胞的紧张度，促进气孔开放，有利于光合作用，钙能稳定生物膜的结构，提高原生质的黏度和弹性，可以提高抗旱能力。

1.3.4 选育耐逆品种

选育耐逆的作物品种是提高抗逆性的基本措施。主要通过搜集抗性种质，建立种质资源库，筛选抗性品种，也可以综合运用细胞工程、染色体工程、基因工程、分子标记辅助选择等现代生物技术，创制作物抗逆新种质，与常规育种技术紧密结合，培育适宜大面积生产应用的高产优质、抗逆广适的作物新品种。

参考文献

陈洁，林栖凤，2003. 植物耐盐生理及耐盐机理研究进展 [J]. 海南大学学报（自然科学版），21（2）：177-182.

龚时慧，温仲明，施宇，2011. 延河流域植物群落功能性状对环境梯度的响应 [J]. 生态学报，31（20）：6088-6097.

郭瑞，李峰，周际，2016. 亚麻响应盐、碱胁迫的生理特征 [J]. 植物生态学报，40（1）：69-79.

胡涛，张鸽香，郑福超，等，2018. 植物盐胁迫响应的研究进展 [J]. 分子植物育种，16（9）：3006-3015.

黄秋婵，李耀燕，2004. 谈缺铁胁迫下植物的适应性反应 [J]. 南宁师范高等专科学校学报，21（2）：94-96.

贾彦博，杨肖娥，刘建祥，2005. 植物根系对养分缺乏和毒害的适应及其与养分吸收效率的关系 [J]. 土壤通报，36（4）：610-616.

李春俭，1999. 植物对缺磷的适应性反应及其意义 [J]. 世界农业（7）：35.

刘静，冯长青，金娟，等，2007. 新疆杨对盐分离子吸收选择性和运输选择性的研究 [J]. 干旱区资源与环境，21（11）：118-122.

刘文利，叶建军，余世孝，等，2011. 景天类和马齿苋类植物耐旱性快速评价方法初探 [J]. 安徽农业科学，39（23）：13907-13910，13917.

马涛，罗晨梦，李思佳，等，2023. 木本植物响应干旱胁迫的研究现状 [J]. 四川大学学报（自然科学版），60（5）：25-34.

申午艳, 冯政君, 秦文芳, 等, 2020. 盐碱胁迫下黑麦草生长及离子微区分布特征 [J]. 草业学报, 29 (2): 52-63.

宋香静, 2017. 黄河三角洲湿地不同盐分条件对柽柳根系的影响 [D]. 北京: 中国林业科学研究院.

汪明滔, 刘建伟, 赵春钊, 2023. 植物调控盐胁迫下细胞壁完整性的分子机制 [J]. 生物技术通报, 39 (11): 18-27.

王复标, 戎玲玲, 安婷, 等, 2011. 功能叶早衰突变体水稻后期自然衰老的生理特性研究 [J]. 核农学报, 35 (3): 518-525.

王佳丽, 黄贤金, 钟太洋, 等, 2011. 盐碱地可持续利用研究综述 [J]. 地理学报, 66 (5): 673-684.

吴佳芯, 曾冉琦, 尹会兰, 等, 2024. 植物对水分胁迫的响应机制 [J]. 现代农业研究, 30 (10): 64-68.

席璐璐, 缑倩倩, 王国华, 等, 2021. 荒漠绿洲过渡带一年生草本植物对干旱胁迫的响应 [J]. 生态学报, 41 (13): 5425-5434.

殷文娟, 2014. 3 种梨砧木幼苗对缺铁胁迫的生理响应 [D]. 乌鲁木齐: 新疆农业大学.

张丽, 张庭, 谭登峰, 等, 2017. 玉米 $ZmNAC99$ 基因的克隆及干旱诱导表达分析 [J]. 西北植物学报, 37 (4): 629-635.

赵可夫, 李法曾, 樊守金, 等, 1999. 中国的盐生植物 [J]. 植物学通报, 16 (3): 10-16.

BAUER P, LING H Q, GUERINOT M L, 2007. FIT, the FER-like iron deficiency induced transcription factor in *Arabidopsis* [J]. Plant Physiology and Biochemistry, 45: 260-261.

JONGRUNGKLANG N, TOOMSAN B, VORASOOT N, et al., 2011. Rooting traits of peanut genotypes with different yield responses to pre-flowering drought stress [J]. Field Crops Research, 120 (2): 262-270.

PARIDA A K, DAS A B, 2005. Salt tolerance and salinity effects on plants: a review [J]. Ecotoxicology and Environmental Safety, 60: 324-349.

SCHROEDER J I, DELHAIZE E, FROMMER W B, et al., 2013. Using membrane transporters to improve crops for sustainable food production [J]. Nature, 497: 60-66.

SHIN H, SHIN H S, DEWBRE G R, et al., 2004. Phosphate transport in *Arabidopsis*: *Pht1;1* and *Pht1;4* play a major role in phosphate acquisition from both low - and high - phosphate environments [J]. The Plant Journal, 39: 629-642.

TICCONI C A, ABEL S, 2004. Short on phosphate: plant surveillance and countermeasures [J]. Trends in Plant Science, 9 (11): 548-555.

WANG M, WANG M, ZHAO M, et al., 2022. TaSRO1 plays a dual role in suppressing TaSIP1 to fine tune mitochondrial retrograde signaling and enhance salinity stress tolerance [J]. New Phytologist, 236 (2): 495-511.

YUAN Y X, WU H L, WANG N, et al., 2008. FIT interacts with AtbHLH38 and AtbHLH39 in regulating iron uptake gene expression for iron homeostasis in *Arabidopsis* [J]. Cell Research, 18: 385-397.

2 植物缺铁适应性研究

2.1 铁素营养对植物的重要性

铁是植物正常生理代谢所必需的微量营养元素之一,土壤中的铁主要以Fe(Ⅱ)和Fe(Ⅲ)两种形态存在,在土壤和植物体之间通过氧化还原反应释放和获取电子完成这两种形态的转化。尽管在地球上有着丰富的铁资源,但是由于大气中氧气的氧化作用,干旱、半干旱石灰性土壤pH值较高等,使得土壤中的铁以氧化物形式或植物体难以吸收的形式存在而难以被植物体利用。全世界约有40%以上的土壤缺铁,由此导致的缺铁失绿症已成为植物营养失调的关键问题之一。我国南起四川盆地、北至内蒙古、东至淮北平原、西到黄土高原及甘肃、青海等地区都有缺铁现象发生,特别是在干旱半干旱的石灰性土壤中尤为严重。在干旱半干旱的石灰性土壤中,游离的可溶性铁的含量不到10^{-17} mmol/L,远远低于植物生长所需要的铁的含量(Guerinot et al., 1994)。铁作为血红素和铁-硫(FeS)簇的中心组分,参与许多重要代谢的氧化还原过程,如在呼吸作用、光合电子传递链、叶绿素生物合成、DNA复制和修复、氮和硫同化等诸多生理代谢过程中发挥着极为重要的作用。植物轻度缺铁会导致叶绿素合成减少,光合速率降低,严重缺铁时,叶绿素合成停止,新叶变黄,产量大幅下降,对植物的生长、发育、产量和品质造成严重的不良影响,给农业生产带来极大的经济损失(Niebur et al., 1981)。因此,在农业生产中,缺铁仅次于缺氮和缺磷成为影响植物生长的第三大影响因子。此外,铁是氧化还原体系中的重要因子,如果植物吸收过多的铁则会导致活性氧的产生从而造成毒害。因此,植物体既要吸收生长所需的铁量同时又要避免过多铁含量造成的毒害,在长期的进化过程中形成了精密的铁活化、吸收、利用和贮藏等机制以维持植物体内铁的稳态。近些年来,植物铁营养研究中除了经典的植物生理学、土壤科学和育种科学等领域,在分子生物学、生物化学等学科领域研究植物铁稳态的分子机理(Hindt and Guerinot,2012;Kobayashi and Nishizawa,2012)已经成为当今生命科学研究领域的重要组成部分,即利用生物学方法揭示植物对缺铁胁迫的感应机制、对缺铁刺激的短期快速响应及长期适应性反应的调节机制。

2.2 高等植物铁吸收机制

由于植物的生存环境时刻都在变化,植物只有适应各种不利的环境即胁迫环境才能生存和发展。在长期的进化过程中,植物演化出了各种复杂的抗逆机制,这种机制的核心内容就是植物能够感知胁迫刺激,然后通过一系列复杂的生物学过程使植物最终产生各种抗逆的应答反应。从植物对胁迫刺激的感知到胁迫应答反应间的一系列生物学事件即为逆境信息传递(Grusak and Pezeshgi,1996)。高等植物体为了满足自身生长发育的需求,在长期进化过程中逐渐形成了不同的适应性机理(Staiger,2002)。Römheld 和 Marschner(1986)在总结以前的研究工作以及对 120 种来源不同的植物缺铁反应机理的研究基础上,首先提出高等植物在适应缺铁胁迫过程中逐渐形成的两种适应性机理,机理Ⅰ和机理Ⅱ。之后人们在研究中也发现,禾本科植物与非禾本科单子叶植物及双子叶植物在铁的吸收利用、缺铁适应性反应方面确实有较大的差异(李春俭,1995)。非禾本科单子叶植物和双子叶植物缺铁时在根系形态、生理、生化方面都会表现出一系列明显的反应以提高对铁的吸收能力(Römheld and Marschner,1986);但对于禾本科植物来说在形态学和生理学上并没有表现出上述缺铁诱导的变化,而是根系直接分泌螯合 Fe^{3+} 的铁载体(Phytosiderophores,PS)(李春俭等,1995),这些铁载体有较强的螯合能力,不受土壤中的铁影响。铁吸收机制的研究将为解决石灰性土壤中植物缺铁问题提供理论依据。

2.2.1 机理Ⅰ型植物铁吸收机制

机理Ⅰ型植物主要包括双子叶和非禾本科单子叶植物,这类植物在缺铁胁迫时根系会发生一系列的形态变化和生理生化反应。一些植物根毛密度增加(Landsberg,1986),还有一些植物根表面会形成转移细胞(Landsberg,1982)。其主要吸收机制是在缺铁时通过激活 H^+-ATPase,向根外释放更多

的 H^+，使根际酸化（Guerinot et al.，1994），从而增加铁的溶解性。同时会分泌一些有机酸与土壤中的三价铁螯合，以 Fe^{3+}-螯合物的形式存在，此时三价铁螯合还原酶（Ferric Chelate Reductase，FCR）催化电子从胞质中还原态的吡啶核苷酸（NADH）跨膜传递给胞外的螯合物，将 Fe^{3+} 还原成 Fe^{2+}（Bienfait，1985），然后 Fe^{2+} 在质膜上二价铁转运蛋白（Iron Regulated Transpoter，IRT）的作用下由根表皮转运到细胞内（Bagnaresi et al.，1997），这些因素共同作用，相互协调，使植物根系还原 Fe^{3+} 的能力增强，显著提高了植物的吸铁效率（图 2-1）（Walker and Connolly，2008）。

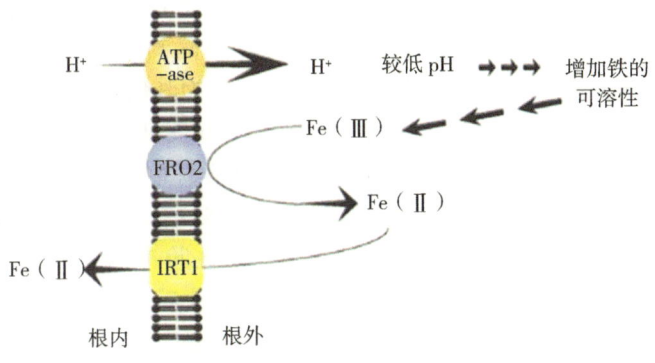

图 2-1　机理 I 型植物铁吸收机制

2.2.1.1　质膜 H^+-ATPase 家族基因

质膜 H^+-ATPase 是生物体内一种重要的酶，目前已经从真菌、植物、动物中克隆得到了质膜 H^+-ATPase 基因。在植物中，首先被克隆到的 H^+-ATPase 基因是拟南芥中的 *AHA1* 和 *AHA3*，之后随着基因组测序的成功，又从拟南芥中克隆到了其他 10 个细胞膜 H^+-ATPase 基因，总共 12 个细胞膜 H^+-ATPase 基因（*AHA1-AHA12*）（Harper et al.，1989），其中 *AHA2* 和 *AHA7* 基因是和缺铁适应性反应最为相关的，*AHA2* 基因与根部酸化有关，*AHA7* 与根毛的产生有关（Santi and Schmidt，2009），*AHA12* 可能是一个假基因；在烟草中共发现了 9 个 H^+-ATPase 基因（*PMA1-PMA9*）（Michelet et al.，1994）；水稻中发现了 10 个 H^+-ATPase 基因（*OSA1-OSA10*）。研究还发现 H^+-ATPase 基因在不同类型的细胞中含量不一样，通常主要集中在维管束组织和转运离子比较丰富的组织和器官中。番茄中发现 H^+ 释放的含量与质膜上的 H^+-ATPase 蛋白表达量有关，根部周围的酸化也与 H^+-ATPase 表达有关，说明在缺铁的情况下，H$^+$-ATPase 为铁离子的吸收提供一种酸性环境，增加了 Fe（Ⅱ）的吸收，从而使吸收的铁离子通过木质部向地上部运输来满足植物对铁的需求。H$^+$-ATPase 除了参与缺铁适应性反应，还参与其他的生理生化过程，如营养物质和离子的逆向运输、气孔开闭、干旱胁迫等（Palmgren，2001；Morsomme and Boutry，2000）。

2.2.1.2 Fe（Ⅱ）转运蛋白基因——*IRT* 家族基因

Fe（Ⅱ）转运蛋白基因在植物铁吸收过程中起着重要的作用。*AtIRT1* 基因是目前研究比较透彻的一个铁转运蛋白基因，免疫定位试验证明 IRT1 蛋白是一个跨膜蛋白（Vert et al.，2002）。由于酵母吸铁机制和机理Ⅰ型植物吸收机制颇为相似，研究者在酵母中也成功克隆到二价铁转运蛋白基因，并且成功获得该基因缺陷型的酵母突变菌株，这为其他物种中该基因的获得提供了有力的工具。Eide 等（1996）利用酵母双突变体 *fet3fet4*，通过功能互补实验从拟南芥中克隆得到了高等植物的第一个二价铁转运蛋白基因 *IRT1*，*IRT1* 可以使不能吸收铁的酵母突变菌株 *fet3fet4* 在缺铁胁迫条件下恢复正常生长。*IRT1* 在拟南芥中在转录水平受缺铁胁迫诱导，且在根部的表达水平较高（Connolly et al.，2002），当重新供铁后，*IRT1* 基因则不表达，拟南芥的突变株 *irt1-1* 表现出严重的缺铁失绿症和生长缺陷，甚至会致死。Cohen 等（1998）证明，IRT1 除了转运 Fe^{2+} 之外，还可以转运 Cd^{2+}、Zn^{2+}、Mn^{2+} 和 Co^{2+} 等其他二价金属阳离子，因此推测二价铁转运蛋白可能是一个非特异性的二价金属离子转运蛋白。Eckhardt 等（2001）利用番茄缺铁根部 cDNA 文库分离得到了两个基因 *LeIRT1* 和 *LeIRT2*。Northern 杂交显示，*LeIRT1* 和 *LeIRT2* 基因在根中均显著表达，但 *LeIRT1* 受缺铁胁迫的诱导表达加强，而 *LeIRT2* 的表达不受供铁水平的限制。*LeIRT1* 和 *LeIRT2* 可以使酵母铁吸收突变菌株恢复铁吸收能力。当在酵母镁、锌和钴吸收突变株中表达 *LeIRT1* 和 *LeIRT2* 时也可使突变体恢复正常生长，说明 LeIRT1 和 LeIRT2 同拟南芥的 IRT1 一样也是非特异性的二价金属阳离子转运体。

2.2.1.3 三价铁还原酶基因——*FRO* 家族基因

三价铁还原酶基因 *FRO* 基因参与植物的缺铁适应性反应，该家族基因首先是从真核生物酵母（*Saccharomyces cerevisiae*）中被克隆出来的，被命名为 *FRE1* 和 *FRE2* 基因（Dancis et al.，1990）。在缺铁胁迫条件下，番茄侧根表皮细胞的 Fe^{3+}-还原酶活性很强，因此，从番茄的根部细胞质膜中分离纯化得到了 Fe（Ⅲ）-螯合还原酶蛋白。Robinson（1997）从拟南芥缺铁根系的 cDNA 文库中筛选到了 Fe（Ⅲ）螯合物还原酶基因，在缺铁胁迫下，*FRO2* 基因表达增强，通过功能互补实验将 *FRO2* 基因转入拟南芥突变体 *frd1*，表明 *FRO2* 可以互补 *frd1* 突变体，在缺铁胁迫条件下根部 Fe（Ⅲ）螯合物还原酶活性得到恢复；此外 Robinson（1997）又从拟南芥中克隆到了其他 *FRO* 家族基因，这些基因在不同的器官和细胞中对铁的吸收和转运的作用不同。随着 PCR 技术的不断完善和基因组测序的完成，在苜蓿、黄瓜、水稻中也陆续克隆得到了 Fe^{3+}-还原酶基因及其家族基因。

2.2.2 机理Ⅱ型植物铁吸收机制

机理Ⅱ型植物主要包括禾本科植物，这类植物在盐碱性土壤中生长时较机理Ⅰ型植物发生缺铁失绿症状的几率低，它们可以分泌出一种低分子量物质—麦根酸类植物铁载体（PS, Phytosiderophores），该物质对 Fe（Ⅲ）有较高的亲和性，可以形成稳定的螯合物（图 2-2）（Walker and Connolly, 2008）。麦根酸是由尼古酰胺（Nicotianamne, NA）在尼古酰胺合成酶（Nicotianamne Synthase, NAS）、尼古酰胺氨基转移酶（Nicotianamne Aminotransferase, NAAT）和脱氧麦根酸合酶（Deoxymugineic acid synthase, DMAS）催化作用下合成的（Takahashi et al., 1999；Bashir et al., 2006；Kobayashi et al., 2001），但只有禾本科植物可以将 NA 转变为 PS。Fe（Ⅲ）-PS 螯合物通过 Yellow Strip（YS）/Yellow Strip-like（YSL）家族转运蛋白转入细胞内（Schmidt, 2003）。

2.3 植物铁吸收调控研究

植物体在受到逆境胁迫时，会对这种环境刺激作出反应，而这种反应是一个复杂精细的过程。通常，植物体会通过多种途径信号感应环境变化，然后将这种信息传递到细胞内，进而细胞内发生一系列磷酸化级联反应，将信号传递给转录因子，转录因子随后与顺势作用元件结合，启动抗逆基因的表达，从而提高植物的抗逆性。关于植物缺铁时是哪个部位最初感应缺铁胁迫、如何传递缺铁胁迫信号，以及植物接受信号物质后转录因子以何种方式调节功能基因使植物产生缺铁适应性反应，一直是植物抗缺铁机理研究的热点。

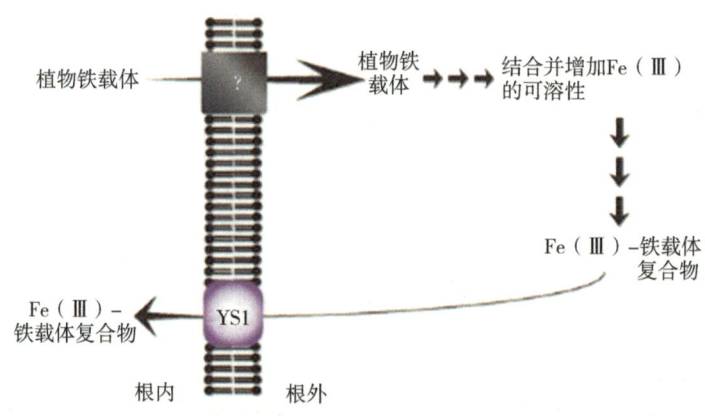

图 2-2 机理 II 型植物铁吸收机制

2.3.1 机理 I 型植物感应缺铁的信号物质及其调控

目前关于缺铁适应性反应的信号物质，学界还未形成共识。这其中主要有两种观点：一种观点认为信号物质是植物激素类，如乙烯和生长素；另一种观点认为这种信号物质为非激素类，如铁元素本身或一氧化氮（NO）。

已有研究表明生长素（IAA）可能作为信号物质参与机理 I 型植物缺铁适应性反应。Landsberg 发现给植物施加外源 IAA 后根尖所表现出的形态学反应与缺铁胁迫条件下根尖的形态学反应相似，而外施 IAA 极性运输抑制剂 2,3,5-三碘苯甲酸（TIBA）后，上述根尖所表现出的形态学反应消失，表明 IAA 可能介导缺铁应答反应（Landsberg，1981；1984）。与供铁充足条件下相比，拟南芥缺铁根尖和茎尖含有更高水平的生长素（Römheld and Marschner，1986），而且缺铁胁迫后植物根部会有大量侧根和根毛的出现，也间接说明缺铁胁迫时有生长素的参与，因为生长素可以促进侧根和根毛的形成。因此可以推测 IAA 可能是作为一初始信号诱发缺铁信号在植株体内的转导（Li et al.，2000；杨娟，2004）。

也有学者认为乙烯可能作为信号物质参与机理 I 型植物缺铁适应性反应。与正常供铁相比，在黄瓜和豌豆植物体内会检测到较高浓度的乙烯，且缺铁诱导产生的乙烯浓度的升高先于黄化症状的发生，表明乙烯可能参与缺铁适应性反应；缺铁条件下，外施乙烯合成的前体物质 ACC 或乙烯释放剂乙烯利，能够增强黄瓜、番茄、拟南芥等机理Ⅰ型植株的缺铁应答反应，包括还原酶活性增强、根尖的膨大等（Romera et al.，1999）；在缺铁的豌豆培养液中加入乙烯合成抑制剂 AOA 后，根系还原酶活性被抑制，且不能通过添加铁素含量来恢复（Romera，1996）；而且缺铁时的形态学反应可通过外施乙烯合成前体 ACC 或乙烯利被诱导，而被乙烯拮抗剂所抑制（landsberg，1996）。酵母双杂交显示 FIT 可以与 ETHYLENE INSENSITIVE 3（EIN3）和 ETHYLENE INSENSITIVE 3-LIKE1（EIL1）转录因子相互作用，这两个转录因子在乙烯信号途径中起着重要作用，因此，推测缺铁应答反应可能和乙烯信号途径相关（Lingam et al.，2011）。*ein3eil1* 双突变体在缺铁条件下减弱了缺铁应答反应、减少了 FIT 蛋白的积累，推测 EIN/EIL1 可能与 FIT 结合阻止了 FIT 的降解。而且后来的研究也证实了在 *FIT* 过表达的拟南芥植株中，在缺铁条件下确实发现存在蛋白酶体降解 FIT，而在转录水平 FIT 的表达却升高（Sivitz et al.，2011）。因此可以推测，缺铁诱导机理Ⅰ型植株体内乙烯含量升高，其可能介导并增强缺铁应答反应。

一些学者认为铁元素本身就是一种信号物质，该观点认为信号物质来自地上部，韧皮部中的铁元素含量可能是一种缺铁应答信号，缺铁胁迫条件下的蓖麻植株韧皮部铁离子的浓度为 7 μmol/L，而正常供铁生长的蓖麻植株韧皮部铁离子的浓度则为 20 μmol/L。当给缺铁的菜豆叶片喷施 Fe-EDTA 后，根中的铁含量明显升高，且质子分泌速率和 Fe^{3+} 还原酶活性下降，且韧皮部汁液中铁的浓度高低能通过韧皮部向根部的运输来调节根部缺铁适应性反应，直接支持了铁的含量作为信号物质的假设。

还有学者认为 NO 作为信号分子参与了植物的缺铁应答反应。缺铁时，番茄根部 NO 的含量会迅速增加且保持较高的水平，外施 NO 清除剂 cPTIO 则能明显抑制 *FRO1*、*IRT1* 和 *FIT* 等铁吸收相关基因的表达，而外施 NO 释放剂 SNP 则促进这些铁吸收相关基因的表达，但是番茄 *fer* 突变体却不能形成缺铁适应性反应，而且对外施的 NO 不敏感，表明 NO 可能通过调控其他因子（如 Fe-S 亚硝酸铁复合物）来调控 *FER* 基因的表达（Graziano and Lamattina，2005；2007）；缺铁胁迫条件下野生型拟南芥植株根系中 NO 含量和三价铁还原酶活性明显增加，铁吸收相关基因 *FRO2* 和 *FIT* 的表达量也明显增强。

2.3.2 参与缺铁适应性反应的转录因子

缺铁应答基因的调控分为转录水平的调控和转录后的调控。转录水平的调控因子主要是与缺铁胁迫相关的顺式作用元件和反式作用因子作用后启动下游功能基因的表达；转录后水平的调控则主要包括 RNA 的拼接、蛋白质翻译后修饰及酶活性调节等方面，而转录水平上的调节占主导地位，参与这一过程的许多基因都是转录因子，在基因表达调控中起重要作用。近年来逐渐由对功能基因的验证研究过渡到对功能基因的表达调控研究上，即一系列转录因子的结构和功能鉴定。

2.3.2.1 转录因子的结构和功能

典型的植物转录因子通常由四个功能域组成：核定位信号区（nuclear location signal，NLS）、DNA 结合区（DNA binding domain，BD）、转录调控域（transcription regulation）和寡聚化位点（oligomerization site），有的转录因子则不含转录调控区。

（1）核定位信号区

转录因子通常在细胞核内行使生物学功能，核定位信号区就是转录因子上能将其定位到细胞核中的一段区域，转录因子在进入细胞核的过程受核定位信号区的控制，该区域富含精氨酸和赖氨酸，不同转录因子的核定位信号区在序列、结构和数量上存在差异（Boulikas，1994；Dehesh et al.，1995）。

（2）DNA 结合区

DNA 结合区是转录因子中非常保守的一段氨基酸序列，是转录因子识别顺式作用元件并与之结合的区域。转录因子对顺式作用元件的识别和结合是转录因子对靶基因进行特异性调控的前提，转录因子识别特定的顺式作用元件是通过蛋白质和碱基对之间形成的一系列静电作用力和范德华作用力。转录因子的 DNA 结合区在进化上相对保守，根据 DNA 结合区结构的差异，可以将转录因子分为不同类型，比较经典的有螺旋-环-螺旋类（basic helix-loop-helix，bHLH）、螺旋-转角-螺旋类（basic helix-turn-helix，bHTH）、亮氨酸拉链类（leusine-zipper，bZIP）、锌指类（zinc finger）等（Dynan and Tjian，1985；Struhl，1989；Tjaden and Coruzzi，1994）。

（3）转录调控域

转录因子通常有一个或多个转录调控结构域，它是转录因子调节目的基因表达的区域。转录调控结构域对目的基因表达的调控主要分为转录激活和转录抑制两个方面。典型的转录激活结构域通常富含脯氨酸或谷氨酰胺及酸性氨基酸等特征（Guarente，1988；Mermod et al.，1989；Courey et al.，1988）。将除去 DNA 结合区的转录因子与酵母 GAL4 的 DNA 结合区形成融合蛋白，可用来研究转录因子的转录激活能力。

(4) 寡聚化位点

寡聚化位点是不同转录因子之间相互作用的结构区域,其氨基酸组成高度保守,多数与DNA结合域相连形成一定的构象,转录因子寡聚化的特性会影响其与DNA结合的特异性。

2.3.2.2 与缺铁适应性反应相关的转录因子

基因调控对于植物适应多变的环境是至关重要的,植物体通过诱导或抑制基因的表达来达到调节体内铁平衡,在缺铁的禾本科植物和非禾本科植物中,基因的表达调控尤为显著,近年来,一些关键的转录因子基因已经被克隆并进行了相关的功能研究。

bHLH家族转录因子是真核生物中一个广泛存在的基因家族,其bHLH结构域大约由60个氨基酸组成,该结构域包括两个疏水性氨基酸组成的双亲性α-螺旋,这两个α-螺旋被一个长度不定的loop环分开,以及一个位于bHLH结构域N-末端的碱性氨基酸区域。其中碱性氨基酸区域大约由15个氨基酸残基组成,能够结合 *CANNTG*（*E-box* 或 *G-box*）序列（Chaudhary and Skinner,1999）。bHLH结构域的两个α-螺旋能够使bHLH蛋白与自身或与家族中的其他蛋白形成同源或异源二聚体,该特征扩大了蛋白质所结合和识别的DNA序列。不同bHLH转录因子蛋白通过螺旋环-螺旋结构域所形成的二聚体可能对基因的转录调控起着重要的作用。在植物中根据它们与DNA结合的组织特异性以及二聚化能力可以将bHLH家族转录因子分为两类：第一类转录因子在许多组织中都有表达,其表达没有组织特异性,它们能够与自身或其他bHLH家族的蛋白形成同源或异源二聚体,其结合区通常与 *E-box*（*CANNTG*）结合（Murre et al.,1989）；第二类bHLH转录因子蛋白的表达有组织特异性,这类蛋白几乎不能形成同源二聚体,更倾向于与第一类转录因子形成异源二聚体,第二类转录因子蛋白能够与规范和不规范的E-box结合（Massari and Murre,2000）。

FER是第一个从非禾本科植物番茄中克隆到的在铁吸收中起重要作用的转录因子（Ling et al.,2002）,其属于bHLH（螺旋-环-螺旋）家族蛋白,有较强的转录激活活性,在根部受缺铁诱导表达,而在供铁充足条件下表达受抑制（Brumbarova and Bauer,2005；Bauer et al.,2007）。*fer* 突变体不能启动缺铁应答反应,无法诱导铁还原酶基因 *LeFRO1* 和铁转运蛋白基因 *LeIRT1* 的表达,因此LeFER是调控机理 I 型植物中最关键的两个功能基因 *LeIRT1* 及 *LeFRO1* 所必需的（Bereczky et al.,2003；Li et al.,2004）。野生型的番茄和 *fer* 突变体相互嫁接试验表明,FER只在根中启动缺铁应答反应,在叶中则不能（Brown et al.，1971）。在拟南芥中利用芯片技术从 161 个 bHLH 类转录因子中克隆得到了 *FER* 基因的同源基因 *FIT*（Colangelo and Guerinot，2004），*FIT* 同样在根部受缺铁诱导表达，且在调控拟南芥铁的吸收过程中的关键基因 *AtFRO2* 和 *AtIRT1* 表达中起着重要作用（Bauer et al.，2007；Yuan et al.，2008）。*fit* 缺失突变体的表型明显黄化且生长缓慢、植株矮小（Colangelo and Guerinot，2004），在番茄中异源表达 *FIT* 可以充分互补 *fer* 突变体的黄化现象（Yuan et al.，2005）。对缺铁和正常供铁条件下野生型拟南芥和 *fit* 突变体的基因芯片分析发现，在 179 个受铁诱导的基因中有 72 个受 FIT1 的调控，其中包括与铁吸收相关的两个基因 *AtIRT1* 和 *AtFRO2*，*AtIRT1* 在转录水平上受到调控，*AtFRO2* 在翻译水平上受到调控（Colangelo and Guerinot，2004）。在 *MxFIT* 超表达拟南芥中，正常供铁条件下，*MxFIT* 的超表达并没有组成型的增强机理 I 中 *AtIRT1* 和 *AtFRO2* 这两个关键基因在根和叶中的表达，因此，植物体可能会诱导其他调控因子的表达，与 FIT 共同作用调动下游 *FRO2* 和 *IRT1* 高效的吸收铁。有前人研究表明，在酵母中 AtFIT 就是与 AtbHLH38 或 AtbHLH39 互相作用激活 *AtIRT1* 和 *AtFRO2* 启动子启动 *GUS* 报告基因的表达，而且共表达 *AtFIT* 和 *AtbHLH38* 或 *AtbHLH39* 可以使 *AtIRT1* 和 *AtFRO2* 的表达增强、地上部分铁的含量增加以及植株的缺铁耐受性增强（Yuan et al.，2008）。*AtbHLH38*、*AtbHLH39*、*AtbHLH100* 和 *AtbHLH101* 都属于 bHLH 家族基因（Wang et al.，2007），这 4 个基因在缺铁诱导的根和叶中表达明显升高，推测这 4 个基因的信号调控途径可能与 *AtFIT* 的调控不同。在烟草中过表达 *AtbHLH38* 或 *AtbHLH39* 可以增加核黄素的分泌（Vorwieger et al.，2007），核黄素在一些植物的缺铁应答反应中起着重要的作用。植物缺铁会激活复杂的调控网络，协调根系对铁的吸收和分配。在缺铁条件下，URI（Upstream Regulator of IRT1）磷酸化水平升高，但 URI 在转录和翻译水平的表达不受缺铁诱导（Kim et al.，2019），磷酸化的 URI 会与 bHLH 转录因子 IVc 亚家族成员（bHLH34/104/105/115）相互作用调控 bHLH 转录因子 Ib 亚家族成员（AtbHLH38/39/100/101）的表达（Kim et al.，2019；Zhang et al.，2015；Li et al.，2016；Zhang et al.，2017），其中 bHLH 转录因子 IVc 亚家族成员 AtbHLH104 对根系酸化起着重要调节作用（Zhang et al.，2015），在苹果中也发现 MdbHLH104 可与 5 个其他 IVc 亚家族成员共同调控 *MdAHA8* 基因的表达及质膜 H^+-ATPase 的活性（Zhao et al.，2016）。被激活的 AtbHLH38/39/100/101 转录因子可与 FIT 相互作用形成活化的复合物调控铁吸收（Wang et al.，2007；Wang et al.，2013），其中，AtbHLH39 与 FIT 结合对铁吸收的调控最显著。此外，AtbHLH39 在细胞中的定位情况受 FIT 的影响，当 FIT 表达量低时，AtbHLH39 主要定位在细胞质中，当 FIT 表达量高时，AtbHLH39 则由细胞质转移到细胞核中，与 FIT 形成复合物共同调控 *AtIRT1* 和 *AtFRO2* 的表达，以增强植物对铁的吸收（Trofimov et al.，2019）。因此，缺铁适应性反应的发生依赖于 FIT 转录因子，在缺铁条件下，通过一系列途径最终使 FIT 调控根系三价铁螯合还原酶和二价铁转运蛋白基因的表达，从而加强根系缺铁适应性反应，增强对铁素的吸收。Schwarz 等（2020）利用拟南芥的根转录组数据和共表达聚类分析预测了 100 多个与缺铁相关的顺式调控元件，这些顺式调控元件可与 B3、NAC、bZIP 和 TCP 类缺铁响应的转录因子进行体外结合，但与 FIT 结合调控的顺式作用元件还未见报道。

  Dinneny 等（2008）进行了缺铁拟南芥根部不同细胞的芯片分析，他们发现在不同细胞层的基因应答缺铁能力不同，与金属螯合和转运相关的基因主要分布在表皮，而与信号和调控相关的基因分布在中柱细胞。Long 等（2010）在缺铁根部的中柱鞘细胞中克隆得到了一个铁吸收调控的 bHLH 转录因子 POPEYE（PYE）。PYE 对缺铁胁迫条件下根部的生长起着重要的作用，*pye* 突变体在缺铁培养基上生长很弱，而且根部不会出现根毛伸长和根尖膨大的现象。利用芯片和免疫共沉淀分析发现 PYE 可能负调控与铁平衡相关的基因。Long 等（2010）从缺铁根部中柱鞘中克隆到另一个调控基因 *BRUTUS*（*BTS*），BTS 含有 3 个结构域，分别是具有 E3 连接酶活性的指环结构、具有转录调控活性的锌指结构和与铁素结合的血红蛋白。与 *pye* 突变体相反，*bts* 突变体在缺铁培养基上生长很好，酵母双杂交试验证明 PYE 和 BTS 可以相互作用，PYE 和 BTS 均在中柱鞘细胞中诱导表达，但两者可能对植物体内铁平衡起着相反的作用，PYE 对哪些基因起负调控还不清楚。

  在禾本科植物中也克隆到了参与缺铁应答反应中的关键转录因子和其结合的顺式作用元件。从不同删除片段的水稻 *IDS2* 基因启动子转基因烟草中鉴定出了两个缺铁应答的顺式作用元件 *IDE1* 和 *IDE2*（Kobayashi et al.，2003），并且从水稻中克隆到了与 *IDE* 结合的转录因子，分别为 IDEF1 和 IDEF2，IDEF1 和 IDEF2 可以分别特异性的结合 *IDE1* 和 *IDE2*，IDEF1 主要识别 *IDE1* 元件中的 *CATGC* 序列，而 IDEF2 主要识别 *IDE2* 元件中的 *CA（A/C）G（T/C）（T/C/A）（T/C/A）* 序列。与其他铁诱导相关的转录因子相比，IDEF1 和 IDEF2 不受缺铁诱导，其中营养生长和生殖生长的组织的表达均一致（Kobayashi et al.，2009；2010；2007；Ogo et al.，2008），因此，推测这两个转录因子可能和缺铁信号的感应有直接的关系。IDEF1 和 IDEF2 分别调控不同的基因表达，IDEF1 在正常供铁和缺铁早期主要调控铁吸收利用相关基因的表达，而在缺铁后期调控的基因与缺铁前期调控的基因有部分基因不同，在缺铁后期调控的基因中包含缺铁诱导的 *late embryogenesis abundant*（*LEA*）基因，这类基因参与种子成熟和水分胁迫，并受 RY 元件调控。微阵列分析表明 IDEF1 主要识别 *CATGC* 序列，而在缺铁后期主要识别 *RY* 元件（Kobayashi et al., 2009）。而 IDEF2 在整个缺铁胁迫过程中调控的基因没有发生改变（Kobayashi et al., 2010），IDEF2 主要调控与铁运输分配相关的基因，如 *OsYSL2* 基因（Ogo et al., 2008）。IDEF2 的功能突变体在根和地上部分的铁分配发生异常（Ogo et al., 2008）。利用微阵列分析表明在水稻缺铁的根部和茎部有许多调控蛋白，其中 OsIRO2 是被鉴定出的一个关键的 bHLH 转录因子，*OsIRO2* 在缺铁条件下表达明显升高（Ogo et al., 2006），并受 IDEF1 调控（Kobayashi et al., 2009; Kobayashi et al., 2007）。生化分析证明 OsIRO2 结合的核心序列为 *CACGTGG*（Ogo et al., 2006）。OsIRO2 调控许多机理Ⅱ中铁吸收相关基因（包括 *OsNAS1*、*OsNAS2*、*OsNAAT1*、*OsDMAS1*、*TOM1* 和 *OsYSL15*）和甲硫氨酸循环过程中的基因（Ogo et al., 2006; 2011）。OsIRO2 还会影响其他缺铁诱导的转录因子的表达，这些转录因子可能不是 OsIRO2 直接调控的下游基因（Ogo et al., 2007）。另一个缺铁诱导的 bHLH 转录因子 OsIRO3 可能对缺铁应答反应的基因起负调控作用（Zheng et al., 2010）。序列比对发现 OsIRO2 与 AtbHLH38、AtbHLH39、AtbHLH100 和 AtbHLH101 同源性较高，而 OsIRO3 则与 AtPYE 同源性较高，在水稻中没有克隆到与机理Ⅰ型植物中 FER/FIT 同源性相似的基因（Ogo et al., 2006），在机理Ⅰ型植物中是否有与 *IDEF1* 和 *IDEF2* 同源的基因还不清楚（Kobayashi et al., 2007; Ogo et al., 2007）。在拟南芥缺铁诱导表达的基因启动子上游，也有许多 *IDE1-like* 元件和 *RY* 元件（Kobayashi et al., 2005; Murgia et al., 2011）。因此，缺铁应答反应在禾本科植物和非禾本科植物中只有部分应答反应可能是保守的。

2.4 小金海棠对铁的吸收及缺铁适应性研究

2.4.1 果树缺铁及适应研究概况

果树缺铁的问题十分普遍，特别是苹果、柑橘、葡萄及桃树中缺铁黄化表现尤为严重。果树树体高大，具有营养贮藏特性，所以一旦发生缺铁失绿症会导致果品产量、品质下降,发病程度严重时直接影响果树产业的经济效益。通过土壤施肥或叶面喷肥等外部供应铁源的途径仍是目前矫正缺铁失绿症的主要措施,但是这种通过加大养分投入的方式来增加土壤或果树体内铁的供应的"资源路线",仅有暂时、局部和不稳定的治表效果,走"生物学路线"已成为研究解决果树缺乏铁元素营养失调问题的根本途径(韩振海和许雪峰,1995)。运用芯片技术通过对拟南芥 Col-0 和 Col-24 基因型植株在铁方面的研究,已初步构建了拟南芥中铁稳态基因的调控网络(Yang et al.,2010)。对于木本多年生植物来说,能否直接运用在模式植物中的调控机理目前仍未可知。苹果是我国北方地区栽培面积和产量最大的水果,而缺铁是北方干旱和半干旱地区苹果栽培中常见的问题之一,缺铁黄化严重影响苹果的产量和品质。

近年来,对于苹果铁素营养的研究取得了较大突破。小金海棠(*Malus xiaojinensis* Cheng et Jiang)是在全球范围内筛选出的第一个具有抗缺铁黄叶病苹果基因型的植物,具有抗逆性强,嫁接亲和性好,对潜隐病毒有较强抗性等多种优良性状,是我国特有的、极为重要的种质资源(韩振海,1990)。缺铁胁迫下,小金海棠表现出典型的机理Ⅰ型植物缺铁适应性反应(韩振海和沈隽,1991;韩振海和许雪峰,1995),根系的 ATP 酶活性得到提高,根系分泌物的电导率也得到提高,而且对铁的亲和力和吸收能力均较强(王永章,1994)。

2.4.2 小金海棠缺铁适应性研究进展

有关小金海棠铁吸收机理的研究,在蛋白质、基因克隆和信号传导方面已经取得了一些进展。在蛋白研究方面,小金海棠在缺铁胁迫时,通过 SDS-PAGE 电泳可以检测到一条分子量较低的特异性蛋白条带,推测该蛋白可能与缺铁胁迫有关(平吉成,1994);双向电泳结果表明在缺铁胁迫时有 3 条多肽的表达明显升高(于青一,2000);郭函子(2005)分析了正常供铁和缺铁条件下小金海棠根部蛋白的表达变化情况,不同蛋白的表达不同,缺铁胁迫条件下有的蛋白上调表达,而有的下调表达,并利用质谱测定了 5 个差异表达的蛋白点,其中两个蛋白都属于 S-腺苷甲硫氨酸家族成员,该家族蛋白具有催化甲硫氨酸(Met)合成 S-腺苷甲硫氨酸(SAM)的功能。在基因克隆方面,现已克隆得到了多个与铁吸收转运相关的基因及转录因子,包括 Fe(Ⅱ)-转运蛋白基因 *MxIRT1*(戚金亮,2003)、三价铁还原酶基因 *MxFRO2*(任玲,2007)、S-腺苷甲硫氨酸合成酶基因 *MxSAMS*(朱妍婕等，2009）、柠檬酸合成酶基因 *MxCS*（韩德果，2010）、质膜 H+-ATPase 基因 *MxHA7*（张倩，2012）、转录因子基因 *MxMYB1*（曹冬梅等，2006）、*MxbHLH01*（徐红梅，2011）、*MxFIT*（Yin et al., 2014; Yin et al., 2021）、*MxIRO2*（Yin et al., 2013；殷丽丽等，2011）等，并完成了小金海棠转录组测序（卢彬彬，2012）。在信号传导研究方面，肖大双等（2011）证明了 NO 参与介导和调控小金海棠植株根系的缺铁适应性反应；Wu 等（2012）通过检测 IAA 信号在小金海棠不同组织中定位分布特异性变化及对根尖质外体 pH 值进行荧光探针标记，证明了 IAA 为缺铁应答反应中的长距离信号物质。此外，王少甲等（2014）在小金海棠缺铁条件下根叶的转录本差异表达基因分析中发现，在不同时间发生差异表达的基因共有 21 037 个，其中 164 个参与了铁吸收、再利用以及信号转导过程。缺铁胁迫下，小金海棠首先会加强铁吸收，进而加强铁的再利用过程，乙烯以及 ROS 信号响应在缺铁胁迫早期响应。Zha 等（2014）通过检测小金海棠根系在不同处理下生理生化指标和基因表达变化，发现低铁胁迫下小金海棠介质酸化和 *IRT1* 基因加强表达分别受 NO 和乙烯信号调控的。张美玲（2015）发现 *IRT1* 基因表达与黄化指数呈负相关，是影响苹果植株耐缺铁能力的一个重要基因，*IRT1* 的启动子上的 *TATA-box* 的存在与耐缺铁性状相关，含有 *TATA-box* 的 *IRT1* 与不含有 *TATA-box* 的 *IRT1* 的比值大于等于 1 时，植株表现为耐缺铁，小于 1 时表现为不耐缺铁，且 *IRT1* 启动子 *TATA-box* 可能在转录水平调控 *IRT1* 的功能，从而影响铁的吸收。孙朝华（2017）发现缺铁早期 ROS 的增加可调控缺铁适应性反应增强，随着缺铁时间延长，ROS 可抑制表达，负调控缺铁适应性反应。对 *ROP* 基因家族的研究发现，*MxROP1* 可以促进 ROS 的产生，增强缺铁适应性反应，提高铁吸收能力。刘伟（2017）发现缺铁早期小金海棠根中产生乙烯，但随着缺铁时间增加小金海棠乙烯生成量降低，在缺铁后期外施乙烯抑制剂 AVG 可促使小金海棠幼叶黄化情况加重，叶绿素含量显著下降。小金海棠在缺铁条件下产生的乙烯可诱发 *MxERF4* 和 *MxERF72* 的表达，*MxERF4* 负调控 *MxIRT1* 和 *MxHA2* 的表达，*MxERF72* 抑制 *MxHA2* 的表达。吕远达（2018）对已经得到的 *TATA-box* 插入增强 *IRT1* 表达的调控机理进行深入探究，发现 *TATA-box* 插入是通过与特定 TFIID 转录因子结合来增强 *IRT1* 的转录活性，铁转运蛋白 *IRT1* 亚硝基化位点参与了植物缺铁应答反应，NO 可以通过调节蛋白的巯基亚硝基化来响应植物的缺铁胁迫反应。

参考文献

曹冬梅，许雪峰，韩振海，2006. 苹果属小金海棠转录因子 *MxMYB1* 基因的克隆及其原核表达 [J]. 园艺学报，33（4）：833-835.

郭函子，2005. 缺铁胁迫下小金海棠根特异蛋白的表达鉴定及 *MxSAMS* 基因克隆 [D]. 北京：中国农业大学.

韩德果，2010. 小金海棠 MxCS1 基因的克隆与功能分析及 CA 和 NA 在铁转运中的作用 [D]. 北京：中国农业大学.

韩振海，1990. 从苹果属（*Malus*）中筛选吸收和利用铁能力强的种 [D]. 北京：北京农业大学.

韩振海，沈隽，1991. 果树的缺铁失绿症——文献述评 [J]. 园艺学报，18（4）：323-328.

韩振海，许雪峰，1995. 不同铁效率果树基因型研究的现状和前景 [J]. 园艺学年评，1：1-16.

李春俭，张福锁，谭祖卫，1995. 植物对缺铁的适应性反应及其调控 [J]. 世界农业，9：30-32.

刘伟，2017. 乙烯响应因子 ERF4/ERF72 参与苹果砧木缺铁应答的功能研究 [D]. 北京：中国农业大学.

卢彬彬，2012. 使用高通量测序技术对小金海棠进行转录组测序及缺铁胁迫下的表达谱分析 [D]. 北京：中国农业大学.

吕远达，2018. 小金海棠 IRT1 上游调控途径分析及其亚硝基化位点进化研究 [D]. 北京：中国农业大学.

平吉成，1994. 苹果属几个种的组织培养繁殖技术及组培苗缺铁胁迫反应研究 [D]. 北京：中国农业大学.

戚金亮，2003. 苹果铁高效基因型生物技术的研究：*MxNramp1* 和 *MxIrt1* 基因的克隆 [D]. 北京：中国农业大学.

任玲，2007. 小金海棠 Fe^{3+} 还原酶基因 *MxFRO2* 的克隆和功能初探 [D]. 北京：中国农业大学.

孙朝华，2017. 活性氧在小金海棠缺铁应答中的作用研究 [D]. 北京：中国农业大学.

王少甲，卢彬彬，王忆，等，2014. 低铁胁迫下乙烯信号与小金海棠根部铁吸收加强密切相关 [D]. 北京：中国农业大学.

王永章, 1994. 铁高效与铁低效苹果基因型的铁离子吸收动力学的研究 [D]. 北京：北京农业大学.

肖大双, 李童音, 查倩, 等, 2011. 小金海棠、番茄和葡萄缺铁应答反应调控机制的比较研究 [J]. 园艺学报, 38 (11): 2067-2074.

徐红梅, 2011. 缺铁胁迫下苹果属小金海棠转录因子的克隆、表达和功能研究 [D]. 北京：中国农业大学.

杨娟, 2004. 苹果属植物缺铁适应性反应中 IAA 的作用 [D]. 北京：中国农业大学.

殷丽丽, 王忆, 张新忠, 等, 2011. 小金海棠 *MxIRO2* 基因的克隆及功能研究 [J]. 园艺学报, 38 (增刊): 2459.

于青一, 2000. 缺铁胁迫下苹果铁高效基因型特异蛋白的初步研究 [D]. 北京：中国农业大学.

张美玲, 2015. *IRT1* 启动子 *TATA-box* 插入与苹果砧木耐缺铁性状的关系分析 [D]. 北京：中国农业大学.

张倩, 2012. 小金海棠 *MxVHA-c*, *MxHA7* 基因的克隆及功能分析 [D]. 北京：中国农业大学.

朱妍婕, 孔瑾, 王忆, 等, 2009. 小金海棠 S-腺苷甲硫氨酸合成酶基因 (*MxSAMS*) 的克隆和表达分析 [J]. 农业生物技术学报, 17 (1): 121-125.

BAGNARESI P, BASSO B, PUPILLO P, 1997. The NADH-dependent Fe^{3+}-chelate reductases of tomato roots [J]. Planta, 202 (4): 427-434.

BASHIR K, INOUE H, NAGASAKA S, et al., 2006. Cloning and characterization of deoxymugineic acid synthase genes from graminaceous plants [J]. Journal of Biological Chemistry, 281: 32395-32402.

BAUER P, LING H Q, GUERINOT M L, 2007. FIT, the FER-Like Iron deficiency induced transcription factor in *Arabidopsis* [J]. Plant Physiology and Biochemistry, 45: 260-261.

BERECZKY Z, WANG H Y, SCHUBERT V, et al., 2003. Differential regulation of *nramp* and *irt* metal transporter genes in wild type and iron uptake mutants of tomato [J]. Journal of Biological Chemistry, 278: 24697-24704.

BIENFAIT H F, 1985. Regulated redox processes at the plasmalemma of plant root cells and their function in iron uptake [J]. Journal of Bioenergetics and Biomembranes, 17: 73-83.

BOULIKAS T, 1994. Putative nuclear localization signals (NLS) in protein transcription factors [J]. Journal of Cellular Biochemistry, 55: 32-58.

BROWN J C, CHANEY R L, AMBLER J E, 1971. A new tomato mutant inefficient in the transport of iron [J]. Physiologia Plantarum, 25: 48-53.

BRUMBAROVA T, BAUER P, 2005. Iron-mediated control of the basic helix-loop-helix protein FER, a regulator of iron uptake in tomato [J]. Plant Physiology, 137: 1018-1026.

CHAUDHARY J, SKINNER M K, 1999. Basic Helix-Loop-Helix Proteins can act at the E-box within the serum response element of the c-fos promoter to influence hormone-induced promoter activation in Sertoli cells [J]. Molecular Endocrinology, 13 (5): 774-786.

COHEN C K, FOX T C, GARVIN D F, et al., 1998. The role of iron-deficiency stress responses in stimulating heavy-metal transport in plants [J]. Plant Physiology, 116: 1063-1072.

COLANGELO E P, GUERINOT M L, 2004. The essential basic helix-loop-helix protein FIT1 is required for the iron deficiency response [J]. Plant Cell, 16: 3400-3412.

CONNOLLY E L, FETT J P, GUERINOT M L, 2002. Expression of the *IRT*1 metal transporter is controlled by metals at the levels of transcript and protein accumulation [J]. Plant Cell, 14 (6): 1347-1357.

COUREY A J, TJIAN R, 1988. Analysis of Sp1 in vivo reveals multiple transcriptional domains, including a novel glutamine-rich activation motif [J]. Cell, 55: 887-896.

DANCIS A, KLAUSNER R D, HINNEBUSCH A G, 1990. Genetic evidence that ferric reductase is required for iron uptake in *Saccharomyces cerevisiae* [J]. Molecular and Cellular Biology, 10: 2294-2301.

DEHESH K, SMITH L G, TEPPERMAN J M, et al., 1995. Twin autonomous bipartite nuclear localization signals direct nuclear import of GT-2 [J]. Plant Journal, 8: 25-36.

DINNENY J R, LONG T A, WANG J Y, et al., 2008. Cell identity mediates the response of *Arabidopsis* roots to abiotic stress [J]. Science, 320: 942-945.

DYNAN W S, TJIAN R, 1985. Control of eukaryotic messenger RNA synthesis by sequence-specific DNA-binding proteins [J]. Nature, 316: 774-778.

ECKHARDT U, MAS M A, BUCKHOUT T J, 2001. Two iron-regulated cation transporters from tomato complement metal uptake-deficient yeast mutants [J]. Plant Molecular Biology, 45 (4): 437-448.

EIDE D, BRODERIUS M, FETT J, et al., 1996. A Novel iron-regulated metal transporter from plants identified by functional expression in yeast [J]. Proceedings of the National Academy of Sciences of the United Sates of America, 93: 5624-5628.

GRAZIANO M, LAMATTINA L, 2005. Nitric oxide and iron in plants: an emerging and converging story [J]. Trends in Plant Science, 10: 4-8.

GRAZIANO M, LAMATTINA L, 2007. Nitric oxide accumulation is required for molecular and physiological responses to iron deficiency in tomato roots [J]. Plant Journal, 52: 949-960.

GRUSAK M A, PEZESHGI S, 1996. Shoot-to-root signal transmission regulates root Fe (Ⅲ) reductase activity in the *dgl* mutant of pea [J]. Plant Physiology, 110: 329-334.

GUARENTE L, 1988. UASs and enhancers: common mechanism of transcriptional activation in yeast and mammals [J]. Cell, 52: 303-310.

GUERINOT M L, YING Y, 1994. Iron: nutritious, noxious, and not readily available [J]. Plant Physiology, 104: 815-820.

HARPER J F, SUROWY T K, SUSSMAN M R, 1989. Molecular cloning and sequence of cDNA encoding the plasma membrane proton pump (H^+-ATPase) of *Arabidopsis thaliana* [J]. Proceedings of the National Academy of Sciences of the United Sates of America, 86: 1234-1238.

HINDT M N, GUERINOT M L, 2012. Getting a sense for signals: Regulation of the plant iron deficiency response [J]. Biochimica et Biophysica Acta-Molecular Cell Research, 1823 (9): 1521-1530.

KIM S A, LACROIX, GERBER S A, et al., 2019. The iron deficiency response in *Arabidopsis thaliana* requires the phosphorylated transcription factor URI [J]. Proceedings of the National Academy of Sciences of the United Sates of America, 116 (50): 24933-24942.

KOBAYASHI T, ITAI RN, OGO Y, et al., 2009. The rice transcription factor IDEF1 is essential for the early response to iron deficiency, and induces vegetative expression of late embryogenesis abundant genes [J]. Plant Journal, 60: 948-961.

KOBAYASHI T, NAKANISHI H, TAKAHASHI M, et al., 2001. In vivo evidence that Ids3 from Hordeum vulgare encodes a dioxygenase that converts 2'-deoxymugineic acid to mugineic acid in transgenic rice [J]. Planta, 212: 864-871.

KOBAYASHI T, NAKAYAMA Y, ITAI R N, et al., 2003. Identification of novel cis acting elements, IDE1 and IDE2, of the barley IDS2 gene promoter conferring iron-deficien cy-inducible, root-specific expression in heterogeneous tobacco plants [J]. Plant Journal, 36: 780-793.

KOBAYASHI T, NISHIZAWA N K, 2012. Iron uptake, translocation, and regulation in higher plants [J]. Annual Review of Plant Biology, 63: 131-152.

KOBAYASHI T, OGO Y, AUNG M S, et al., 2010. The spatial expression and regulation of transcription factors IDEF1 and IDEF2 [J]. Annals of Botany, 105: 1109-1117.

KOBAYASHI T, OGO Y, ITAI R N, et al., 2007. The transcription factor IDEF1 regulates the response to and tolerance of iron deficiency in plants [J]. Proceedings of the National Academy of Sciences of the United Sates of America, 104: 19150-19155.

KOBAYASHI T, SUZUKI M, INOUE H, et al., 2005. Expression of iron-acquisition related genes in iron-deficient rice is co-ordinately induced by partially conserved iron-deficiency responsive elements [J]. Journal of Experimental Botany, 56: 1305-1316.

LANDSBERG E C, 1981. Fe-stress-induced transfer cell formation-regulation by auxin? [J]. Plant Physiology, 67: 563-566.

LANDSBERG E C, 1982. Transfer cell formation in the root epidermis: a prerequisite for Fe-efficiency? [J]. Journal of Plant Nutrition, 5: 415-432.

LANDSBERG E C, 1984. Regulation of iron-stress-response by whole-plant activity [J]. Journal of Plant Nutrition, 7: 609-621.

LANDSBERG E C, 1986. Function of rhizodermal transfer cells in Fe stress response mechanism of *Capsicum annuum* L. [J]. Plant Physiology, 82: 511-517.

LANDSBERG E C, 1996. Hormonal regulation of iron-stress response in sunflower roots: a mor-phological and cytological investigation [J]. Protoplasma: An International Journal of Cell Biology, 194: 69-80.

LI C J, ZHU X P, ZHANG F S, 2000. Role of shoot in regulation of iron deficiency responses in cucumber and bean plants [J]. Journal of Plant Nutrition, 23: 1809-1818.

LI L, CHENG X, LING H Q, 2004. Isolation and characterization of Fe (Ⅲ)-chelate reductase gene *LeFRO1* in tomato [J]. Plant Molecular Biology, 54: 125-136.

LI X L, ZHANG H M, AI Q, et al., 2016. Two bHLH transcription factors, bHLH34 and bHLH104, regulate iron homeostasis in *Arabidopsis thaliana* [J]. Plant Physiology, 170: 2478-2493.

LING H Q, BAUER P, BERECZKY Z, et al., 2002. The tomato fer gene encoding a bHLH protein controls iron-uptake responses in roots [J]. Proceedings of the National Academy of Sciences of the United States of America, 99: 13938-13943.

LINGAM P, MOHRBACHER J, BRUMBAROVA T, et al., 2011. Interaction between the bHLH transcription factor FIT and ETHYLENE INSENSITIVE3/ETHYLENE INSENSITIV E3-LIKE1 reveals molecular linkage between the regulation of iron acquisition and ethylene signaling in *Arabidopsis* [J]. Plant Cell, 23: 1815-1829.

LONG T A, TSUKAGOSHI H, BUSCH W, et al., 2010. The bHLH transcription factor POPEYE regulates response to iron deficiency in *Arabidopsis* roots [J]. Plant Cell, 22: 2219-2236.

MASSARI M E, MURRE C, 2000. Helix-loop-helix proteins: regulators of transcription in Eucaryotic organisms [J]. Molecular and Cellular Biology, 20: 429-440.

MERMOD N, O'NEILL E A, KELLY T J, et al., 1989. The proline-rich transcriptional activator of CTF-NF1 is distinct from the replication and DNA binding domain [J]. Cell, 58: 741-753.

MICHELET B, LUKASZEWICZ M, DUPRIEZ V, et al., 1994. A plant plasma membrane proton-ATPase gene is regulated by development and environment and shows signs of translational regulation [J]. Plant Cell, 6: 1375-1389.

MORSOMME P, BOUTRY M, 2000. The plant plasma membrane H^+-ATPase: structure, function and regulation [J]. Biochimica et Biophysica Acta-Biomembranes, 1465: 1-16.

MURGIA I, TARANTINO D, SOAVE C, et al., 2011. *Arabidopsis* CYP82C4 expression is dependent on Fe availability and circadian rhythm, and correlates with genes involved in the early Fe deficiency response [J]. Journal of Plant Physiology, 168: 894-902.

MURRE C, MCCAW P S, VAESSIN H, et al., 1989. Interactions between heterologous helix-loop-helix proteins generate complexes that bind specifically to a common DNA sequence [J]. Cell, 58 (3): 537-544.

NIEBUR W S, FEHR W R, 1981. Agronomic evaluation of soybean genotypes resistant to iron deficiency chlorosis [J]. Crop Science, 21: 551-554.

OGO Y, ITAI R N, KOBAYASHI T, et al., 2011. OsIRO2 is responsible for iron utilization in rice and improves growth and yield in calcareous soil [J]. Plant Molecular Biology, 75: 593-605.

OGO Y, ITAI R N, NAKANISHI H, et al., 2006. Isolation and characterization of IRO2, a novel iron-regulated bHLH transcription factor in gramineous plants [J]. Journal of Experimental Botany, 57: 2867-2878.

OGO Y, ITAI R N, NAKANISHI H, et al., 2007. The rice bHLH protein OsIRO2 is an essential regulator of the genes involved in Fe uptake under Fe-deficient conditions [J]. Plant Journal, 51: 366-377.

OGO Y, KOBAYASHI T, ITAI R N, et al., 2008. A novel NAC transcription factor IDEF2 that recognizes the iron deficiency-responsive element 2 regulates the genes involved in iron homeostasis in plants [J]. Journal of Biological Chemistry, 283: 13407-13417.

PALMGREN M G, 2001. Plant plasma membrane H^+-ATPases: powerhouses for nutrient uptake [J]. Annual Review of Plant Physiology and Plant Molecular Biology, 52: 817-845.

ROBINSON N J, 1997. The *froh* gene family from *Arabidopsis thaliana*: putative iron-chelate reductase [J]. Plant and Soil, 196: 245-248.

ROMERA F J, ALCANTARA E, DE LA GUARDIA M D, 1999. Ethylene production by Fe-deficient roots and its involvement in the regulation of Fe-deficiency stress responses by strategy I plants [J]. Annals of Botany, 83: 51-55.

ROMERA F J, WELCH R M, NORVELL W A, et al., 1996. Iron requirement for and effects of promoters and inhibitors of ethylene action or stimulation of Fe(Ⅲ)-chelate reductase in roots of Strategy I species [J]. Biometals, 9 (1): 45-50.

RÖMHELD V, MARSCHNER H, 1986. Mobilization of iron in the rhizosphere of different plant species [J]. Journal of Plant Nutrition, 2: 155-192.

SANTI S, SCHMIDT W, 2009. Dissecting iron deficiency-induced proton extrusion in *Arabidopsis* roots [J]. New Phytologist, 183: 1072-1084.

SCHMIDT W, 2003. Iron solutions: acquisition strategies and signaling pathway in plants [J]. Trends in Plant Science, 8: 188-193.

SCHWARZ BAZODI C B, SHIU S H, BAUER P, 2020. Putative cis-regulatory elements predict iron deficiency responses in *Arabidopsis* roots [J]. Plant Physiology, 182 (3): 1420-1439.

SIVITZ A, GRINVALDS C, BARBERON M, et al., 2011. Proteasome-mediated turnover of the transcriptional activator FIT is required for plant iron-deficiency responses [J]. Plant Journal, 66: 1044-1152.

STAIGER D, 2002. Chemical strategies for iron acquisition in plants [J]. Angewandte Chemie International Edition, 41 (13): 2259-2264.

STRUHL K, 1989. Helix-turn-helix, zinc-finger, and leucine-zipper motifs for eukaryotic transcriptional regulatory proteins [J]. Trends in Biochemical Sciences, 14: 137-140.

TAKAHASHI M, YAMAGUCHI H, NAKANISHI H, et al., 1999. Cloning two genes for nicotianamine aminotransferase, a critical enzyme in iron acquisition (Strategy Ⅱ) in graminaceous plants [J]. Plant Physiology,

121: 947-956.

TJADEN G, CORUZZI G M, 1994. A novel AT-rich DNA binding protein that combines an HMG-like DNA binding domain with a putative transcription domain [J]. Plant Cell, 6: 107-111.

TROFIMOV K, IVANOV R, EUTEBACH M, et al., 2019. Mobility and localization of the iron deficiency–induced transcription factor bHLH39 change in the presence of FIT [J]. Plant Direct, 3: 1-11.

VERT G, GROTZ N, DÉDALDÉCHAMP F, et al., 2002. IRT1, an Arabidopsis transporter essential for iron uptake from the soil and for plant growth [J]. Plant Cell, 14: 1223-1233.

VORWIEGER A, GRYCZKA C, CZIHAL A, et al., 2007. Iron assimilation and transcription factor controlled synthesis of riboflavin in plants [J]. Planta, 226: 147-158.

WALKER E L, CONNOLLY E L, 2008. Time to pump iron: iron-deficiency-signaling mechanisms of higher plants [J]. Current Opinion in Plant Biology, 11: 1-6.

WANG H Y, KLATTE M, JAKOBY M, et al., 2007. Iron deficiency-mediated stress regulation of four subgroup Ib BHLH genes in *Arabidopsis thaliana* [J]. Planta, 226: 897-908.

WANG N, CUI Y, LIU Y, et al., 2013. Requirement and functional redundancy of Ib subgroup bHLH proteins for iron deficiency responses and uptake in *Arabidopsis thaliana* [J]. Molecular Plant, 6: 503-513.

WU T, ZHANG H T, WANG Y, et al., 2012. Induction of root Fe (Ⅲ) reductase activity and proton extrusion by iron deficiency is mediated by auxin-based systemic signalling in *Malus xiaojinensis* [J]. Journal of Experimental Botany, 63 (2): 859-870.

YANG T J W, LIN W D, SCHMIDT W, 2010. Transcriptional profiling of the *Arabidopsis* iron deficiency response reveals conserved transition metal homeostasis networks [J]. Plant Physiology and Biochemistry, 152: 2130-2141.

YIN L L, CHEN X L, MA S L, et al., 2021. Purification, immunological, and functional characterization of MxFIT in *Malus xiaojinensis* [J]. Biologia Plantarum, 65: 177-183.

YIN L L, WANG Y, YUAN M D, et al., 2013. Molecular cloning, polyclonal antibody preparation, and characterization of a functional iron-related transcription factor IRO2 from *Malus xiaojinensis* [J]. Plant Physiology and Biochemistry, 67: 63-70.

YIN L L, WANG Y, YUAN M D, et al., 2014. Characterization of MxFIT, an iron deficiency induced transcriptional factor in *Malus xiaojinensis* [J]. Plant Physiology and Biochemistry, 75: 89-95.

YUAN Y X, WU H L, WANG N, et al., 2008. FIT interacts with AtbHLH38 and AtbHLH39 in regulating iron uptake gene expression for iron homeostasis in *Arabidopsis* [J]. Cell Research, 18: 385-397.

YUAN Y X, ZHANG J, WANG D W, et al., 2005. AtbHLH29 of *Arabidopsis thaliana* is a functional ortholog of tomato FER involved in controlling iron acquisition in strategy I plants [J]. Cell Research, 15: 613-621.

ZHA Q, WANG Y, ZHANG X Z, et al., 2014. Both immanently high active iron contents and increased root ferrous uptake in response to low iron stress contribute to the iron deficiency tolerance in *Malus xiaojinensis* [J]. Plant Science, 214: 47-56.

ZHANG J, LIU B, LI M S, et al., 2015. The bHLH transcription factor bHLH104 interacts with IAA-LEUCINE RESISTANT3 and modulates iron homeostasis in *Arabidopsis* [J]. Plant Cell, 27: 787-805.

ZHAO Q, REN Y R, WANG Q J, et al., 2016. Overexpression of *MdbHLH104* gene enhances the tolerance to iron deficiency in apple [J]. Plant Biotechnology, 14: 1633-1645.

ZHENG L, YING Y, WANG L, et al., 2010. Identification of a novel iron regulated basic helix-loop-helix protein involved in Fe homeostasis in *Oryza sativa* [J]. BMC Plant Biology, 10: 1471-1480.

3 小金海棠 *MxFIT* 基因的克隆及功能研究

3.1 材料与方法

3.1.1 试验材料

植物材料：新鲜的洋葱，从超市购买，小金海棠（*Malus xiaojinensis*）、野生型 Columbia（Col）生态型拟南芥，均由作者实验室保存。

菌株：大肠杆菌 DH5α、农杆菌 GV3101 菌株、酵母营养缺陷型菌株 *Saccharomyces cerevisiae* AH109（*MATa*, *trp*1-901, *leu*2-3, 112, *ura*3-52, *his*3-200, *gal*4 △, *gal*80 △, *LYS*2∷ *GAL*1*UAS*-*GAL*1*TATA*-*HIS*3, *GAL*2*UAS*-*GAL*2*TATA*-*ADE*2, *URA*3∷ *MEL*1*UAS*-*MEL*1*TATA*-*lacZ*）均由作者实验室保存。

载体：克隆载体 pEasy T1，瞬时表达载体 pEZS-NL，酵母表达载体 pGBKT7，植物表达载体 PCAMBIA1301、PCAMBIA2300，原核表达载体 pET-30a 均由作者实验室保存。

3.1.2 植物材料培养

3.1.2.1 小金海棠培养

小金海棠组培苗在生长培养基（MS+0.5 mg/L IBA+0.2 mg/L 6-BA）中生长到茎木质化后转移到生根培养基（1/2 MS+1.0 mg/L IBA）中，生长约一个月，待白色新根长出后转移到半营养液中炼苗两周，然后用完全营养液培养，每周换一次营养液，培养条件为光照 16 h（光量子通量密度 250 μmol/（m²·s¹）），黑暗 8 h，温度 22~25℃。在全营养液中生长一个月待其长出 8~10 片叶片后进行缺铁胁迫（FeNaEDTA，4 μmol/L），以正常供铁（FeNaEDTA，40 μmol/L）作为对照，分别取正常供铁及缺铁处理0 h、12 h、1 d、3 d、6 d和9 d的白色新根和幼叶，液氮速冻后于−80℃条件下保存备用。

3.1.2.2 拟南芥培养

拟南芥Columbia（Col）生态型种子4℃条件下低温处理3 d后，于75%的无水乙醇和25%的次氯酸钠消毒，为使种子充分消毒，其间可不停摇动离心管，消毒后弃掉消毒液，用无菌水清洗种子3~5次后，播于含2%蔗糖、0.6%琼脂糖及pH 5.8的MS培养上。将播种的拟南芥于22℃、光照16 h、黑暗8 h的条件下培养。一般种子萌发生长7~10 d后可进行移苗或移栽。幼苗移栽土壤配制为营养土和蛭石按1∶1混匀使用。

3.1.3 培养基及营养液配制

LB培养基配制（1 L）：胰蛋白胨10 g，酵母提取物5 g，NaCl 10 g，pH 7.0（固体培养基加15 g琼脂粉/L），高温高压灭菌。

YEB培养基配制（1 L）：胰蛋白胨5 g，酵母提取物1 g，牛肉浸膏1 g，蔗糖5 g，$MgSO_4·7H_2O$ 0.5 g，pH 7.0（固体培养基加15 g琼脂粉/L），高温高压灭菌。

YPE培养基配制（1 L）：胰蛋白胨20 g，酵母提取物10 g，葡萄糖20 g，用HCl调节pH为5.8（固体培养基加15 g琼脂粉/L），高压灭菌。

完全营养液的组成成分：40 μmol/L Fe^{3+}-EDTA，0.5 mmol/L KNO_3，0.5 mmol/L $NH_4H_2PO_4$，1 mmol/L $Ca(NO_3)_2$，0.5 mmol/L $MgSO_4·7H_2O$，0.5 mmol/L $CaCl_2$，0.3 mmol/L $Mg(NO_3)_2·6H_2O$，23 μmol/L H_3BO_3，0.4 μmol/L $ZnSO_4·7H_2O$，0.15 μmol/L $CuSO_4·5H_2O$，0.05 μmol/L $H_2MoO_4·H_2O$和3 μmol/L $MnCl_2$，用1 mol/L NaOH和HNO_3调整营养液初始pH为6.0±0.2，每周更换一次营养液。

3.1.4 试验所用溶液配制

50×TAE：Tris base 242 g，冰醋酸57.1 mL，Na_2EDTA·$2H_2O$ 37.2 g（pH 8.0），补水至1 L。

卡那霉素贮液（100 mg/mL）：1 g卡那霉素溶于10 mL无菌水中，0.2 μm过滤器过滤灭菌，按1 mL/管分装，−20℃保存。

氨苄青霉素贮液（100 mg/mL）：1 g氨苄青霉素溶于10 mL无菌水中，

0.2 μm 过滤器过滤灭菌，按 1 mL/管分装，-20℃保存。

利福平（50 mg/mL）：0.3 g 利福平溶于 6 mL 甲醇或二甲基亚砜（DMSO）中，按 1 mL 管分装，-20℃保存。

X-gal：0.2 g X-gal 溶于 10 mL 二甲基甲酰胺，避光-20℃保存。

EB 溶液（0.5 g/L）：50 mg EB 溶于 100 mL 水中，4℃避光保存。

PBS 缓冲液：0.2 g KCl，8 g NaCl，0.24 g KH_2PO_4，1.44 g Na_2HPO_4，调 pH 值至 7.4，加蒸馏水至 1 000 mL。

包被液：1.33 g Na_2CO_3，1.461 g NaCl，0.25 g PVP，0.5 g 维生素 C，定容至 250 mL。

MS 大量元素母液（20×）：33.00 g/L NH_4NO_3，38.00 g/L KNO_3，3.40 g/L KH_2PO_4，7.40 g/L $MgSO_4 \cdot 7H_2O$，8.80 g/L $CaCl_2 \cdot 2H_2O$。

MS 微量元素母液（100×）：2.23 g/L $MnSO_4 \cdot 4H_2O$，0.625 g/L H_3BO_3，0.083 g/L KI，0.002 5 g/L $CuSO_4 \cdot 5H_2O$，0.865 g/L $ZnSO_4 \cdot 7H_2O$，0.002 5 g/L $CoCl_2 \cdot 6H_2O$，0.025 g/L $Na_2MoO_4 \cdot 2H_2O$。

维生素（100×）：0.05 g/L 烟酸，0.05 g/L 盐酸吡哆素，0.4 g/L 盐酸硫胺素，0.2 g/L 甘氨酸，10 g/L 肌醇。

MS 铁盐母液（100×）：4.211 g/L NaFeEDTA。

拟南芥侵染液：1/2 MS 盐 2.215 g/L，蔗糖 50 g/L，MES 0.5 g/L，1 mol/L KOH 调 pH 至 5.7，转化前加入 Silwet-77（0.03%）。

SDS-PAGE 所用溶液：

单体贮液：29 g 丙烯酰胺，1 g 甲叉丙烯酰胺，双蒸水溶解，定容至 100 mL。

浓缩胶缓冲液：称取 Tris 12.1 g，溶于水，用 HCl 调至 pH 6.8，去离子水定容至 100 mL，其中 Tris 1.0 mol/L，高压蒸汽灭菌 15 min，4℃保存。

分离胶缓冲液：称取 Tris 18.165 g，溶于水，用 HCl 调至 pH 8.8，去离子水定容至 100 mL，其中 Tris 1.5 mol/L，高压蒸汽灭菌 15 min，4℃保存。

10%SDS：5 g SDS 溶于 50 mL 水中，室温保存。

10%（g/mL）过硫酸铵（AP）：0.1 g 过硫酸铵溶于 1 mL 水，4℃保存。

电泳缓冲液：3 g Tris 碱，14.4 g 甘氨酸，1 g SDS，双蒸水定容 1 000 mL，可以重复使用。

染色液：甲醇 450 mL，冰醋酸 100 mL，双蒸水 450 mL，1 g 考马斯亮蓝 R250，室温保存。

脱色液：甲醇 100 mL，冰醋酸 100 mL，双蒸水 800 mL，室温保存。

5×上样缓冲液（10 mL）：0.6 mL 1 mol/L Tris-HCl（pH 6.8），5 mL 50%甘油，2 mL 10% SDS，0.5 mL β-巯基乙醇，1 mL 1%溴酚蓝，0.9 mL 双蒸水。分装后-20℃保存。

Western Blot 溶液配制：

转膜缓冲液：3 g Tris 碱，14.4 g 甘氨酸，甲醇 200 mL，双蒸水定容 1 000 mL。

TBS 缓冲液：10 mmol/L Tris-HCl（pH 7.5），150 mmol/L NaCl。

TBST1：TBS，0.05%（v/v）Tween-20。

TBST2：50 mmol/L Tris-HCl（pH 7.5），150 mmol/L NaCl，1%（v/v）Tween-20。

封闭液：TBS，0.05%（v/v），Tween-20，3%（w/v）BSA，pH 7.5。

碱性磷酸酶缓冲液：100 mmol/L Tris-HCl（pH 9.5），100 mmol/L NaCl，50 mmol/L $MgCl_2$。

3.1.5　试验方法

3.1.5.1　*MxFIT* 基因全长的克隆

（1）RNA 提取（CTAB 法）

①65℃预热 CTAB 提取缓冲液 [10 mmol/L Tris-HCl（pH 8.0），2%（w/v）CTAB，25 mmol/L EDTA，2.0 mol/L NaCl，2%（w/v）PVP，0.5 g/L 亚精胺，1% β-巯基乙醇（用前加）]；

②取小金海棠根或叶样品 0.5 g，液氮研磨后迅速加入预热好的 CTAB 提取缓冲液，涡旋振荡 1 min，65℃水浴 10 min，其间振荡摇匀 1~2 次；

③加入等体积 CI 溶液（氯仿/异戊醇=24∶1），振荡摇匀后冰浴 5 min；

④12 000 r/min 离心 10 min（4℃），取上清液，加入等体积 CI 溶液，振荡摇匀，冰浴 5 min；

⑤12 000 r/min 离心 10 min（4℃），取上清液，加入 1/4~1/3 体积的 10 mol/L LiCl，混匀，4℃沉淀 6~8 h；

⑥12 000 r/min 离心 20 min（4℃），弃上清，加入 1 mL 0.5%的 SDS 溶液溶解沉淀，再加入等体积 CI 溶液抽提一次，冰浴 10 min；

⑦12 000 r/min 离心 10 min（4℃），取上清，加入 2 倍体积无水乙醇，-70℃沉淀 30 min 至 1 h；

⑧12 000 r/min 离心 10 min（4℃），弃上清，用75%的乙醇洗涤沉淀，4℃ 12 000 r/min离心 20 min；

⑨沉淀晾干 5~10 min，使乙醇完全挥发后，用适量无 RNase 水充分溶解沉淀，-70℃保存。

（2）RNA 的纯化

①按以下体系加样：RNA 42 μg，10×RNase-Free DNase Buffer 5 μL，DNaseI（RNase-free）2 μL，RNase Inhibitor 1 μL，总体积 50 μL；

②在 37℃下水浴 30 min；

③用等体积 CI 溶液抽提，以去除蛋白和 DNase；

④12 000 r/min 离心 15 min（4℃），取上清液加入 1/10 体积 3 mol/L NaAc 和 2 倍体积无水乙醇，-20℃沉淀 1 h 后，12 000 r/min 离心 30 min（4℃）；

⑤用75%乙醇洗涤沉淀，洗涤两次，晾干后用适量无 RNase 水充分溶解沉淀，-70℃保存。

（3）RNA 样品纯度和浓度的检测

将提取的 RNA 用微量紫外分光光度计检测其浓度，并计算 OD_{260}/OD_{280} 比值和 OD_{230}/OD_{280} 比值，OD_{260}/OD_{280} 比值在 1.9~2.1，说明无杂质污染，OD_{230}/OD_{280} 比值在 2.0~2.3，表明盐污染较轻，最后用1%的琼脂糖凝胶电泳检测其完整，其中 28 S 和 18 S RNA 条带清晰完整，没有 DNA 条带，表明提取的总 RNA 质量较好，可用于后续试验。

（4）cDNA 第一链的合成

参照 TAKARA 公司的反转录酶使用说明：

①按以下体系加样：总 RNA 样品 1~4 μg，Oligo dT 3 μL，补 DEPC 水至总体积 30 μL；

②将微量离心管于 PCR 仪中 72℃加热 10 min 后，冰上放置 2 min；

③冰浴后在微量离心管中分别加入以下试剂：

MV-MLVTranscriptase 2 μL，dNTP（10 μmol/L）2.5 μL，RNase Inhibitor 1 μL，10×Buffer 5 μL；

④将微量离心管于 PCR 仪中 42℃加热 1 h，放在冰上终止第一链合成，-20℃保存。

（5）基因克隆

根据拟南芥 *AtFIT*（Genebank：AT2G28160）和 *LeFER*（Genebank：AAN39037）基因的序列及苹果基因组的信息（http：//genomics.research.

iasma.it/）进行同源搜索和序列比对后，用 Primer 5.0 设计小金海棠中扩增 *MxFIT* 基因引物，引物序列为：

MxFIT-F：5′-ATGGATTCGCTGGGAAACCA-3′

MxFIT-R：5′-TTAGGCTGAGAATCCAGAAGC-3′

①在 PCR 管中分别加入以下物质：

cDNA 第一条链 1 μL，10×Taq PCR Buffer 2 μL，dNTPs（10 mmol/L）0.5 μL，上游引物 0.5 μL，下游引物 0.5 μL，Taq DNA polymerase 0.5 μL，ddH$_2$O 15 μL，总体积 20 μL。

②混匀后按以下程序进行 PCR 扩增：

MxFIT 扩增：94℃预变性 5 min；94℃变性 30 s，55℃退火 45 s，72℃延伸 1 min，共 30 个循环；72℃延伸 7 min。

(6) PCR 扩增产物的纯化

将 PCR 产物在 1%琼脂糖凝胶上电泳，电泳完毕后在紫外灯下切下目的条带（注意尽量少切凝胶），用回收纯化试剂盒（北京全士金生物有限公司）纯化，具体操作步骤如下：

①将切下的目的胶块放入 2 mL 离心管中，加入 3 倍体积的溶胶缓冲液，55℃加热 7 min，为使胶块彻底溶解，其间上下颠倒反应管 2~3 次；

②将溶胶液加入离心吸附柱中，12 000 r/min 离心 1 min，倒掉收集管中的废液；

③在吸附柱中加入 0.65 mL 的漂洗液，12 000 r/min 离心 1 min，倒掉收集管中的废液；

④重复步骤（3），洗涤吸附柱；

⑤12 000 r/min 离心 2 min，尽量除去漂洗液；

⑥取出离心吸附柱，放入灭菌的 1.5 mL 离心管中，加入适量（30~50 μL）洗脱缓冲液（65℃提取预热），室温放置 1 min 后 12 000 r/min 离心 1 min。

(7) DNA 片段与 T-Vector 载体的连接反应

克隆载体使用北京全士金生物有限公司的 pEasy-T1 载体。将回收纯化的 DNA 片段与 T 载体进行连接反应［片段与载体的摩尔比在（1∶3）~（3∶1）］。16℃连接 8~12 h 后，将连接产物转化到大肠杆菌 DH5α 感受态细胞中。

(8) 热激法转化大肠杆菌 DH5α 感受态细胞

①将大肠杆菌 DH5α 感受态细胞放在冰上解冻，加入 10~20 ng 质粒或

连接产物，混匀后在冰上静置 30 min；

②42℃热激 90 s 后立即置于冰上 5 min；

③加入 200 μL LB 液体培养基（不含抗生素），37℃恢复培养 40~60 min；

④将恢复培养的菌液涂布于相应的筛选培养基上，待菌液完全被培养基吸收后将培养皿于 37℃过夜倒置培养。

(9) 菌落（或质粒）PCR 鉴定

用灭菌枪头挑取单克隆于相应抗生素的 LB 培养基中生长，以所摇菌液或以提取的质粒为模板，进行 PCR 扩增，鉴定 DNA 片段是否已连接到 T 载体或目的载体上；用1%琼脂糖凝胶电泳分析 PCR 扩增结果。

反应体系为 20 μL，依次加入下列组分：

菌液（质粒）2 μL，10×Taq PCR Buffer 2 μL，dNTPs（10 mmol/L）0.5 μL，上游引物 0.5 μL，下游引物 0.5 μL，Taq DNA polymerase 0.5 μL，ddH$_2$O 14 μL，总体积 20 μL。

混匀，按下面循环进行扩增反应，反应条件：94℃预变性 5 min；94℃变性 30 s，50~60℃（视引物而定）退火 30 s，72℃延伸（按 1 000 bp/min 速率确定），共 30 个循环；72℃延伸 7 min。用1%琼脂糖凝胶电泳分析 PCR 扩增结果。

(10) 阳性质粒 DNA 提取（碱裂解法）

①挑阳性单菌落接种于 4 mL 含相应抗生素的 LB 培养液中，37℃过夜培养；

②12 000 r/min 离心 1 min，收集菌体；

③弃掉上清，加入 100 μL 溶液 I，充分振荡使菌体悬浮；

④加入 200 μL 溶液 II，颠倒混匀，使菌体呈澄清状态（不要超过 5 min，注意颠倒要轻柔）；

⑤溶液澄清后加入 150 μL 溶液 III，颠倒混匀；

⑥12 000 r/min 离心 15 min，将上清加入等体积的 CI 溶液抽提蛋白，颠倒混匀后，12 000 r/min 离心 10 min；

⑦取上清，加入 2 倍体积的无水乙醇，混匀，4℃沉淀 15 min；

⑧12 000 r/min 离心 10 min；弃上清；

⑨用 70%乙醇洗涤沉淀，12 000 r/min 离心 10 min；弃上清，干燥沉淀；

⑩将沉淀溶于含 RNaseA 的适量水或 TE 缓冲液（pH 8.0）中，37℃水

浴 30 min 消化 RNA，−20℃保存备用。

（11） MxFIT 基因序列分析和同源性比对

将阳性质粒进行测序，获得 MxFIT 基因全长序列，开放阅读框的分析和氨基酸的比对通过 DNAMAN 来完成，蛋白的分子量和等电点通过 ExPASy（http：//web.expasy.org/protparam/）完成。

3.1.5.2 MxFIT 在洋葱表皮细胞中的定位

（1）待转化洋葱表皮的制备

在无菌操作下，用镊子轻轻撕下洋葱的内表皮，平铺于含有 MS 固体培养基上。

（2）金粉悬浮液的制备

称取 60 mg 金粉颗粒，加入 1 mL 无水乙醇，在涡旋混匀仪上充分振荡 1 min，12 000 r/min 离心 10 s，弃上清，加入 1 mL 无水乙醇，在涡旋混匀仪上振荡 1 min，12 000 r/min 离心 10 s，弃上清，将金粉颗粒悬浮于 1 mL 无菌水中，−20℃保存。

（3）金粉−质粒 DNA 复合物的制备

将金粉悬浮液振荡混匀，取新的离心管加入 8.5 μL 金粉悬浮液，3.5 μL 0.1 mol/L 亚精胺，8.5 μL 2.5 mol/L $CaCl_2 \cdot 2H_2O$，1~10 μg 待转化的质粒 DNA；在涡旋振荡器上充分振荡混匀；12 000 r/min 离心 30 s；弃上清，用 1 mL 无水乙醇漂洗 3 次；加入 30 μL 无水乙醇，悬浮。

（4）轰击洋葱表皮细胞

取一定压力的压力膜和轰击膜在 70% 的无水乙醇中浸泡 1~2 h，取出晒干，金属挡板在 70% 无水乙醇中浸泡消毒；取 10 μL 制备好的金粉−质粒 DNA 复合物，均匀涂布于轰击膜的中间位置，晒干后，安装到发射装置上；将可裂膜安装到气体加速器下端；将待转化的洋葱表皮细胞放入真空室内；按照基因枪仪器的操作步骤，使金粉−质粒 DNA 复合物透过金属挡板的网孔，射向待转化的洋葱表皮细胞。

（5）荧光观察

将培养皿密封好，28℃培养约 18 h，在荧光显微镜下观察绿色荧光蛋白的表达。

3.1.5.3 转录因子 MxFIT 自激活验证

（1）载体构建

将 MxFIT 基因构建到 pGBKT7 载体上，克隆位点为 EcoRI 和 SalI。

(2) 酵母感受态细胞的制备及转化

①将-80℃冻存的酵母菌株（AH109）在 YPDA 培养基上划线，在30℃培养箱中倒置培养约 3 d；

②挑取酵母单菌落，于 YPDA 培养基中30℃，200 r/min 过夜摇菌；

③次日早上将过夜摇菌的菌液转接到 50 mL 的 YPDA 培养基中，使 OD_{600} 在 0.8~1.0（同时将鲑鱼精 DNA 于 100℃ 热变性 15~20 min，然后立即置于冰上待用）；

④室温 3 000 r/min 离心 5 min，收集菌体；弃上清，用 1/2 体积无菌 ddH_2O 悬浮菌体，室温 3 000 r/min 离心 5 min；

⑤弃上清，加入 1 mL 100 mmol/L LiAc，并转移到 1.5 mL 离心管中；

⑥6 000 r/min 离心 5 s，弃掉上清，加入 400 μL LiAc 悬浮细胞；

⑦取 50 μL 感受态细胞于 1.5 mL 离心管中，3 000 r/min 离心 5 min；

⑧弃掉上清，加入以下物质：

50% PEG4000 240 μL，1 mol/L LiAc 36 μL，鲑鱼精 DNA 25 μL，质粒 1~10 μg；

⑨充分混匀，30℃ 水浴 30 min，42℃ 热击 25 min，冰上 5 min，3 000 r/min 集菌 30 s，弃上清，加入 200 mL ddH_2O 悬浮，分别涂布在 SD/-Trp 和 SD/-His，-Trp 两种平板上，每板 100 μL；

⑩30℃ 培养 3~6 d，检测阳性克隆。

(3) 酵母质粒的提取

①挑取在缺陷型培养基上生长的酵母克隆，转接到相应的液体培养基中，30℃ 过夜培养，12 000 r/min 离心 5 min，收集菌体；

②加入 200 μL 提取液，100 μL 的无菌 0.45 mm 玻璃珠，涡旋沉淀 5 min；

③加入 100 μL Tris-饱和酚和 100 μL CI 溶液，颠倒混匀，充分涡旋 5 min；

④12 000 r/min 离心 5 min；

⑤弃掉上清，加入 400 μL 无水乙醇和 60 μL 3 mol/L NaAc，-20℃ 放置 60 min；

⑥4℃，12 000 r/min，离心 20 min；

⑦弃掉上清，加入 500 μL 75% 乙醇洗涤沉淀；

⑧12 000 r/min，离心 2 min，使乙醇彻底挥发；

⑨加 20 μL 无菌 ddH_2O 溶解沉淀。

(4) 酵母克隆的 X-gal 显色反应

①将在 SD/-Ade, -His, -Leu, -Trp 生长的克隆划线，30℃培养 3~4 d；

②准备 Z-缓冲液（16.1 g/L $Na_2HPO_4 \cdot 7H_2O$，5.5 g/L $NaH_2PO_4 \cdot H_2O$，0.75 g/L KCl，0.246 g/L $MgSO_4 \cdot 7H_2O$，pH 7.0，高温高压灭菌 15 min）；

③用 2 mL Z-缓冲液/X-gal（100 mL Z-缓冲液，0.27 mL β-巯基乙醇，1.67 mL X-gal）润湿两张滤纸，取一张润湿的滤纸覆盖于划线的酵母平皿上，用涂布棒轻轻赶出气泡，使滤纸尽可能地与酵母菌体接触，在滤纸上扎孔做标记；

④轻轻取下滤纸，液氮中速冻 10 s，室温解冻，反复冻融 3 次；

⑤将滤纸上接触酵母克隆的一面朝上放置于另一张预先用 Z-缓冲液/X-gal 溶液润湿的滤纸上，轻按使滤纸之间没有气泡；

⑥将滤纸放到 30℃的培养箱中，8 h 之内观察滤纸的显色情况。

3.1.5.4 原核表达试验及 MxFIT 抗体制备

(1) 原核表达

将重组质粒 pET-MxFIT 转化到 E. coli BL21（DE3），挑取带有重组质粒的单克隆接种至含有 Kan（100 μg/mL）的 LB 液体培养基中培养至 OD_{600} 在 0.4~0.6，加入 IPTG，通过优化诱导条件来诱导目的融合蛋白的表达，诱导条件的优化如下：

诱导温度的优化：当 OD_{600} 在 0.4~0.6，加入 0.5 mmol/L IPTG，采用诱导温度为 25℃、30℃、37℃，诱导 4 h 后分别收获细菌，12% SDS-PAGE 分析蛋白诱导结果；

IPTG 浓度的优化：当 OD_{600} 在 0.4~0.6，加入 IPTG 至终浓度为 0 mmol/L、0.25 mmol/L、0.5 mmol/L、0.75 mmol/L 和 1 mmol/L，采用优化的蛋白表达温度诱导 4 h 后分别收获细菌，12% SDS-PAGE 分析蛋白诱导结果；

诱导时间的优化：当 OD_{600} 在 0.4~0.6，加入 IPTG 至终浓度为优化浓度，采用诱导时间分别为 1 h、2 h、3 h 和 4 h，采用优化的蛋白表达温度诱导后分别收获细菌，12% SDS-PAGE 分析蛋白诱导结果。

(2) SDS 聚丙烯酰胺凝胶电泳

①按如下体系灌胶：

单体贮液：12%分离胶（10 mL）4，3%浓缩胶（5 mL）0.85；分离胶缓冲液：12%分离胶（10 mL）2.5，3%浓缩胶（5 mL）0；浓缩胶缓冲液：

12%分离胶（10 mL）0，3%浓缩胶（5 mL）0.6；10% SDS：12%分离胶（10 mL）100，3%浓缩胶（5 mL）50；10%过硫酸铵：12%分离胶（10 mL）50，3%浓缩胶（5 mL）30；TEMED：12%分离胶（10 mL）5，3%浓缩胶（5 mL）5；H_2O：12%分离胶（10 mL）3.35，3%浓缩胶（5 mL）3.47；

②取蛋白样品溶于5×SDS凝胶加样缓冲液，100℃煮沸5 min，室温离心5 min；

③将蛋白分子量与处理后的样品各20 μL上样于聚丙烯酰胺凝胶，8~15 V/cm电泳，至溴酚蓝迁移到分离胶底部；

④考马斯亮蓝染色15 min后，过夜脱色。

(3) 蛋白质纯化

①离心收集诱导的菌体，在-80℃条件下反复冻融菌体3次；

②用4℃预冷的裂解缓冲液（50 mmol/L磷酸缓冲液，300 mmol/L氯化钠，1 mmol/L EDTA，0.5 mmol/L PMSF，1 mg/mL溶菌酶，pH 8.0）重悬菌体，置于冰上低速摇动30 min；

③将悬浮的菌体冰浴超声破碎，200 W超声5 s，间隔5 s，共超声5 min；

④超声波破碎后，12 000 r/min、4℃离心20 min，将上清液流入经5倍柱床体积的平衡缓冲液（50 mmol/L磷酸缓冲液，300 mmol/L氯化钠，pH 8.0）平衡过的Ni-NTA琼脂糖凝胶层析柱；

⑤用5倍柱床体积的漂洗缓冲液（50 mmol/L磷酸缓冲液，300 mmol/L氯化钠，20 mmol/L咪唑，pH 8.0）洗涤凝胶柱；

⑥用洗脱缓冲液（溶液Ⅲ：300 mmol/L氯化钠，50 mmol/L磷酸缓冲液，250 mmol/L咪唑，pH 8.0）将结合在柱子上的目的融合蛋白洗脱下来，供SDS-PAGE电泳分析。

(4) 多克隆抗体制备

试验选用纯种的3月龄新西兰大耳雄白兔，将纯化的MxFIT蛋白与等量的弗氏完全佐剂充分混合乳化后，采用脚掌、耳静脉等多点注射，10 d后进行免疫加强，将纯化的蛋白与弗氏不完全佐剂充分混合乳化后注射，每次间隔10 d，最后一次免疫10 d后抽取兔子的血清，抽取的血清4℃静置过夜后5 000 r/min离心10 min后取上清保存。

(5) 抗原滴度分析

抗原滴度采用斑点杂交分析，将硝酸纤维素膜浸泡于PBS缓冲液中润湿，室温下晾干后用酶标板在膜上轻压出加样穴。将纯化的 MxFIT 或 MxIRO2 蛋白样品用包被液稀释至蛋白含量依次分别为 614.4 ng、307.2 ng、153.6 ng、76.8 ng、38.4 ng、19.2 ng、9.6 ng、4.8 ng、2.4 ng 和 1.2 ng，将蛋白包被液直接加在膜上，每孔 5 μL，室温下让其自然晾干，按照 Western blotting 方法进行检测。抗体的灵敏度定义为显色后，肉眼可分辨到颜色所对应的最小的抗原量。

（6）抗体效价分析

抗体的效价通过 ELISA 方法测定，将纯化的 MxFIT 或 MxIRO2 蛋白溶于包被液至终浓度 10 μg/mL，取 100 μL 蛋白包被液加入酶标板的反应孔内。将酶标板 37℃ 水浴保温 2 h 后放入 4℃ 冰箱过夜；弃掉包被液，用 PBS 洗涤 3 次，用稀释的 MxIRO2 抗体或 MxFIT 抗体与酶标板反应孔内蛋白发生免疫反应，免疫 3 h 后弃掉一抗用 TBST1 洗涤 3 次，再加入过氧化物酶（POD）标记的山羊抗兔二抗反应 1 h，用 TBST2 洗涤 3 次，用邻苯二胺和 H_2O_2 作为显色底物显色 20 min 后，用 2 mol/L H_2SO_4 终止反应，在酶标仪上测定 OD_{490} 值。抗体效价定义为实验条件下，OD_{490} 为 0.5 对应的抗体稀释倍数。

3.1.5.5 *MxFIT* 基因在转录和翻译水平的表达

（1）实时荧光定量 PCR 表达分析

基因表达采用 Applied Biosystem 7 500 Real-time PCR System 进行测定，以小金海棠 18 *S* 基因（GenBank：DQ341382）作为内参，以 IQ SYBR Green Supermix 为染料，反应程序为：95℃ 变性 30 s，95℃ 变性 5 s：60℃ 退火延伸 34 s，共 40 个循环。反应体系：cDNA 模板 2 μL，上游引物 0.5 μL，下游引物 0.5 μL，ddH_2O 6.6 μL，mix 10.4 μL。通过 RT-PCR 及溶解曲线来判断引物的特异性，基因相对表达量计算方法参照 $2^{-\triangle\triangle CT}$ 方法（Qi et al., 2010），每个反应重复三次。引物序列为：

MxFIT-F：5′- GGGAAACCATCAAGGAGGTCATA -3′

MxFIT-R：5′- AGCCATTCATCATAAGGTCAGGA -3′

（2）植物总蛋白的提取

采用三氯乙酸/丙酮法（Damerval et al., 1986），略作改进。

①取 -80℃ 冻存的植物样品，在液氮中充分研磨后加入提取液（含 10% 三氯乙酸的丙酮溶液）均匀，-20℃ 过夜静置；

②将过夜静置的样品 4℃，12 000 r/min 离心 1 h；

③弃掉上清，将沉淀重悬于等体积-20℃预冷的丙酮中，充分洗涤，4℃，12 000 r/min离心1 h，重复洗涤两次；

④真空干燥沉淀，得到的干粉加入蛋白裂解液（7 mol/L 尿素，2 mol/L thiourea 硫脲，4% w/v 丙磺酸，40 mmol/L Tris-base），室温裂解 2 h；

⑤裂解后，用超声波破碎仪超声 5 min（超 3 s，停 3 s）去除核酸，4℃，12 000 r/min离心 1 h后取上清液即为植物总蛋白。

(3) 蛋白浓度的测定

参照考马斯亮蓝法测定蛋白浓度（Bradford，1976），略作改进。

①考马斯亮蓝 G-250 溶液的配制：将考马斯亮蓝 G-250 100 mg 溶于 50 mL 95%乙醇，加入 100 mL 85% H_3PO_4，用蒸馏水稀释至 1 000 mL，滤纸过滤；

②标准曲线绘制：用牛血清蛋白配成 100 μg/mL 的标准蛋白溶液，按下表加入各个试剂，摇匀，室温放置 2 min 后，在 595 nm 波长下比色测定，记录 A_{595}，以各管相应标准蛋白质含量（mg）为横坐标、A_{595}为纵坐标，绘制标准曲线；

项目	试剂编号					
	0	1	2	3	4	5
100 μg/mL 牛血清蛋白溶液/mL	0	0.2	0.4	0.6	0.8	1.0
蒸馏水/mL	1.0	0.8	0.6	0.4	0.2	0
考马斯亮蓝溶液/mL	5	5	5	5	5	5
蛋白含量/μg	0	20	40	60	80	100

③样品测定：在试管中加入蛋白质样品 1.0 mL，再加入 5 mL 考马斯亮蓝 G-250 试剂，摇匀放置 5 min 后在 595 nm 波长下比色，记录 A_{595}。根据所测 A_{595}从标准曲线上获得蛋白质含量。

(4) Western Blot 免疫检测

①将待检验的样品进行 SDS-PAGE 凝胶电泳，根据所测蛋白浓度保持每个孔内上样量相等；

②将 SDS-PAGE 电泳凝胶上的多肽电转至硝酸纤维素膜上，100 V 电转 1 h；

③电转后的硝酸纤维素膜浸入封闭液中室温封闭 2 h 后 4℃过夜封闭；

④除去封闭液，加入相应的一抗反应液，在摇床上轻摇 3 h，使抗原抗体发生反应；

⑤除去一抗，用 TBST1 洗涤硝酸纤维素膜，洗涤 3 次，每次 10 min；

⑥除去 TBST1，加入相应的二抗反应液，在摇床上孵育 1 h；

⑦除去二抗，用 TBST2 洗涤硝酸纤维素膜，洗涤 3 次，每次 10 min；

⑧将硝酸纤维素膜于 BCIP/NBT 底物反应液中，置暗处反应，用 ddH_2O 终止反应。

3.1.5.6 MxFIT 石蜡切片免疫组织化学定位

将正常供铁（40 μmol/L）和低铁（4 μmol/L）条件下生长 3 d 的小金海棠根部组织固定在 4%多聚甲醛和 2.5%戊二醛溶液中，4℃过夜后，用分级乙醇脱水后包埋于石蜡中，用石蜡切片机将包埋好的材料切成 8 μm 厚的切片，使用多聚赖氨酸涂片，重蒸水展片，40℃烤片，石蜡切片经二甲苯脱蜡，系列乙醇溶液复水。再用 pH 值为 7.0，10 mmol/L（每升含 0.2 g KCl，2.19 g $Na_2HPO_4 \cdot 12H_2O$，0.482g KH_2PO_4）的磷酸缓冲液（PBS）浸洗 10 min。封闭液（BS）封闭 45 min，调节液（RSR）[10 mmol/L PBS 中含 0.1% Tween 20，0.8%（w/v），BSA，0.88%的 NaCl] 浸洗 5 min，再用 PB 溶液（10 mmol/L PBS 含有 0.8% BSA）浸洗切片 5 min。每张切片加入 80μL 1∶200 (v/v) MxFIT 抗体。一次性 PE 手套内膜覆盖切片，将其放入含有 PBS 的湿盒中，4℃黑暗下过夜。

用高盐液（HSR）（10 mmol/L PBS 中含 0.1% Tween-20，0.1% BSA，2.9%的 NaCl）充分振动浸洗切片 3 次，每次 10 min；RSR 过渡 10 min。PBS 充分冲洗切片，随即每片加入 80 μL 用 PBS 稀释 1∶100 的碱性磷酸酶标记的山羊抗兔二抗。将切片放入含有 PBS 的湿盒中4℃，黑暗下过夜。RSR 充分振动浸洗切片 3 次，PBS 冲洗，重蒸水浸洗 10 min，吸去切片上水分，每片加入 150 μL Werstern Blue 显色液，黑暗下室温反应 45~60 min，随时观察，直到出现蓝色或蓝绿色，迅速用重蒸水漂洗 5 min 以终止反应，最后经系列乙醇溶液脱水，二甲苯过渡之后封片，切片干燥后显微镜观察拍照。

3.1.5.7 MxFIT 转基因烟草悬浮细胞的获得

（1）农杆菌感受态细胞的制备

①将 GV3101 农杆菌划线于 YEB 培养基上，28℃倒置培养 1~2 d；

②待单菌斑长出后，挑取单菌落接种至 5 mL YEB 液体培养基（含 50 μg/mL Rif）中，于 28℃，200 r/min 振荡培养过夜；

3 小金海棠 MxFIT 基因的克隆及功能研究

③将振荡培养过夜的菌液按 1∶50 接种于 50 mL YEB 中（含 50 μg/mL Rif），28℃，200 r/min 振荡培养至 OD_{600} 为 0.5~0.8；

④将培养菌液移至 50 mL 无菌离心管中，冰浴 20~30 min，于 4℃，5 000 g 离心 5 min，收集菌体，弃掉培养基；

⑤加入 10 mL 0.15 mol/L NaCl 悬浮农杆菌细胞，于 4℃，5 000×g 离心 5 min，弃掉上清；

⑥加入 1 mL 预冷的 20 mmol/L $CaCl_2$ 悬浮农杆菌细胞，按 200 μL/管分装，液氮中速冻 30 s 后，于-80℃保存备用。

（2）农杆菌感受态细胞的转化及阳性克隆的鉴定

①把 1 μg 构建好的 pCAMBIA2300-35S：MxFIT 重组载体加入 100 μL 感受态细胞中，冰浴 30 min；

②液氮速冻 1 min；

③37℃水浴 5 min 后冰浴 2 min；

④加入 1 mL YEB 培养基，于 28℃慢速振荡培养 3 h；

⑤4 000 r/min 离心 5 min，弃掉上清；

⑥加入 100 μL 的 YEB 培养基重新悬浮细胞，涂板于含有相应抗生素的培养基上，28℃倒置培养约 48 h；

⑦用菌落 PCR 方法进行鉴定。

（3）重组载体转化到 BY2 烟草悬浮细胞

①农杆菌菌液制备：将经菌落 PCR 鉴定正确的含 pCAMBIA2300-35S：MxFIT 重组载体的农杆菌 GV3101 阳性克隆进行划板并挑取单克隆进行小型摇培（4 mL），吸取小型摇培的农杆菌菌液吸取 100 μL 加入含有硫酸卡那霉素、利福平、庆大 3 种抗生素的 2 mL LB 培养基中 250 r/min，28℃过夜直至 OD_{600} 至 0.6；

②农杆菌的清洗：取 1 mL 农杆菌菌液于室温条件下 2 500×g 离心 10 min，弃上清，加入 1 mL，10 mmol/L $MgSO_4$，用移液器吸打混匀，室温 2 500×g 离心 10 min，弃上清，加入 1 mL 10 mmol/L $MgSO_4$；用移液器吸打混匀，加入 2 μL 200 mmol/L 乙酰丁香酮，用移液器吸打混匀，室温静置 2 h；

③在培养皿中加入 5 mL 悬浮培养的烟草 BY2 细胞，用移液器吹打 30 次，以诱导缺口，有利于基因转化效率的提高，在培养皿中加入 100 μL 处理好的农杆菌并轻轻摇匀，28℃静置，暗培养 18 h；

④将转基因的 BY2 细胞转入固体培养基：在培养皿中各加入 5 mL 液体

培养基并轻轻摇匀，转入 50 mL EP 管，用液体培养基补充到总体积为 35 mL，室温 1 000×g 离心 5 min，弃去上清，均匀倒在含有 30 μg/mL 的卡那霉素和万古霉素的固体培养基平板上；

⑤阳性克隆细胞团的筛选：转基因 BY2 细胞转化后约 3 周可在 30 μg/mL 的卡那霉素和万古霉素抗性平板上长出阳性单选择的细胞团，将所筛选到的阳性单克隆细胞团转移出至新的含有 30 μg/mL 的卡那霉素抗性平板上转接一代后再转接至液体培养基传代培养，每 7 d 培养一次，直至稳定，共培养 5 代。将筛选到的悬浮细胞用 PCR 检测活动阳性组织，将获得的阳性组织在 MS 培养基中继续培养三代后用于检测 *MxFIT* 在转录和翻译水平的表达。

3.1.5.8 *MxFIT* 转基因拟南芥阳性植株的获得及耐缺铁研究

（1）花絮浸蘸法转化拟南芥

①挑取经菌落 PCR 鉴定正确的含 pCAMBIA2300-35S: *MxFIT* 重组载体的阳性单克隆农杆菌于 5 mL 含相应抗生素的 YEB 液体培养基中，28℃，200 r/min 培养过夜，按 1∶50 的比例转接于 200 mL YEB 液体培养基中，继续摇菌培养菌液至 OD_{600} 达到 1.0~1.8；

②5 000 r/min 离心 10 min 收集菌体，弃掉上清，重悬于浸蘸液中，使农杆菌终浓度的 OD_{600} 为 0.6~0.8；

③转化所用的拟南芥：选取抽薹期的拟南芥幼苗，将顶端花序剪掉使次生花序生长，并在转化前一天将转化用的拟南芥浇透水，转化时将露白的花絮剪掉；

④将待转化的拟南芥未露白的花絮置于制备好的农杆菌浸蘸液中浸泡 1.5~2 min，并防止土壤掉入转化液中，将转化后的拟南芥幼苗放入不透光的泡沫盒中，使转化后的拟南芥避光培养 24 h 后放置于正常培养条件下至收获种子（T1 代）。

（2）纯合体转化植株的筛选和获得

①T1 代转化植株的筛选：将 T1 代收获的种子于 4℃春化后消毒，播种于筛选培养基（MS 培养基+50 μg/mL 潮霉素+50 μg/mL 卡那霉素）中，将平板平放在光照培养箱中培养，两周后选取在筛选培养基上正常生长的阳性植株移入土壤中，单株收获 T2 代种子；

②T2 代植株的获得：将 T2 代收获的种子于 4℃春化后消毒，播种于筛选培养基（MS 培养基+50 μg/mL 潮霉素+50 μg/mL 卡那霉素）中，将平板平放在光照培养箱中培养，生长 10 d 左右后进行萌发分离比的统计，在筛选培养基上能够生长的种子与不能生长的种子经卡方检验符合 3∶1 比例的

株系即为 T2 代单拷贝插入株系，选取一定量的 T2 代单拷贝株系移入土壤中，单株收获 T3 代种子；

③T3 代纯合体株系的获得：将 T3 代收获的种子于 4℃春化后消毒，播种于筛选培养基（MS 培养基+50 μg/mL 潮霉素+50 μg/mL 卡那霉素）中，将平板平放在光照培养箱中培养，生长 10 d 左右后所有种子都能正常生长的株系即为纯合株系。

(3) RT-PCR 检测基因表达

分别提取转基因和野生型拟南芥根和叶的总 RNA，取 2 μg 总 RNA 反转录出 cDNA。RT-PCR 检测转基因植株中基因的表达变化，RT-PCR 程序：94℃预变性 5 min；94℃变性 30 s，55℃退火 45 s，72℃延伸 30 s，共 25 个循环；72℃延伸 7 min，琼脂糖凝胶电泳检测 RT-PCR 结果。

(4) 叶绿素含量检测

选取大小一致的植株，剪取约 0.2 g 叶子于 80% 丙酮和无水乙醇为 1∶1 的有机溶液中浸提至叶片发白后，检测浸提液在 A_{645} 和 A_{663} 的吸光值，并计算叶绿素含量，计算公式为叶绿素含量（mg/g）=（20.3A_{645}+8.04A_{663}）× $V/W/1\,000$，其中 V 为浸提液体积（mL），W 为取样鲜重（g）。每组实验重复三次。

(5) 三价铁还原酶活性 FCR 的检测

拟南芥幼苗移至 1/2 MS 培养基（100 μmol/L Fe(Ⅲ)-NaEDTA、500 μmol/L 菲洛嗪、2% 蔗糖、0.6% 琼脂、pH 5.8）上观察转基因拟南芥与对照植株根部颜色的变化，并拍照。拟南芥幼苗转移至 1/2 MS 培养基（100 μmol/L Fe(Ⅲ) NaEDTA、400 μmol/L 2,2′-联吡啶、2% 蔗糖、0.6% 琼脂、pH 5.8）中，在暗处反应 1 h 后通过检测反应液在 A_{520} 处的吸光值来计算三价铁还原酶活性，计算公式为 FC [nmol/(g·h)] = $V \times A_{520} \times 10^9 / 8\,650 / M / T$，其中 V 为反应液体积（L），M 为根系重量（g）；T 为反应时间（h），每组实验重复三次。

3.2 结果与分析

3.2.1 小金海棠 MxFIT 基因的克隆

3.2.1.1 小金海棠 RNA 的提取与鉴定

提取小金海棠根部的 RNA，并消化基因组 DNA，经 1% 的琼脂糖凝胶电泳检测结果如图 3-1 所示,所提取的 RNA 没有 DNA 残留,且 28S RNA 条带和 18S RNA 条带清晰完整,28S∶18S 浓度比例约为 2∶1,5S RNA 浓度较低,紫外分光光度计所测 OD260/OD280 值在 1.8~2.0,表明所提取的总 RNA 质量较好,可以用于后续试验。

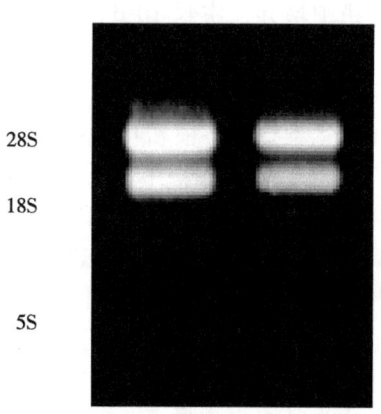

图 3-1 小金海棠根总 RNA 电泳图片

3.2.1.2 *MxFIT* 基因的克隆、鉴定和测序

以小金海棠缺铁 3 d 和 7 d 根部 cDNA 为模板进行 PCR 扩增 *MxFIT* 基因,经 1% 的琼脂糖凝胶电泳检测 PCR 结果如图 3-2A 所示,切取目的条带的胶块,将 PCR 产物纯化,纯化的产物连接到 pEasy-T1 载体上测序,测序结果表明小金海棠 *MxFIT* 基因的开放阅读框为 966 bp,该基因编码 321 个氨基酸,ExPASy 预测其编码的蛋白质分子量为 37.99 kD,等电点为 10.03;进化树结果显示,MxFIT 与 LeFER、AtFIT 属于同一 bHLH 亚族,而与铁吸收相关的其他转录因子 AtbHLH38、AtbHLH39、AtbHLH100 及 AtbHLH101 则属于另一 bHLH 亚族(图 3-2 B),图中 * 表示螺旋-环-螺旋区域,因此 MxFIT 属于真核生物 bHLH 家族成员;氨基酸序列比对分析也表明 MxFIT 与 LeFER、AtFIT 含有保守的螺旋-环-螺旋区域(图 3-2 C)。

3.2.2 MxIFIT 的亚细胞定位

3.2.2.1 pEZS-*MxFIT* 载体的构建及验证

用 *Eco*RI 和 *Sal*I 双酶切 pEZS-NL 载体和 *MxFIT*,胶回收目的酶切产物。将目的回收产物于 4℃过夜连接后转化大肠杆菌 DH5α 感受态细胞,37℃过

3 小金海棠 *MxFIT* 基因的克隆及功能研究

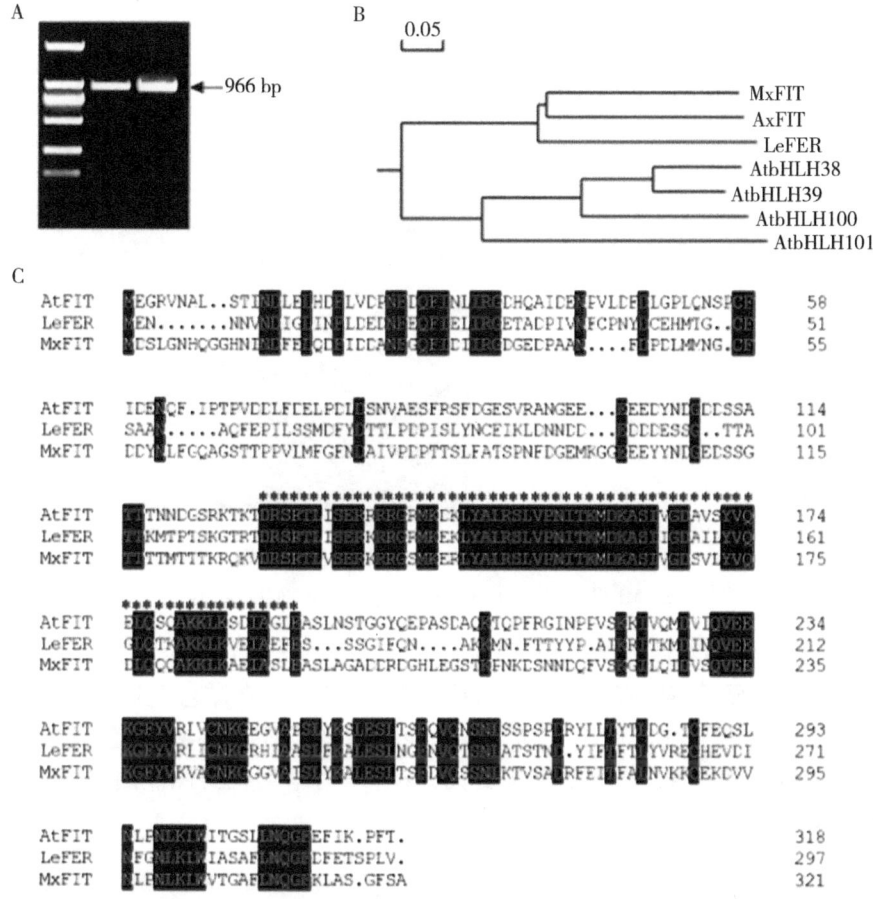

图 3-2 MxFIT 与其他 bHLH 蛋白的同源性及进化树分析

A：琼脂糖凝胶电泳检测 PCR 扩增结果；B：MxFIT 同其他 bHLH 类氨基酸序列的进化树分析；C：MxFIT 与 AtFIT、LeFIT 的氨基酸同源性比对分析。

注：基因的登录号分别为 AtFIT1：AT2G28160，LeFER：AAN39037，AtbHLH38：AF488576，AtbHLH39：AF488577，AtbHLH100：AC005662，AtbHLH101：AJ519810。

夜倒置培养，获得重组载体 pEZS-*MxFIT*，双酶切验证阳性克隆，并测序进行序列比对，双酶切的琼脂糖凝胶电泳结果如图 3-3 所示，表明 pEZS-*MxFIT* 载体构建成功。

3.2.2.2 MxFIT 的亚细胞定位分析

为了检测 MxFIT 蛋白的定位情况，本试验利用基因枪技术将重组质粒

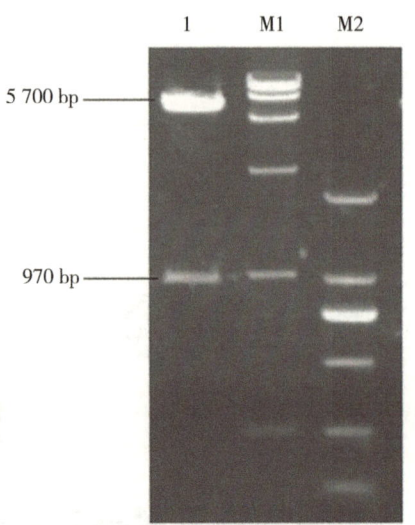

图 3-3 pEZS-*MxFIT* 载体双酶切验证
注：M1 表示 DL15000 marker，M2 表示 DL2000 marker。

pEZS-*MxFIT* 和对照 pEZS-NL 质粒分别转入洋葱表皮细胞来检测 MxFIT 的定位。结果显示，转有 pEZS-*MxFIT* 的绿色荧光仅存在洋葱表皮细胞的细胞核，而对照转入 pEZS-NL 的洋葱表皮细胞在整个细胞中均有绿色荧光出现（图3-4），其中 A、C 为明场视野图，B、D 为暗场视野图。因此，MxFIT 蛋白定位在细胞核中，符合转录因子特性。

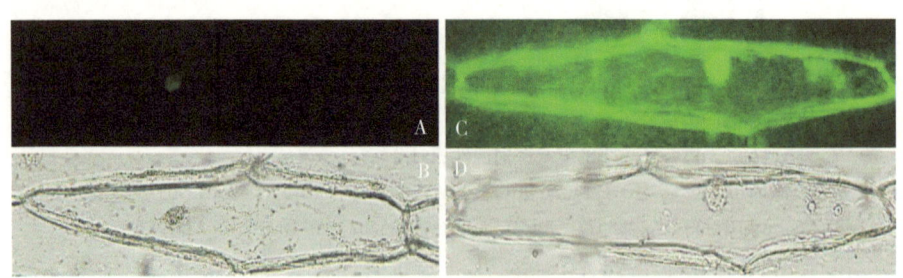

图 3-4 MxFIT 蛋白的亚细胞定位分析
A、B：转有 pEZS-*MxFIT* 的洋葱表皮细胞绿色荧光分布情况；C、D：转有对照质粒 pEZS-NL 的洋葱表皮细胞的绿色荧光分布情况。

3.2.3 MxFIT 的自激活验证

3.2.3.1 pGBKT7-*MxFIT* 载体的构建及验证

用 *Eco*RI 和 *Sal*I 双酶切 pGBKT7 载体和 *MxFIT*，胶回收目的酶切产物。将目的回收产物于4℃过夜连接后转化大肠杆菌 DH5α 感受态细胞，37℃过夜倒置培养，获得重组载体 pGBKT7-*MxFIT* 进行双酶切验证，并测序进行序列比对，双酶切的琼脂糖凝胶电泳结果如图 3-5 所示，说明 pGBKT7-*MxFIT* 载体构建成功。

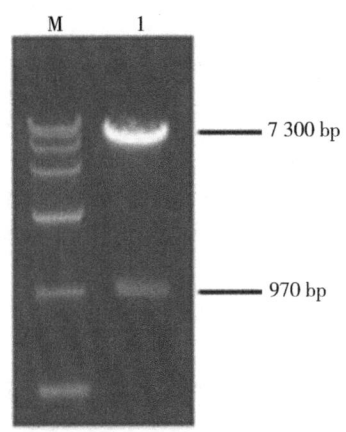

图 3-5 pGBKT7-*MxFIT* 载体双酶切验证
注：M 表示 DL15000 marker。

3.2.3.2 MxFIT 的自激活验证

MxFIT 作为一个 bHLH 转录因子，为了验证其激活能力，将 pGBKT7-*MxFIT* 和 pGBKT7 载体分别转化 AH109 酵母细胞后，分别涂布在 SD/-Trp 和 SD/-Trp，-His 缺陷型培养基上生长。结果表明，AH109/pGBKT7-*MxFIT* 在 SD/-Trp 和 SD/-Trp，-His 缺陷型培养基上均可生长，而对照 AH109/pGBKT7 只能在 SD/-Trp 培养基上生长，在 SD/-Trp，-His 培养基上不能生长，说明 MxFIT 具有转录激活活性，且 β-半乳糖苷酶显色反应表明 MxFIT-BD 融合蛋白可以激活 *LacZ* 报告基因的表达（图 3-6 A），同时，以 ONPG 为底物，定量检测 β-半乳糖苷酶的活性也表明 MxFIT 具有较强的转录激活活性（图 3-6 B）。因此，MxFIT 在酵母体内的激活能力较强，是一个重要的转录激活因子。

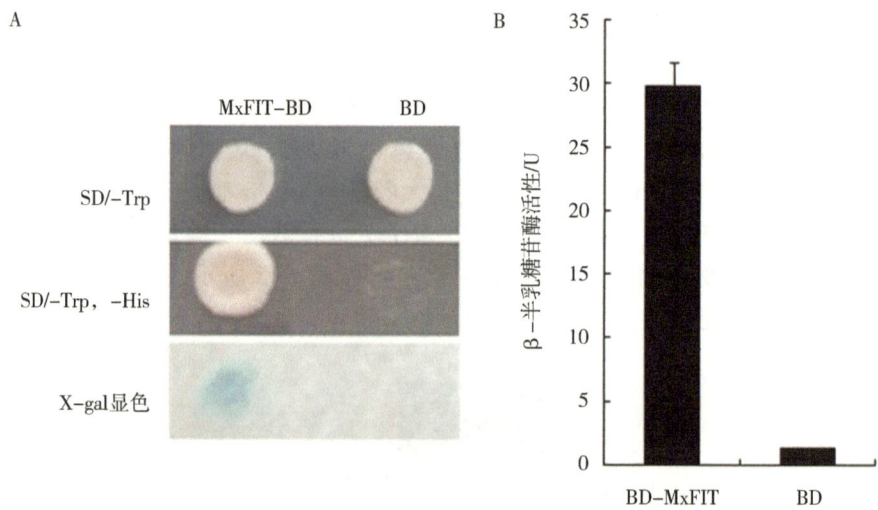

图 3-6 酵母单杂交验证 MxFIT 的激活能力

A：以 X-gal 为底物验证 MxFIT 的激活能力；B：以 ONPG 为底物定量检测 MxFIT 在酵母体内的激活能力。

注：MxFIT-BD 为 MxFIT 和 GAL4 DNA 结合区的融合蛋白，BD 为 GAL4 的 DNA 结合区。

3.2.4 MxFIT-His 融合蛋白的原核表达及纯化

3.2.4.1 pET-*MxFIT* 载体的构建

将 *MxFIT* 基因全长和 pET-30a（+）载体经 *Eco*RI 和 *Xho*I 双酶切，回收目的酶切产物并连接构建 pET-*MxFIT* 载体，载体构建如图 3-7 A 所示，经双酶切验证表明所构建载体成功（图 3-7 B）。

3.2.4.2 MxFIT-His 融合蛋白的表达及纯化

将重组载体 pET-*MxFIT* 转化到大肠杆菌 BL21（DE3）感受态细胞中，在不同温度、不同 IPTG 浓度及不同诱导时间下诱导 MxFIT 蛋白的表达（图 3-8），SDS-PAGE 显示诱导表达出一条约 50 kD 的融合蛋白，并且随着诱导时间的增加，融合蛋白的表达量也在增加，在诱导 4 h 时候表达量最大（图 3-8 Line 1、2、3、4）；在 IPTG 浓度为 0.75 mmol/L 时融合蛋白的表达量最高，当 IPTG 浓度继续增加时，融合蛋白的表达量下降（图 3-8 Line 5、6、7、8）；当诱导温度为 37℃时 MxFIT-His 融合蛋白的表达量高于诱导温度为 25℃和 30℃的蛋白表达量（图 3-8 Line 10、11、12），而未经诱导的

3 小金海棠 *MxFIT* 基因的克隆及功能研究

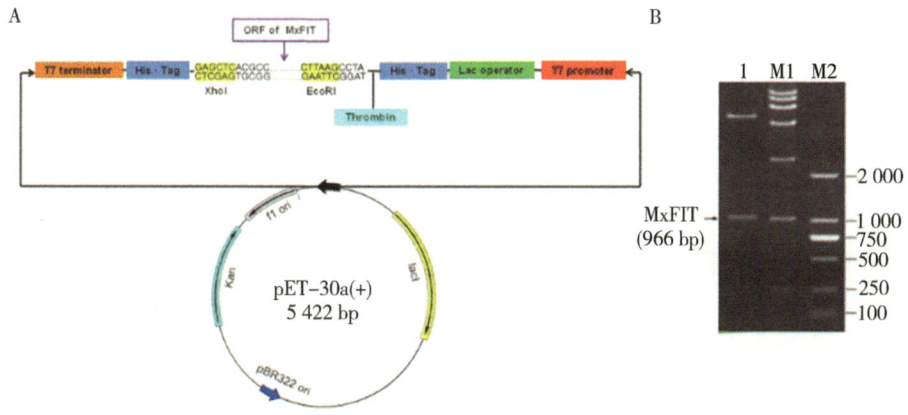

图 3-7　pET-*MxFIT* 载体构建及验证

A：pET-*MxFIT* 载体构建图谱；B：双酶切验证 pET-*MxFIT* 载体。

注：M1 表示 DL15000 marker，M2 表示 DL2000 marker。

含目的基因的大肠杆菌没有诱导出相应的蛋白。

SDS-PAGE 检测蛋白质分子量已是一种成熟的实验手段，但是不少研究者发现带有 His 标签的融合蛋白在 SDS-PAGE 中表现出的分子量大于其应有的分子量，一些研究者在文献中也提到了这一现象（Niu and Guiltinan，1994；DeMaria and Brewer，1996），本试验中 SDS-PAGE 检测 MxFIT-His 融合蛋白大小在 marker 中 55 kD 条带下面，比预测的 42 kD 要大，产生此偏差的原因可能是本试验中构建载体时在 *MxFIT* 基因的 N 端和 C 端各含有 6 个连续的组氨酸标签，组氨酸是碱性氨基酸，这 12 个组氨酸带有较强的正电荷，蛋白在聚丙烯酰胺凝胶中的泳动速度受其本身带电荷的影响，较强的正电荷改变了蛋白在 SDS-PAGE 中的泳动行为，降低了蛋白向阳极泳动的速率，导致了表观分子量变大。Tang 等（2000）利用 C 末端氨基酸顺序测定和电喷雾质谱法证明了组氨酸的影响会导致目的蛋白在 SDS-PAGE 中检测到的分子量偏大。

目的蛋白在大肠杆菌系统表达的形式有两种，一是在细胞内形成不溶性的包涵体颗粒；二是在细胞的可溶性的蛋白，可溶性蛋白能够保持较好的生物活性，并且便于纯化。由于原核表达的诱导产物中是否含有可溶性蛋白及其含量多少受诱导条件的影响，诱导时的 IPTG 浓度、诱导温度及诱导时间均会影响诱导产物。诱导剂 IPTG 加入量过少不能激发 Lac 操纵子对原核表达载体中外源基因的转录，IPTG 浓度过多会伤害宿主菌体细胞；诱导温度过低时会影响融合蛋白的表达量，温度过高则会使诱导出的融合蛋白形成包涵体；诱导时间影响融合蛋白的表达量。因此，本试验在 0.5 mmol/L IPTG、30℃、诱导时间为 3 h 来大量诱导目的蛋白的表达。

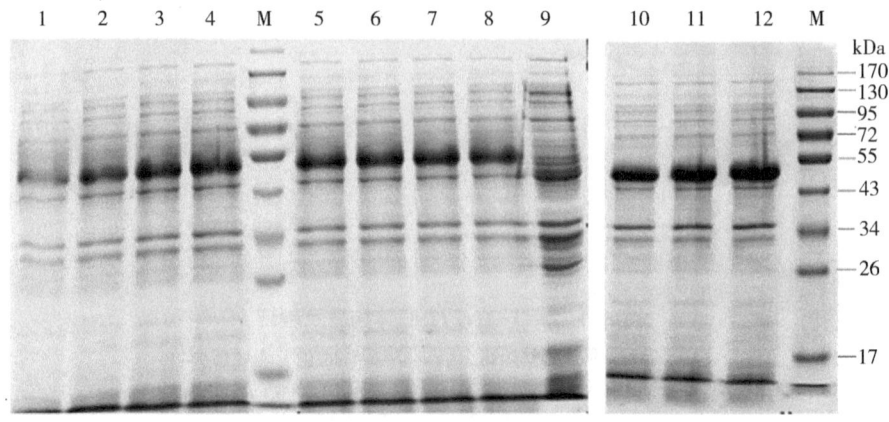

图 3-8 SDS-PAGE 检测 MxFIT-His 融合蛋白在不同诱导条件下的表达

Line 1~4：不同时间（1 h、2 h、3 h 和 4 h）的诱导产物；Line 5~8：不同 IPTG 浓度（0.25 mmol/L、0.5 mmol/L、0.75 mmol/L 和 1 mmol/L）诱导的产物；Line 9：未加 IPTG 诱导的产物；Line 10~12：不同温度（25℃、30℃、37℃）的诱导产物；M 为蛋白 maker。

3.2.4.3 融合蛋白的纯化和免疫检测

重组融合蛋白 MxFIT-His 在 N 端和 C 端均带有多聚组氨酸标签，可以特异性的结合 Ni-琼脂糖凝胶树脂，因此可以通过镍柱亲和层析方法纯化目的融合蛋白，如图 3-9 A 所示，纯化出来的目的蛋白与诱导表达产物中目的蛋白及诱导的上清产物中目的蛋白均为同一条带，大小约为 50 kD，将表达出的蛋白和纯化后的蛋白用 His 标签抗体进行免疫检测，纯化前后的蛋白进行的免疫杂交结果如图 3-9 B 所示，纯化前后均在 50 kD 处杂交出一条特异性的目的免疫蛋白条带，说明经镍柱纯化出来的蛋白为 MxFIT-His 目的融合蛋白。

3.2.4.4 抗体的纯化及抗体效价分析和抗原滴度分析

MxFIT 抗血清分别依次经过（NH$_4$)$_2$SO$_4$ 分级沉淀和 DEAE-Sephadex A-50 层析柱纯化得到 IgG 免疫球蛋白，SDS-PAGE 结果显示纯化出的抗体有两条蛋白谱带，分子量大小分别约为 50 kD 和 25 kD，即抗体的重链和轻链（图 3-10 A）。MxFIT 抗体的灵敏度通过斑点杂交（图 3-10 B）和酶联免疫反应（图 3-

3 小金海棠 *MxFIT* 基因的克隆及功能研究

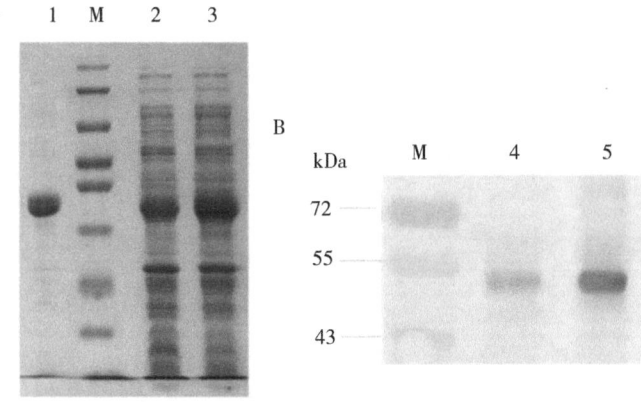

图 3-9 融合蛋白的纯化和免疫检测

A：融合蛋白的纯化；1. 过镍柱后的目的融合蛋白，2. 诱导产物中上清总蛋白，3. 诱导产物；B：融合蛋白的免疫检测；4. 纯化后的融合蛋白经免疫检测的结果，5. 诱导表达总产物经免疫检测的结果，M 为蛋白 maker，同上。

10 C）进行检测，图 3-10 B 可以看出，斑点 1-10 分别包含了 1 228.8 ng、614.4 ng、307.2 ng、153.6 ng、76.8 ng、38.4 ng、19.2 ng、9.6 ng、4.8 ng 和 2.4 ng 的纯化蛋白，结果表明稀释 1 500 倍的抗体最低可以检测到 4.8 ng 蛋白，图 3-10 C 可以看出，当 OD_{490} 为 0.5 时，抗体的稀释倍数为 10 000，即可有效地检测到 1 μg 的抗原。以上结果表明，制备的 MxFIT 抗体具有较高的检测灵敏度，可以用于小金海棠 MxFIT 蛋白水平的检测。

3.2.5 *MxFIT* 在缺铁胁迫下的表达分析

为了检测 MxFIT 转录因子与小金海棠铁供应的关系，分别提取小金海棠缺铁处理 0 h、12 h、1 d、3 d、6 d 和 9 d 的白色新根和幼叶的总 RNA，反转录出 cDNA，进行 Real-time PCR 分析 *MxFIT* 在转录水平的表达（图 3-11 A），并提取小金海棠缺铁处理不同部位的总蛋白，通过 Western blot 分析 MxFIT 蛋白的含量。结果表明，在叶中，*MxFIT* 在正常供铁和缺铁条件下几乎不表达；而根中，在正常供铁条件下表达较低，在缺铁条件下其表达显著升高，在缺铁第三天时表达最高，是正常供铁条件下表达的 12 倍左右，在第六天和第九天表达稍有降低。Western Blot 结果表明无论在正常供铁还是缺铁条件下在叶中几乎检测不到 *MxFIT* 的表达（图 3-11 C），在根中

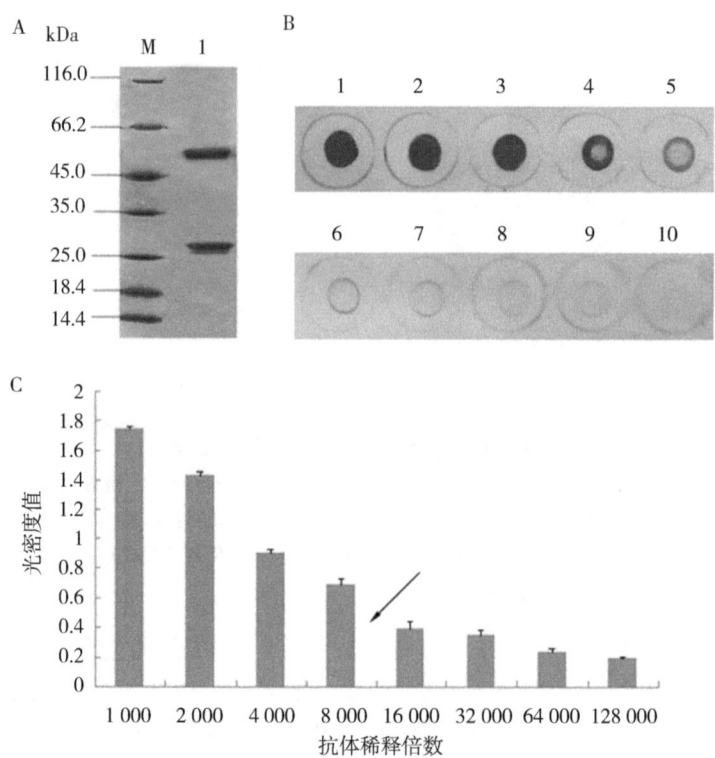

图 3-10　MxFIT 多克隆抗体血清纯化的 SDS-PAGE 分析及其灵敏度的检测

A：MxFIT 多克隆抗体血清纯化的 SDS-PAGE 分析；B：稀释 1 500 倍的抗体与纯化的 MxFIT 抗原的滴度分析；C：MxFIT 抗体的效价分析。

注：SDS-PAGE 中 1 代表纯化的 MxIRO2 抗体，M 代表蛋白 marker；箭头表示当 OD 值为 0.5 时抗体的稀释倍数。

MxFIT 在正常供铁条件下表达较低，随缺铁胁迫时间的延长其表达显著升高，并保持较高的表达水平（图 3-11 B）。

3.2.6　MxFIT 在不同铁供应下的表达分析和 MxFIT 的免疫组织化学定位

利用水培法将正常生长的小金海棠幼苗移至分别含 4 μmol/L Fe（缺铁）、40 μmol/L Fe（正常供铁）和 160 μmol/L Fe（铁供应过量）的液体培养基中生长 3 d 后，收集根和叶组织检测 MxFIT 基因在不同供铁水平下的

3　小金海棠 *MxFIT* 基因的克隆及功能研究

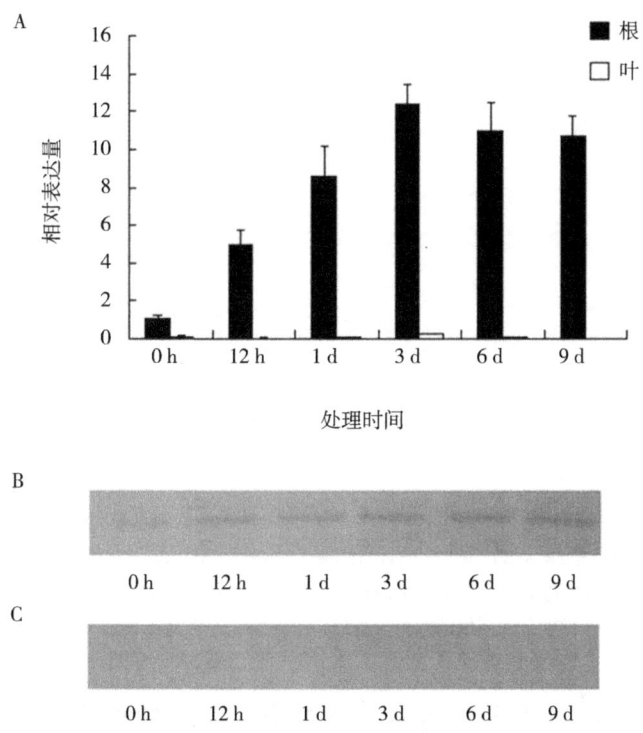

图 3-11　*MxIFIT* 在转录水平和翻译水平的时空表达特性分析
A：*MxFIT* 在转录水平的表达；B：*MxFIT* 在根中在翻译水平的表达；
C：*MxFIT* 在叶中在翻译水平的表达。

表达及 MxFIT 在组织中的定位。结果表明，在叶中，*MxFIT* 在缺铁、正常供铁和铁供应过量条件下均不表达，在根中，*MxFIT* 在正常供铁和缺铁诱导下均表达，在铁供应过量条件下不表达，且在缺铁条件下表达最高（图 3-12 A），因此，*MxFIT* 只在根部表达，其表达受缺铁胁迫后表达量增加。

由于 *MxFIT* 只在根部受缺铁诱导表达，因此，我们取小金海棠根尖成熟区探究了 MxFIT 在不同供铁条件下根部的免疫组织化学定位情况，结果显示，MxFIT 在表皮、皮层及中柱中均能检测到 MxFIT 的免疫信号，在正常供铁条件下，MxFIT 在中柱中的表达显著高于表皮和皮层（图 3-12 B），当受到缺铁胁迫后，MxFIT 在根的整个横截面的信号均加强，且在中柱中信号最强（图 3-12 C），这与上述 Western 的结构一致。

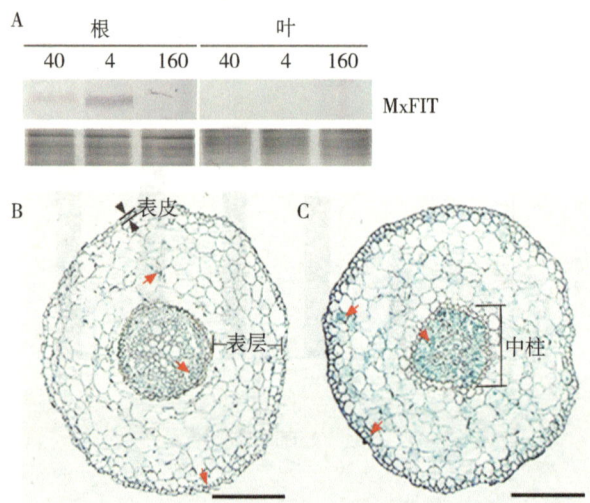

图 3-12 *MxFIT* 基因在不同供铁水平下的表达及 MxFIT 在组织中的定位

A：Western blot 检测 MxFIT 在 4 μmol/L Fe（缺铁）、40 μmol/L Fe（正常供铁）和 160 μmol/L Fe（铁供应过量）供铁条件下的表达；B、C：MxFIT 在 40 μmol/L Fe（正常供铁）、4 μmol/L Fe（缺铁）供铁条件下根部的免疫组织化学定位。红色箭头表示 MxFIT 信号。

3.2.7 过表达 *MxFIT* 对烟草悬浮细胞铁吸收的影响

为了进一步验证 *MxFIT* 的功能，将 pCAMBIA2300-35S：*MxFIT* 重组载体转化到烟草悬浮细胞中，分别用 RT-PCR 和 Western blot 检测转基因烟草细胞中 *MxFIT* 的表达，共检测到 3 株阳性细胞系，这 3 株阳性烟草细胞中 *MxFIT* 在转录和翻译水平均有表达，而野生型烟草悬浮细胞中未检测到 *MxFIT* 的表达（图 3-13 A）。此外，还分析了转基因烟草悬浮细胞在正常供铁和缺铁（4 μmol/L）1 d 后细胞中铁元素的含量（图 3-13 B），结果表明，在正常铁供应下，转基因阳性烟草悬浮细胞中铁元素含量与未转基因烟草悬浮细胞之间没有显著差异，而在缺铁条件下，3 株转基因阳性烟草悬浮细胞中活性铁的含量均显著高于未转基因烟草悬浮细胞。因此，过表达 *MxFIT* 增加了缺铁条件下烟草悬浮细胞对铁的吸收。

3.2.8 转基因拟南芥的检测

由于转基因苹果的局限性，本研究将 *35S：MxFIT* 转化到 Col 野生型拟南

3 小金海棠 *MxFIT* 基因的克隆及功能研究

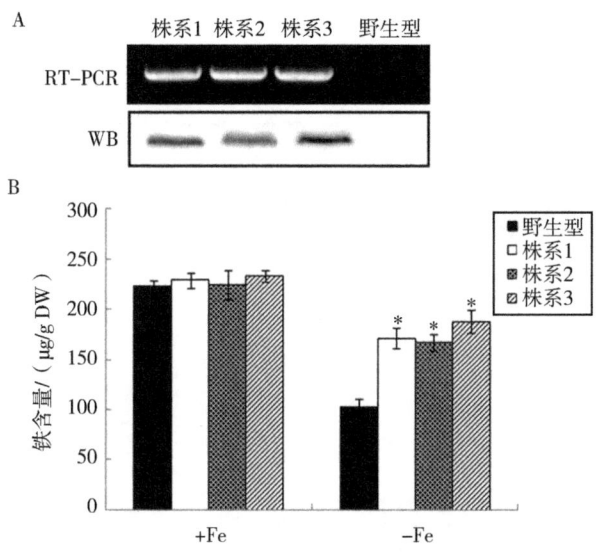

图 3-13 *MxFIT* 在转基因烟草悬浮细胞的表达及对烟草悬浮细胞铁吸收的影响

A：RT-PCR 和 Western Blot 检测 *MxFIT* 在转基因烟草悬浮细胞和野生型烟草悬浮细胞的表达；B：转基因烟草悬浮细胞和野生型烟草悬浮细胞在不同供铁条件下细胞中活性铁含量检测。

芥，获得过表达 *MxFIT* 的纯合体植株，挑选两株转基因株系（OX-1 和 OX-2）进行后续研究。在转基因植株中，由于 35S 强启动子的缘故，无论正常供铁还是缺铁处理，*MxFIT* 在根和叶中的表达一致，且表达量较高，但是 *MxFIT* 的高表达并没有组成型的增加 *AtIRT1* 和 *AtFRO2* 的表达，*AtIRT1* 和 *AtFRO2* 的表达只在转基因植株缺铁条件下显著高于野生型植株（图 3-14 A）。

转基因植株和野生型植株在缺铁条件下三价铁还原酶的活性均较正常供铁条件下高约 1.5 倍，转基因株系无论在正常供铁还是缺铁条件下其三价铁还原酶活性均高于野生型植株，但在缺铁条件下其升高更为明显（图 3-14 B，C）。对转基因株系的耐缺铁性进行了分析，将正常条件下生长 12 d 的转基因植株转移到缺铁培养基上，7 d 后观察植株叶子的黄化情况，结果显示，转基因植株的叶片呈暗绿色，而野生型植株的叶片较黄（图 3-14 D），转基因植株的叶绿素含量约是野生型植株的 2 倍（图 3-14 E）。因此，过表达 *MxFIT* 在缺铁条件下能显著增强转基因植株的缺铁应答反应，从而增加植株的缺铁耐受性。

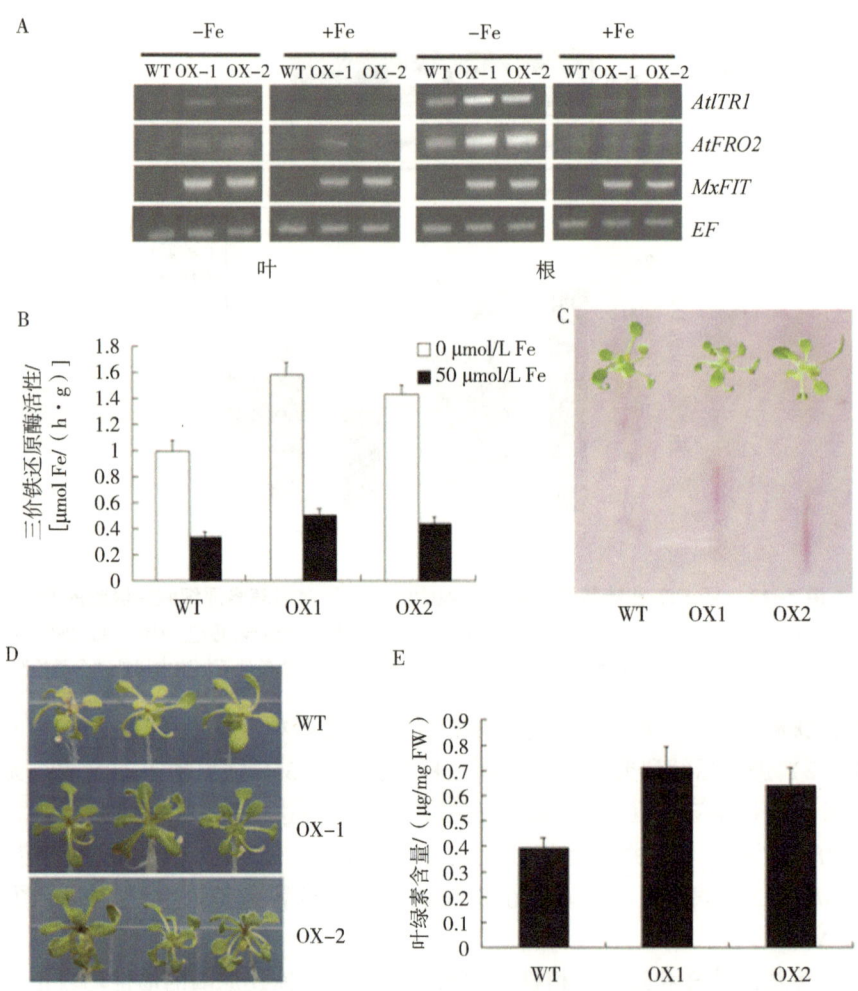

图 3-14 转基因拟南芥的功能验证

A：RT-PCR 检测转基因拟南芥中 *MxFIT*、*AtIRT1* 和 *AtFRO2* 基因的表达；B、C：OX 与 WT 植株根部三价铁还原酶活性及表型分析；D、E：OX 与 WT 在缺铁胁迫条件下叶部表型及叶绿素含量分析。

注：其中 WT 代表野生型，OX-1 和 OX-2 代表两株验证为阳性的转基因纯合株系。

3.3 讨论与结论

bHLH 蛋白是植物体中一个大的调控家族，基于其表达方式和功能模式不同，将 bHLH 转录因子分成两类，第一类成员的表达通常没有组织特异性，且容易形成同二聚体来发挥功能；而第二类成员的表达通常为组织特异性表达或诱导表达或受生物非生物胁迫表达，这类成员通常形成异二聚体来发挥功能（Massari and Murre，2000）。小金海棠 MxFIT 是 bHLH 家族的成员，亚细胞定位分析表明其定位在细胞核中，符合转录因子的特性。酵母单杂交表明 MxFIT 在酵母细胞中有较强的激活能力，Brumbarova 和 Bauer (2025) 证明 LeFER 在酵母体内也有较强的激活能力，且在植物体铁的吸收动员中起着重要的作用，推测 MxFIT 在植物体内也可能起着重要的作用。*MxFIT* 的时空表达特性分析表明，*MxFIT* 在转录和翻译水平的表达均受缺铁胁迫诱导，且 *MxFIT* 只在根中表达，在叶中不表达，因此，MxFIT 属于第二类 bHLH 转录因子。MxFIT 含有保守的 bHLH 区域，属于 bHLH 家族蛋白，大多数 bHLH 蛋白识别结合的序列为 *E-box*（-CANNTG-）（Li et al.，2006），且在 bHLH 转录因子的螺旋-环-螺旋结构中含有 H-E-R 结构（Heim et al.，2003），在功能基因 *MxIRT1* 和 *MxFRO2* 启动子上就含有若干 *E-box* 基序，但 MxFIT、AtFIT、LeFER 这类 bHLH 转录因子在螺旋-环-螺旋的结构中不含有典型的结合 *E-box* 的 H-E-R 结构（5-9-13 位置），而是 T-E-R 结构，因此，这类 bHLH 家族中的蛋白能否与 E-box 结合还不清楚。研究发现在 *MxIRT1* 启动子的-485~-236 bp 处存在与 MxFIT 和 MxIRO2 转录因子结合的序列，经序列分析在 *MxIRT1* 启动子的-485~-236 bp 处含有两个 *E-box*，MxFIT 能否与 *MxIRT1* 启动子上的 *E-box* 结合还不清楚。

重组蛋白或蛋白质片段的异源表达对于进一步分析蛋白质结构和功能至关重要。在大肠杆菌中进行原核表达由于其操作简单和成本较低而被广泛应用于异源蛋白的表达（Murby et al.，1996）。诱导条件（包括 IPTG 浓度、诱导温度和诱导时间）直接影响融合蛋白的形成，低浓度 IPTG 可能无法激活外源基因转录，而高浓度 IPTG 会损伤宿主细胞，此外，诱导温度过低会影响重组蛋白的表达量，而较高的诱导温度可能会导致不溶性包含体形成（Makrides，1996）。本研究通过优化诱导条件，在 0.5 mmol/L IPTG、37℃、诱导 4 h 条件下，MxFIT-His 重组蛋白的表达量最高。

MxFIT 的时空表达特性分析表明，*MxFIT* 在转录和翻译水平均受铁含量

供应的调控，缺铁条件下 MxFIT 可能会受到上游信号及调控因子的调控，来调动体内铁吸收相关基因高效地吸收铁，但这种调控作用只发生在根部，在番茄和拟南芥中，LeFER、AtFIT 也只在根中表达，在叶中几乎不表达（Ling et al.，2002；Colangelo and Guerinot，2004）。之前的研究表明 AtFIT 的表达也受体内铁含量的影响（Jakoby et al.，2004），而番茄中 LeFER 的表达不受铁含量的影响（Ling et al.，2002）。MxFIT 在根横截面中的免疫组织化学定位表明，MxFIT 蛋白位于根成熟区横截面的整个区域，对铁供应没有组织特异性反应，缺铁条件下根中的 MxFIT 的表达加强。先前的研究证明，AtFIT 主要定位于根尖成熟区的外皮层，FER 蛋白主要分布在根尖成熟区维管柱的薄壁细胞中（Colangelo and Guerinot，2004；Brumbarova and Bauer，2005），铁吸收相关基因 FRO2 和 IRT1 位于根的外皮层，因此推测 AtFIT 和 MxFIT 可能较 FER 更直接地调控表皮细胞中的 IRT1 和 FRO2 的表达，从而加强铁的吸收（Colangelo and Guerinot，2004）。根表皮细胞吸收铁后会运输到中柱的木质部，并以化合物的形式运输到茎及其他部位（López-Millán et al.，2000），由于缺铁诱导 MxFIT 在中柱中的表达加强，因此，推测 MxFIT 也可能参与维管系统中的铁运输。

  为了进一步验证 MxFIT 的生物功能，将 MxFIT 基因在烟草悬浮液细胞中过表达，结果表明，过表达 MxFIT 增加了缺铁条件下烟草悬浮细胞对铁的吸收。由于转基因苹果的局限性，为了研究 MxFIT 在铁吸收中的功能，将 MxFIT 转化到野生型拟南芥中进行功能分析。由于 35S 强启动子的缘故，无论正常供铁还是缺铁条件下，MxFIT 在转基因拟南芥中的表达量不变，且表达量较高。AtIRT1 和 AtFRO2 是拟南芥中铁吸收的两个关键基因，在过表达 MxFIT 的拟南芥植株中，正常供铁条件下，MxFIT 的过表达并没有组成型增强机理 I 型植物中 AtIRT1 和 AtFRO2 这两个关键基因在根和叶中的表达，而在缺铁条件下，转基因拟南芥植株中 AtIRT1 和 AtFRO2 在根和叶中的表达均高于野生型植株，表明 MxFIT 的过表达并不是诱导下游 AtFRO2 和 AtIRT1 基因表达的决定因素，而铁素缺乏是 MxFIT 诱导调控 AtIRT1 和 AtFRO2 表达的一个重要因素，MxFIT 在缺铁条件下增强了 AtIRT1 和 AtFRO2 的表达，使转基因植株铁吸收能力增强，因此，MxFIT 可能在铁的吸收过程中起着重要的作用，且与野生型拟南芥相比，过表达 MxFIT 拟南芥在缺铁条件下三价铁还原酶活力和叶绿素含量也明显高于野生型。在拟南芥中也有相似的研究发现过表达 AtFIT 的拟南芥植株的耐缺铁能力较野生型植株强，在缺铁条件下 AtIRT1 和 AtFRO2 的表达也增强，而在正常供铁条件下这两个基因的表达与野生型中的表达无差异（Jakoby et al., 2004；Wang et al., 2013），推测 *MxFIT* 与 *AtFIT* 存在功能相似性。从 *MxFIT*、*AtIRT1* 和 *AtFRO2* 在转基因拟南芥中的表达可以推测植物体可能会诱导其他调控因子与 *MxFIT* 共同作用调控下游 *AtFRO2* 和 *AtIRT1* 基因高效地吸收铁，而这种调控因子的诱导可能需要铁素缺乏作为前提条件，或者在植物体中存在 FIT 转录后调控，或者两者同时存在。首先，MxFIT 属于第二类 bHLH 转录因子，这类转录因子通常会形成异二聚体来发挥功能（Massari and Murre, 2000），前人的研究确实证明，在酵母中 AtFIT 可以与 AtbHLH38 或 AtbHLH39 互相作用激活 *AtIRT1* 和 *AtFRO2* 启动子启动 GUS 报告基因的表达（Yuan et al., 2008），因此，AtFIT 与 AtbHLH38 或 AtbHLH39 互相后对 *AtIRT1* 和 *AtFRO2* 起调控作用，并且研究也证明 MxFIT 与 MxIRO2 同时注射烟草时，可以明显激活 *MxIRT1* 和 *MxFRO2* 启动子的活性，而 MxFIT 单独注射烟草时，对 *MxIRT1* 的激活能力较弱，而对 *MxFRO2* 启动子无激活能力，酵母单杂交也证明了这一结果。其次，铁素缺乏会导致植物体内一系列信号物质及调控蛋白的产生，这些物质可能会通过抑制 MxFIT 的降解来增加 MxFIT 积累，从而增加了有激活能力的 MxFIT 的含量，或者缺铁条件下使无活性的 MxFIT 经修饰后转变为有活性的 MxFIT，从而调控下游功能基因吸收铁，因此推测植物体中也可能存在 MxFIT 的转录后调控。前人在研究中也推测到 AtFIT 在拟南芥中存在转录后调控（Lingam et al., 2011；Meiser et al., 2011）。过表达 *MxFIT* 拟南芥在缺铁条件下可以提高植株的缺铁耐受性，增强拟南芥中铁吸收相关基因 *IRT1* 和 *FRO2* 的表达，这与过表达 *AtFIT* 和 *LeFER* 植株中的特性较为相似，因此推测在拟南芥、番茄等双子叶植物中可能存在相似的铁调节蛋白来调控铁吸收，但也存在不同之处，比如超表达 *AtFIT* 的植株在缺铁条件下可使叶中 *AtIRT1* 和 *AtFRO2* 的表达增强（Jakoby et al., 2004）；而超表达 *LeFER* 的植株缺铁条件下不能增强叶中 *LeIRT1* 的表达（Bereczky et al., 2003）。

3.4 小结

从小金海棠中克隆到与铁吸收相关的转录因子 *MxFIT* 基因，该基因的开放阅读框为 966 bp，编码 321 个氨基酸，属于螺旋-环-螺旋结构的转录因子，亚细胞定位分析表明 MxFIT 定位在细胞核，酵母单杂交表明 MxFIT 在酵母细胞中具有较强的激活能力；通过将 MxFIT 纯化蛋白注射新西兰大白兔获得了 MxFIT 的抗体，利用实时荧光 PCR 和 Western Blot 分析了其在转录和翻译水平的表达，*MxFIT* 主要在小金海棠根系中表达，在叶片中几乎不表达。在根中，缺铁不仅可以强烈诱导 *MxFIT* 基因表达，而且还可以诱导 MxFIT 蛋白的积累，说明 MxFIT 在转录和翻译水平上都受到了调控。免疫组织化学定位显示，MxFIT 在表皮、皮层及中柱中均能检测到 MxFIT 的免疫信号，在正常供铁条件下，MxFIT 在中柱中的表达显著高于表皮和皮层，当受到缺铁胁迫后，MxFIT 在根的整个横截面的信号均加强，且在中柱中信号最强。转 *MxFIT* 基因烟草悬浮细胞试验表明，在正常铁供应下，转 *MxFIT* 基因阳性烟草悬浮细胞中铁元素含量与未转基因烟草悬浮细胞之间没有显著差异，而在缺铁条件下，三株转基因阳性烟草悬浮细胞中活性铁的含量均显著高于未转基因烟草悬浮细胞。因此，过表达 *MxFIT* 增加了缺铁条件下烟草悬浮细胞对铁的吸收。过表达 *MxFIT* 的拟南芥在缺铁胁迫条件下增强了植株的铁吸收能力，使植株的耐缺铁能力增强，具体表现为铁吸收相关基因 *IRT1* 和 *FRO2* 表达加强，三价铁还原酶活性和叶绿素含量升高。因此，MxFIT 在小金海棠铁吸收过程中发挥重要作用。

参考文献

BERECZKY Z, WANG H Y, SCHUBERT V, et al., 2003. Differential regulation of *nramp* and *irt* metal transporter genes in wild type and iron uptake mutants of tomato [J]. Journal of Biological Chemistry, 278: 24697-24704.

BRADFORD N M, 1976. A rapid and sensitive method for the quantitation microgram quantities of protein utilizing the principle of protein-dye binding [J]. Analytical Biochemistry, 72: 248-259.

BRUMBAROVA T, BAUER P, 2005. Iron-mediated control of the basic helix-loop-helix protein FER, a regulator of iron uptake in tomato [J]. Plant Physiology, 137: 1018-1026.

COLANGELO E P, GUERINOT M L, 2004. The essential basic helix-loop-helix protein FIT1 is required for the iron deficiency response [J]. Plant Cell, 16: 3400-3412.

DAMERVAL C, DEVIENNE D, ZIVY M, et al., 1986. Technical improvements in two-dimensional electrophoresis increase the level of genetic variation detected in wheat seedling proteins [J]. Electrophoresis, 7: 52-54.

DEMARIA C T, BREWER G, 1996. AUF1 binding affinity to A+U-rich elements correlates with rapid mRNA degradation [J]. Journal of Biological Chemistry, 271: 12179-12184.

HEIM M A, JAKOBY M, WERBER M, et al., 2003. The basic helix-loop-helix transcription factor family in plants: a genome-wide study of protein structure and functional diversity [J]. Molecular Biology and Evolution, 20: 735-747.

JAKOBY M, WANG H Y, REIDT W, et al., 2004. FRU (BHLH029) is required for induction of iron mobilization genes in *Arabidopsis thaliana* [J]. FEBS Letters, 577: 528-534.

LI X X, DUAN X P, JIANG H X, et al., 2006. Genome-wide analysis of basic/helix-loop-helix transcription factor family in rice and *Arabidopsis* [J]. Plant Physiology, 141: 1167-1184.

LING H Q, BAUER P, BERECZKY Z, et al., 2002. The tomato fer gene encoding a bHLH protein controls iron-uptake responses in roots [J]. Proceedings of the National Academy of Sciences of the United States of America, 99: 13938-13943.

LINGAM P, MOHRBACHER J, BRUMBAROVA T, et al., 2011. Interaction between the bHLH transcription factor FIT and ETHYLENE INSENSITIVE3/ETHYLENE INSENSITIVE3-LIKE1 reveals molecular linkage between the regulation of iron acquisition and ethylene signaling in *Arabidopsis* [J]. Plant Cell, 23: 1815-1829.

LÓPEZ-MILLÁN A F, MORALES F, ANDALUZ S, et al., 2000. Responses of sugar beet roots to iron deficiency changes in carbon assimilation and oxygen use [J]. Plant Physiology, 124: 885-898.

MAKRIDES S C, 1996. Strategies for achieving high-level expression of genes in *Escherichia coli* [J]. Microbiological Reviews, 60 (3): 512-538.

MASSARI M E, MURRE C, 2000. Helix-loop-helix proteins: regulators of transcription in eucaryotic organisms [J]. Molecular and Cellular Biology, 20: 429-440.

MEISER J, LINGAM S, BAUER P, 2011. Posttranslational regulation of the iron deficiency basic helix–loop–helix transcription factor FIT is affected by iron and nitric oxide [J]. Plant Physiology, 157: 2154–2166.

MURBY M, UHLEN M, STAHL S, 1996. Upstream strategies to minimize proteolytic degradation upon recombinant production in Escherichia coli [J]. Protein Expression and Purification, 7 (2): 129–136.

NIU X, GUILTINAN M J, 1994. DNA binding specificity of the wheat bZIP protein EmBP21 [J]. Nucleic Acids Research, 22: 4969–4978.

QI J N, YU S C, ZHANG F L, et al., 2010. Reference gene selection for real-time quantitative polymerase chain reaction of mRNA transcript levels in Chinese cabbage (*Brassicarapa* L. ssp. *Pekinensis*) [J]. Plant Molecular Biology Reporter, 28: 597–604.

TANG W H, ZHANG J L, WANG Z Y, et al., 2000. The cause of deviation made in determining the molecular weight of His-tag fusion proteins by SDS-PAGE [J]. Acta Phytophysiologica Sinica, 26: 64–68.

WANG N, CUI Y, LIU Y, et al., 2013. Requirement and functional redundancy of Ib subgroupbHLH proteins for iron deficiency responses and uptake in *Arabidopsis thaliana* [J]. Molecular Plant, 6 (2): 503–513.

YUAN Y, WU H, WANG N, et al., 2008. FIT interacts with AtbHLH38 and AtbHLH39 in regulating iron uptake gene expression for iron homeostasis in *Arabidopsis* [J]. Cell Research, 18 (3): 385–397.

4 小金海棠 *MxIRO2* 基因的克隆及特性分析

4.1 材料与方法

4.1.1 试验材料

植物材料：新鲜的洋葱从超市购买，小金海棠（*Malus xiaojinensis*）由作者实验室保存。

菌株和载体：大肠杆菌 DH5α、农杆菌 GV3101 菌株、酵母营养缺陷型菌株 *Saccharomyces cerevisiae* AH109 均由作者实验室保存，克隆载体 pEasy T1、瞬时表达载体 pEZS-NL、酵母表达载体 pGBKT7、原核表达载体 pET-30a 均由作者实验室保存。

4.1.2 植物材料培养

将生根培养基中生长的小金海棠幼苗待白色新根长出后转移到半营养液中练苗两周，然后移至完全营养液中培养，每周换一次营养液，培养条件为光照 16 h、黑暗 8 h，温度为 22~25℃，待其长出 8~10 片叶片后进行缺铁胁迫处理（FeNaEDTA，4 μmol/L），以正常供铁（FeNaEDTA，40 μmol/L）作为对照，分别取正常供铁及缺铁处理 0 h、12 h、1 d、3 d、6 d 和 9 d 的白色新根和幼叶，液氮速冻后于-80℃条件下保存。

4.1.3 试验方法

4.1.3.1 *MxIRO2* 基因全长的克隆

（1）RNA 提取（CTAB 法）、浓度检测及 cDNA 的合成

①取小金海棠根或叶样品 0.5 g，液氮研磨后迅速加入 65℃预热好的

CTAB 提取缓冲液（10 mmol/L Tris-HCl（pH 8.0），2%（w/v）CTAB，25 mmol/L EDTA，2.0 mol/L NaCl，2%（w/v）PVP，0.5 g/L 亚精胺，1% β-巯基乙醇），涡旋振荡 1 min，65℃水浴 10 min，其间振荡摇匀数次；

②加入等体积氯仿/异戊醇（24∶1）溶液，振荡摇匀后冰浴 5 min，12 000 r/min 离心 10min，取上清液，加入等体积氯仿/异戊醇（24∶1）溶液，4℃、12 000 r/min 离心 10 min，取上清液，加入 1/3 体积的 10 mol/L LiCl，4℃沉淀 6~8 h，以去除蛋白和 DNase；

③4℃、12 000 r/min 离心 20 min，弃上清，加入 1 mL 0.5%的 SDS 溶液溶解沉淀，再加入等体积氯仿/异戊醇抽提一次，冰浴后离心，取上清，加入 2 倍体积无水乙醇，-70℃沉淀 30~60 min；

④用 75%的乙醇洗涤沉淀，4℃、12 000 r/min 离心 20 min，沉淀晾干 5~10 min，用无 RNase 水充分溶解沉淀，-80℃保存；

⑤用微量紫外分光光度计检测所提 RNA 样品中 OD_{260}/OD_{280} 比值和 OD_{230}/OD_{280} 比值，OD_{260}/OD_{280} 比值在 1.9~2.1，说明无杂质污染，OD_{230}/OD_{280} 比值在 2.0~2.3，表明盐污染较轻，1%的琼脂糖凝胶电泳检测 28S 和 18S RNA 条带清晰完整，没有 DNA 条带，表明提取的总 RNA 可用于后续试验；

⑥参照 TAKARA 公司的反转录酶使用说明，在 0.2 mL 微量离心管中加入总 RNA 样品 1~4 μg，Oligo dT 3 μL，补 DEPC 水至总体积为 30 μL，将微量离心管于 72℃加热 10 min 后，冰上放置 2 min；冰浴后在离心管中分别加入 MV-MLV Transcriptase 2 μL、dNTP（10 μmol/L）2.5 μL、RNase Inhibitor 1 μL 和 10×Buffer 5 μL，将离心管于 42℃加热 1 h，放在冰上终止第一链合成，-20℃保存。

（2）*MxIRO2* 基因克隆

根据水稻 *OsIRO2* 基因的序列（GenBank：BR000688.1）及苹果基因组的信息（http://genomics.research.iasma.it/）进行同源搜索和序列比对后，用 Primer 5.0 设计小金海棠中扩增 *MxIRO2* 基因引物，引物序列为：

MxIRO2-F：5′-ATGTTAGCCTTGTCTCCTCCTAT-3′

MxIRO2-R：5′-TTAATATTCTTGTCCATAGAAGGACAT-3′

①在 PCR 管中分别加入以下物质：cDNA 第一条链 1 μL，10×Taq PCR Buffer 2 μL，dNTPs（10 mmol/L）0.5 μL，上游引物 0.5 μL，下游引物 0.5 μL，Taq DNA polymerase 0.5 μL，ddH_2O 15 μL，总体积 20 μL；

②混匀后按以下程序进行 PCR 扩增：*MxIRO2* 扩增：94℃预变性 5 min；

94℃变性 30 s，52℃退火 45 s，72℃延伸 1 min，共 30 个循环；72℃延伸 10 min。

(3) *MxIRO2* 序列测定和比对

①将 PCR 产物在 1%琼脂糖凝胶上电泳，在紫外灯下切下目的条带，用胶回收纯化试剂盒（北京全士金生物有限公司）纯化，具体方法见 3.2.2.1 (6);

②将纯化后的片段连接到 pEasy-T1 载体，片段与载体的摩尔比在 (1:3) ~ (3:1)，16℃连接 8~12 h 后，将连接产物转化到大肠杆菌 DH5α 感受态细胞中并进行菌落 PCR 检测，具体方法见 3.2.2.1 (8) 和 3.2.2.1 (9);

③提取阳性克隆的质粒 DNA，提取方法见 3.2.2.1 (10)，将阳性克隆质粒进行测序，获得 *MxIRO2* 基因全长序列，开放阅读框的分析和氨基酸的比对通过 DNAMAN 来完成，蛋白的分子量和等电点通过 ExPASy（http://web.expasy.org/protparam/）完成。

4.1.3.2 MxIRO2 在洋葱表皮细胞中的定位

(1) 载体构建

用 *Eco*RI 和 *Xho*I 分别双酶切 pEZS-NL 载体和 *MxIRO2*，用胶回收纯化试剂盒（北京全士金生物有限公司）纯化，具体方法见 3.2.2.1 (6)。将目的回收产物按照片段与载体的摩尔比在 (1:3) ~ (3:1)，于 4℃过夜连接后转化大肠杆菌 DH5α 感受态细胞，37℃过夜倒置培养，获得重组载体 pEZS-*MxIRO2*，双酶切验证阳性克隆，并测序进行序列比对，具体方法见 3.2.2.1 (8)。

(2) 表达观察

撕取洋葱内表皮平铺于 MS 固体培养基上，制备金粉-重组质粒的复合物，利用基因枪将粉-重组质粒的复合物射向洋葱表皮细胞，具体方法见 3.1.2.2。将培养皿于 28℃培养约 18 h，在荧光显微镜下观察绿色荧光蛋白 GFP 的表达。

4.1.3.3 转录因子 MxIRO2 自激活验证

(1) 载体构建

用 *Eco*RI 和 *Sal*I 双酶切 pGBKT7 表达载体和 pEZS-*MxIRO2* 载体，用胶回收纯化试剂盒（北京全士金生物有限公司）纯化，具体方法见 3.2.2.1 (6)。将目的回收产物按照片段与载体的摩尔比在 (1:3) ~ (3:1)，于

4℃过夜连接后转化大肠杆菌 DH5α 感受态细胞,具体方法见 3.2.2.1 (8)。将获得的重组载体 pGBKT7-*MxIRO2* 双酶切验证阳性克隆,并测序进行序列比对。

(2) 将重组质粒 pGBKT7-*MxIRO2* 转化到酵母 AH109 菌株中

制备酵母 AH109 感受态细胞,并将重组载体 pGBKT7-*MxIRO2* 转化到酵母 AH109 菌株中,具体方法见 3.1.2.3 (2),提取酵母中重组质粒 pGBKT7-*MxIRO2* 进行 PCR 验证,具体方法见 3.1.2.3 (3)。

(3) 酵母克隆的 X-gal 显色反应

将含有重组质粒 pGBKT7-*MxIRO2* 的酵母 AH109 菌株在 SD/-Ade,-His,-Leu,-Trp 培养基上 30℃培养 3~4 d,用 Z-缓冲液/X-gal(100 mL Z-缓冲液,0.27 mL β-巯基乙醇,1.67 mL X-gal)润湿滤纸,覆盖于划线的酵母平皿上,使滤纸尽可能的与酵母菌体接触,取下滤纸,液氮中速冻10 s,室温解冻,反复冻融 3 次,将滤纸放到 30℃的培养箱中,8 h 之内观察滤纸的显色情况。

(4) β-半乳糖苷酶活性的测定

采用邻硝基苯-β-D-半乳吡喃糖苷(ONPG)法测定 β-半乳糖苷酶的活性,具体方法参考郗尽等(2009)的实验方法。

4.1.3.4 原核表达试验及 MxIRO2 抗体制备

(1) 原核表达

①载体构建:用 *Eco*RI 和 *Xho*I 双酶切 pET-30a 载体和 *MxIRO2*,用胶回收纯化试剂盒纯化,具体方法见 3.2.2.1 (6)。将目的回收产物按照片段与载体的摩尔比在(1∶3)~(3∶1),于 4℃过夜连接后转化大肠杆菌 DH5α 感受态细胞,具体方法见 3.2.2.1 (8)。将获得的重组载体 pET-*MxIRO2* 双酶切验证阳性克隆,并测序进行序列比对;

②IPTG 诱导 MxIRO2 的表达:融合蛋白的表达参照 Sambrook 和 Russell (2001)。将重组质粒 pET-MxIRO2 转化到 *E. coli* BL21 (DE3) 中,挑取带有重组质粒的单克隆接种至含有 Kan(100 μg/mL)的 LB 液体培养基中培养至 OD_{600} 在 0.4~0.6,加入 IPTG,通过优化诱导条件来诱导目的融合蛋白的表达,通过 SDS-PAGE 凝胶电泳分析蛋白诱导结果,具体方法见 3.1.2.4 (2)。诱导条件的优化如下。

诱导温度的优化:0.5 mmol/L IPTG,诱导温度为 25℃、30℃、37℃,诱导时间为 4 h;

IPTG 浓度的优化:IPTG 浓度为 0 mmol/L、0.25 mmol/L、0.5 mmol/L、

0.75 mmol/L 和 1 mmol/L，采用优化的蛋白表达温度诱导 4 h；

诱导时间的优化：IPTG 至终浓度为优化浓度，诱导时间分别为 1 h、2 h、3 h 和 4 h，采用优化的蛋白表达温度进行诱导。

(2) 多克隆抗体制备

试验选用纯种的三月龄新西兰大耳雄白兔，具体方法见 3.1.2.4 (4)。纯化的 MxIRO2 蛋白与等量的弗氏完全佐剂充分混合、乳化后，将其注射到三月龄新西兰大耳雄白兔中，共注射四次，每次间隔 10 d，最后一次注射 10 d 后抽取兔子的血清，参照 Pan 等 (2005) 的方法依次经硫酸铵分级沉淀、DEAE-Sephadex A-50 层析柱纯化得到 IgG 免疫球蛋白。

(3) 抗原滴度和抗体效价分析

抗体的灵敏度定义为显色后，肉眼可分辨到颜色所对应的最小的抗原量，抗原滴度采用斑点杂交分析，参照 Wang 等 (2008) 将硝酸纤维素膜浸泡于 PBS 缓冲液中至完全润湿，然后在室温下晾干，用酶标板在膜上轻轻压印出加样穴，以方便加样和操作。将纯化的 MxIRO2 样品直接加在膜上，每孔加样 5 μL，样品预先用包被液稀释以确保穴中的蛋白含量依次分别为 614.4 ng、307.2 ng、153.6 ng、76.8 ng、38.4 ng、19.2 ng、9.6 ng、4.8 ng、2.4 ng 和 1.2 ng，然后将膜置于室温让其自然晾干，按照 Western blotting 方法进行封闭和检测。在本试验中所使用的 $MxIRO_2$ 抗体的稀释度为 1/2 000。

抗体的效价通过 ELISA 方法测定，抗体效价被定义为在试验条件下，490 nm 下测得其 OD 为 0.5 的反应孔对应的抗体的稀释倍数，方法参照 Tian 等 (2006)，具体方法见 3.1.2.4 (6)。

4.1.3.5 *MxIRO2* 基因在转录和翻译水平的表达

(1) 实时荧光定量 PCR 检测 *MxIRO2* 的表达

实时荧光定量 PCR 采用 Applied Biosystem 7500 Real-time PCR System 进行测定，以 IQ SYBR Green Supermix 为染料，以小金海棠 18 S 基因 (GenBank：DQ341382) 作为内参，反应程序为：95℃变性 30 s，95℃变性 5 s：60℃退火延伸 34 s，共 40 个循环。反应体系：cDNA 模板 2 μL，上游引物 0.5 μL，下游引物 0.5 μL，ddH$_2$O 6.6 μL，mix 10.4 μL。相对表达量计算方法参照 $2^{-\triangle\triangle CT}$ 方法，每个反应重复三次。qPCR 引物序列为：

MxIRO2-F：5′-ATGTTAGCCTTGTCTCCTCCTAT-3′

MxIRO2-R：5′- TTAATATTCTTGTCCATAGAAGGACAT-3′

（2） Western Blot 检测 MxIRO2 在翻译水平的表达

植物总蛋白的提取采用三氯乙酸/丙酮法（Damerval et al., 1986），略作改进，具体方法见 3.1.2.5（2），蛋白浓度的测定参照考马斯亮蓝法测定蛋白浓度（Bradford, 1976），略作改进，具体方法见 3.1.2.5（3），Western Blot 免疫检测见 3.1.2.5（4）。

4.2 结果与分析

4.2.1 *MxIRO2* 基因的克隆及其同源性分析

以缺铁条件下小金海棠根部 cDNA 为模板，PCR 扩增得到 *MxIRO2* 基因的全长为 762 bp（图 4-1 A），该基因编码 253 个氨基酸，ExPASy 预测其编码的蛋白质分子量为 28.5 kD，等电点为 6.61。氨基酸序列比对分析表明 MxIRO2 含有保守的螺旋-环-螺旋区域（图 4-1 C），进化树结果显示，MxIRO2 与 AtbHLH38、AtbHLH39、AtbHLH100、AtbHLH101 及 OsIRO2 聚类于同一 bHLH 亚族（图 4-1 B），该序列比对结果与之前报道的 OsIRO2 与 AtbHLH38、AtbHLH39 属于同一 bHLH 亚族的结果一致。

4.2.2 MxIRO2 的亚细胞定位

4.2.2.1 pEZS-*MxIRO2* 载体的构建及验证

用 *Eco*RI 和 *Xho*I 分别双酶切 pEZS-NL 载体和 *MxIRO2*，胶回收目的酶切产物。将目的回收产物于 4℃ 过夜连接后转化大肠杆菌 DH5α 感受态细胞，37℃ 过夜倒置培养，获得重组载体 pEZS-*MxIRO2*，双酶切验证阳性克隆，并测序进行序列比对，双酶切的琼脂糖凝胶电泳结果如图 4-2 所示，说明 pEZS-*MxIRO2* 载体构建成功。

4.2.2.2 MxIRO2 蛋白的亚细胞定位

为了检测 MxIRO2 蛋白的定位情况，本试验利用基因枪技术将重组质粒 pEZS-*MxIRO2* 和对照 pEZS-NL 质粒分别转入洋葱表皮细胞中检测 MxIRO2 的定位。结果显示，转有 pEZS-*MxIRO2* 的绿色荧光仅存在洋葱表皮细胞的细胞核，而对照在洋葱表皮细胞的整个细胞中均有绿色荧光出现（图 4-3），因此，MxIRO2 蛋白定位在细胞核中，符合转录因子特性。由此推测，MxIRO2 是调控基因表达的反式作用因子，其在胞质中转录翻译后转运到细

4 小金海棠 *MxIRO2* 基因的克隆及特性分析

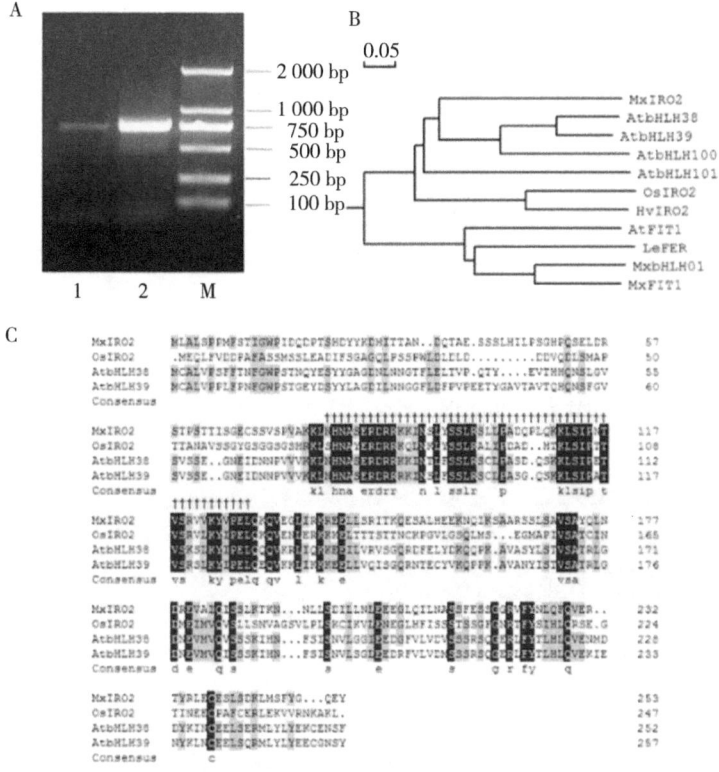

图 4-1　*MxIRO2* 的克隆及其同源性分析

A：*MxIRO2* 基因 cDNA 全长的扩增；B：*MxIRO2* 同其他 bHLH 类氨基酸序列的进化树分析；C：MxIRO2 与 AtbHLH38、AtbHLH39、OsIRO2 的氨基酸同源性比对分析。

注：1 和 2 分别为以缺铁 3 d 和 7 d 根部 cDNA 为模板的 PCR 扩增结果。† 表示保守的 bHLH 结构。

胞核中，在植物的细胞核内发挥作用。

4.2.3　MxIRO2 的自激活验证

4.2.3.1　pGBKT7-*MxIRO2* 载体的构建及验证

用 *Eco*RI 和 *Sal*I 双酶切 pEZS-*MxIRO2* 载体，并回收目的酶切产物，将该产物连接到经 *Eco*RI 和 *Sal*I 双酶切的 pGBKT7 表达载体，并做双酶切验证，结果如图 4-4 所示，说明 pGBKT7-*MxIRO2* 载体构建成功。

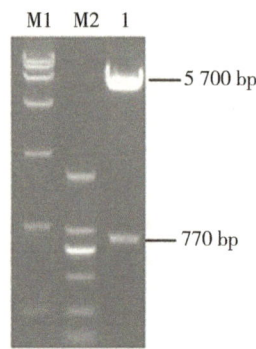

图 4-2 pEZS-*MxIRO2* 载体双酶切验证
注：M1 表示 DL15000 marker，M2 表示 DL2000 marker。

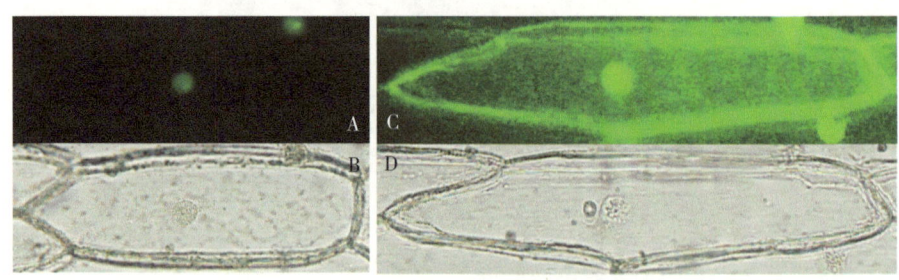

图 4-3 MxIRO2 蛋白的亚细胞定位
A、B：明场和暗场下观察到的 MxIRO2-eGFP 融合蛋白的绿色荧光情况；C、D：明场和暗场下观察到的对照洋葱表皮细胞的绿色荧光情况。

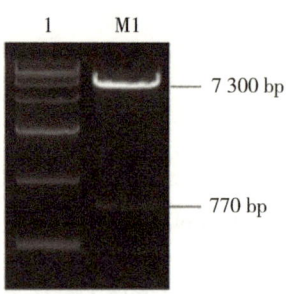

图 4-4 pGBKT7-*MxIRO2* 载体双酶切验证
注：M1 表示 DL15000 marker。

4.2.3.2　MxIRO2 在酵母体中的自激活检测

MxIRO2 作为一个 bHLH 转录因子，为了验证其激活能力，将重组质粒 pGBKT7-*MxIRO2* 转化到酵母细胞中，X-gal 显色试验表明 MxIRO2-BD 融合蛋白可以激活 *LacZ* 报告基因的表达，但显色反应较弱（图 4-5 A），以 ONPG 为底物，定量检测 β-半乳糖苷酶的活性也表明 MxIRO2 的转录激活能力较弱（图 4-5 B），将阳性克隆划线至含不同浓度 3-AT 的 SD/Trp$^-$ 培养基上，发现阳性克隆在含有 1 mmol/L 3-AT 的 SD 培养基上不能生长（图 4-5 C），因此，MxIRO2 在酵母体内的激活能力较弱，可被 1 mmol/L 3-AT 所抑制，其在植物体中可能是一个辅助的转录激活因子，与其他转录因子形成异二聚体来调控植物体内铁吸收相关功能基因的表达。

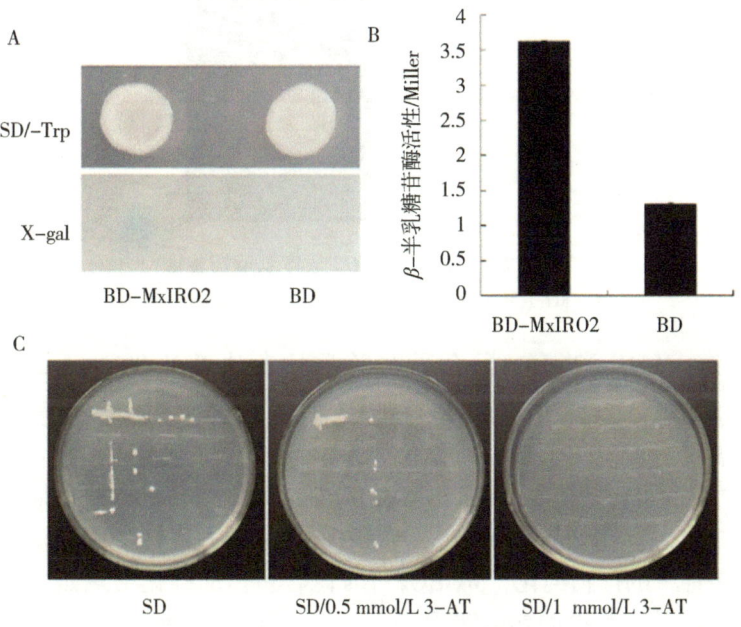

图 4-5　酵母单杂交检测 MxIRO2 激活能力

A：以 X-gal 为底物检测 MxIRO2 激活能力；B：以 ONPG 为底物定量检测 MxIRO2 激活能力；C：转有 pGBKT7-*MxIRO2* 的 AH109 菌株在含不同 3-AT 浓度的培养基上生长情况。

注：MxIRO2-BD 为 MxIRO2 和 GAL4 DNA 结合区的融合蛋白，BD 为 GAL4 的 DNA 结合区。

4.2.4　MxIRO2-His 融合蛋白的表达及纯化

4.2.4.1　pET-*MxIRO2* 载体的构建及验证

用 *Eco*RI 和 *Xho*I 双酶切 pET-30a 载体和 *MxIRO2*，胶回收目的酶切产物。将目的回收产物于 4℃过夜连接后转化大肠杆菌 DH5α 感受态细胞，37℃过夜倒置培养，获得重组载体 pET-*MxIRO2*，双酶切验证阳性克隆，并测序进行序列比对，双酶切的琼脂糖凝胶电泳结果如图 4-6 所示，说明 pET-*MxIRO2* 载体构建成功。

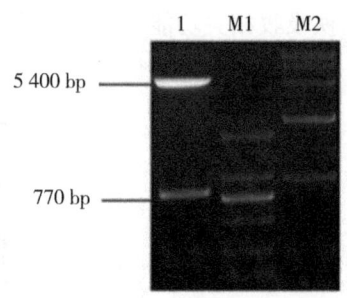

图 4-6　pET-*MxIRO2* 载体双酶切验证

注：M1 表示 DL15000 marker，M2 表示 DL2000 marker。

4.2.4.2　MxIRO2-His 融合蛋白的原核表达及纯化

将重组载体 pET-*MxIRO2* 转化到大肠杆菌 BL21（DE3）感受态细胞中，在不同温度、不同 IPTG 浓度及不同诱导时间下诱导 MxIRO2 蛋白的表达（图 4-7 A 和 B）。SDS-PAGE 结果显示在 IPTG 浓度为 0.75 mmol/L、诱导时间为 3 h、诱导温度为 30℃时，MxIRO2-His 融合蛋白的表达量较高。将此诱导条件下的产物纯化，MxIRO2-His 融合蛋白的纯化结果如图 4-7 C 所示，过镍柱后所获得的融合蛋白经 SDS-PAGE 分析表明纯度较好，因此，该诱导条件下诱导的产物中包含可溶性的融合蛋白。融合蛋白上含有 His 标签，可结合到镍柱上，通过洗脱可将融合蛋白纯化出来，为了减少非特异蛋白与镍柱的结合、降低洗脱产物中非特异蛋白的含量，本试验在结合缓冲液中加入了 10 mmol/L 咪唑，从图 4-7 C 可以看出洗脱出来的目的融合蛋白纯度较好，减少了非特异蛋白的含量。

4 小金海棠 *MxIRO2* 基因的克隆及特性分析

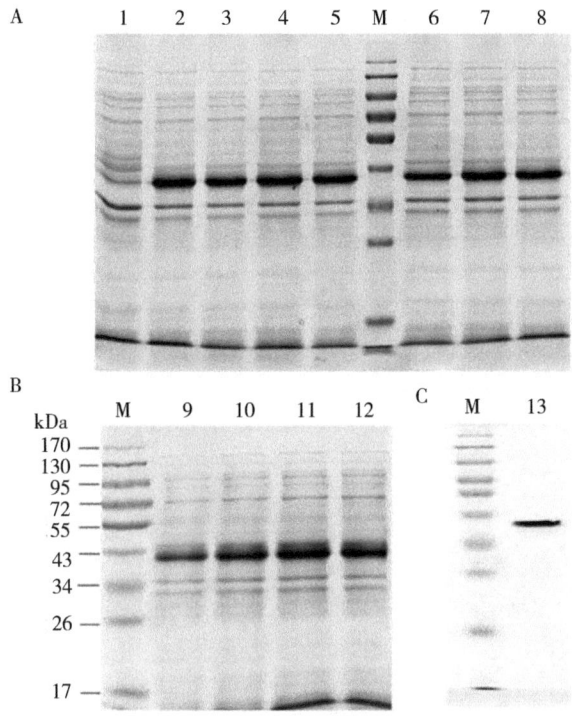

图 4-7 融合蛋白的表达及纯化

A、B：不同 IPTG 浓度、不同诱导温度、不同诱导时间对 MxIRO2 蛋白表达影响的 SDS-PAGE 分析；C：考马斯亮蓝染色分析纯化后的 MxIRO2 融合蛋白。

注：Line 1~5，IPTG 浓度（0 mmol/L、0.25 mmol/L、0.5 mmol/L、0.75 mmol/L 和 1 mmol/L）；Line 6~8，诱导温度（25℃、30℃、37℃）；Line 9~12，诱导时间（1 h、2 h、3 h 和 4 h）；Line 13，纯化的 MxIRO2-His 融合蛋白；M，蛋白 marker。

4.2.5 抗体的纯化及抗体效价分析和抗原滴度分析

MxIRO2 抗血清分别依次经过 $(NH_4)_2SO_4$ 分级沉淀和 DEAE-Sephadex A-50 层析柱纯化得到 IgG 免疫球蛋白，SDS-PAGE 结果显示有两条蛋白谱带，分子量大小分别约为 50 kD 和 25 kD，即抗体的重链和轻链（图 4-8 A）。MxIRO2 抗体的灵敏度通过斑点杂交（图 4-8 B）和酶联免疫反应（图 4-8 C）进行检测，图 4-8 B 可以看出，斑点 1~10 分别包含了 614.4 ng、307.2 ng、153.6 ng、76.8 ng、38.4 ng、19.2 ng、9.6 ng、4.8 ng、2.4 ng

和 1.2 ng 的纯化蛋白，结果表明稀释 2 000 倍的抗体（终浓度为 340 ug/L）最低可以检测到 4.8 ng 蛋白，图 4-8 C 可以看出，当 OD_{490} 为 0.5 时，抗体的稀释倍数为 10 000（终浓度为 68 μg/L），即可有效地检测到 1 μg 的抗原。以上结果表明制备的 MxIRO2 抗体具有很高的检测灵敏度，可以用于小金海棠或其他植物 IRO2 蛋白水平的研究。

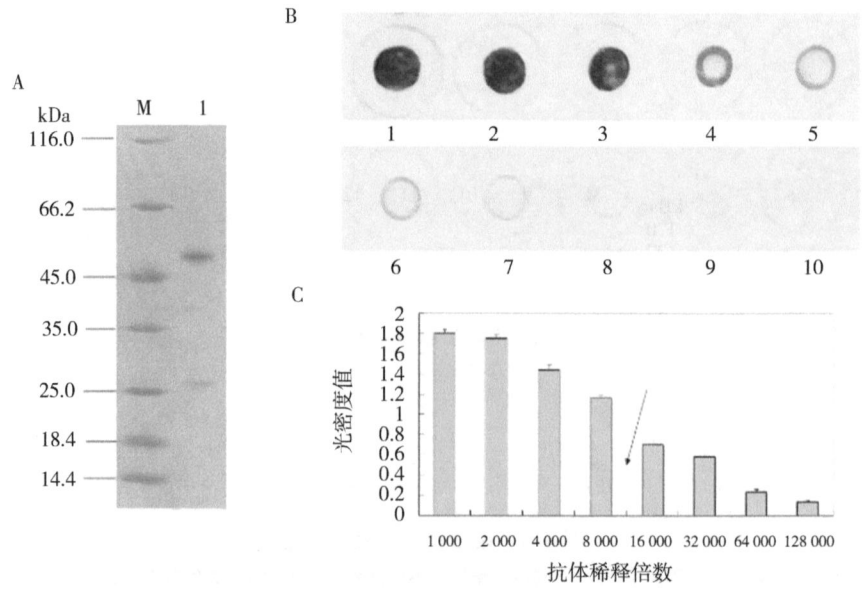

图 4-8　MxIRO2 多克隆抗体血清纯化的 SDS-PAGE 分析及其灵敏度的检测

A：MxIRO2 多克隆抗体血清纯化的 SDS-PAGE 分析；B：稀释 2 000 倍的抗体与纯化的 Mx-IRO2 抗原的滴度分析；C：MxIRO2 抗体的效价分析。

注：SDS-PAGE 中 1 代表纯化的 MxIRO2 抗体，M 代表蛋白 marker；Dot 1～10 分别包含了 614.2 ng、307.2 ng、153.6 ng、76.8 ng、38.4 ng、19.2 ng、9.6 ng、4.8 ng、2.4 ng 和 1.2 ng 的纯化蛋白；箭头表示当 OD 值为 0.5 时抗体的稀释倍数。

4.2.6　*MxIRO2* 在缺铁胁迫下的表达分析

为了检测 MxIRO2 转录因子与小金海棠铁供应的关系，本研究制备了 MxIRO2 的抗体，通过实时荧光 PCR 和 Western blot 分析 MxIRO2 在小金海棠缺铁不同时间、不同部位的表达情况。分别提取小金海棠缺铁处理 0 d、12 h、1 d、3 d、6 d 和 9 d 的白色新根和幼叶的总 RNA，反转录出 cDNA，进行 Real-time PCR 分析 *MxIRO2* 在转录水平的表达（图 4-9 A）。结果表明，*MxIRO2* 在正常供铁条件下在根部和叶部的表达都较弱，在缺铁条件下表达均升高，在根部随缺铁胁迫时间的延长其表达量加强，在第六天表达量达到最高，随后下降；在叶中在缺铁 3 d 表达量达到最高，随后下降。分别提取小金海棠缺铁处理不同部位的总蛋白，并测定其浓度，保证上样量一致的前提下，Western blot 检测到 MxIRO2 在正常供铁条件下表达量较低，在缺铁 12 h 时表达量升高，在根中缺铁第三天表达量最高随后降低（图 4-9 B），在幼叶中缺铁 1 d 和 3 d 的表达量较高随后下降（图 4-9 C）。

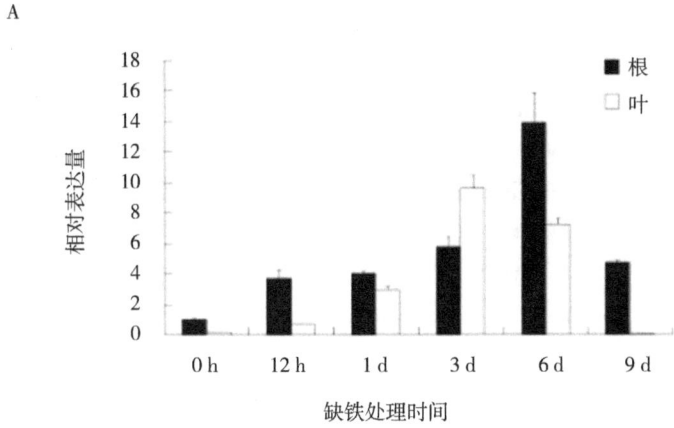

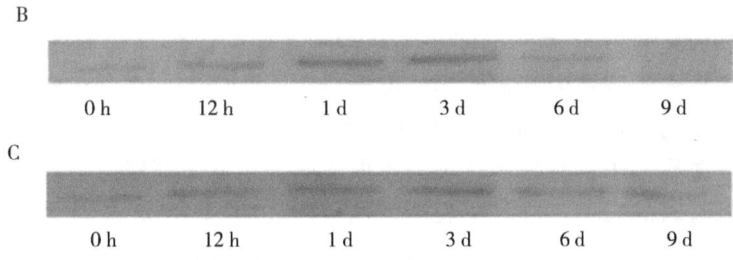

图 4-9　MxIRO2 在转录水平和翻译水平的表达

A：*MxIRO2* 在转录水平的表达；B：MxIRO2 在根中在翻译水平的表达；C：MxIRO2 在叶中在翻译水平的表达。

4.3 结论与讨论

铁是发现最早的微量元素之一，其在生物的生命活动中具有不可替代的功能。在地壳中，铁含量位居第四，是最丰富的元素之一，主要以 Fe（Ⅱ）和 Fe（Ⅲ）两种形态存在，在土壤和植物体之间通过氧化和还原反应释放和获取电子完成这两种形态的转化。缺铁可导致叶绿素合成前体吡咯环和卟啉环的合成受阻，从而导致叶片黄化和光合作用降低（Niebur and Fehr，1981），造成严重的缺铁失绿症，使生物量大幅下降，因此，铁元素对植物体的生长发育具有十分重要的作用。

土壤中的铁多数是以 Fe（Ⅲ）氧化形式存在，溶解性较低，因此不易被植物体吸收（Guerinot and Ying，1994）。在长期进化过程中，高等植物逐渐形成了两种铁吸收机理，机理Ⅰ和机理Ⅱ（Römheld and Marschner，1986；Schmidt，2003）。小金海棠是从 40 多个苹果属植物的种或生态型中筛选出的第一个苹果铁高效基因型，在缺铁胁迫时，小金海棠表现出典型的机制Ⅰ型植物的缺铁适应性反应，即根际分泌 H^+ 使土壤酸化以增加 Fe（Ⅲ）的可溶性，质膜上的三价铁还原酶催化根际可溶性 Fe（Ⅲ）还原为 Fe（Ⅱ），质膜上的 Fe（Ⅱ）转运蛋白 IRT1 将 Fe（Ⅱ）转运到细胞中。

小金海棠 MxIRO2 转录因子属于 bHLH 家族成员，亚细胞定位分析表明 MxIRO2 蛋白定位在细胞核中，符合转录因子特性，推测 MxIRO2 可能是调控基因表达的反式作用因子，其在胞质中转录翻译后转运到细胞核中，在植物的细胞核内发挥作用。酵母单杂交表明 MxIRO2 在酵母体内的激活能力很弱，可被 1 mmol/L 3-AT 所抑制，其在植物体中可能是一个辅助的转录激活因子，与其他转录因子形成异二聚体来调控植物体内铁吸收相关功能基因的表达，且时空表达特性分析表明 MxIRO2 在转录和翻译水平均受缺铁诱导表达，在根和叶中均随缺铁胁迫时间的延长其表达先升高后降低，因此，MxIRO2 属于第一类 bHLH 家族成员，该成员的表达通常没有组织特异性。

SDS-PAGE 检测蛋白质分子量已是一种成熟的实验手段，但是不少研究者发现 His-tag 融合蛋白在 SDS-PAGE 中表现出的分子量大于其应有的分子量，一些研究者在文献中也提到了这一现象（Niu and Guiltinan，1994；DeMaria and Brewer，1996），本试验中 SDS-PAGE 检测 MxIRO2-His 融合蛋白大小在 43 kD marker 的下面，也比预测的 35 kD 偏大，产生此偏差的原因可能是由于组氨酸是碱性氨基酸，在 His-tag 中含有 6 个连续的组氨酸，带有较强的正电荷，改变了蛋白在 SDS-PAGE 中的泳动行为，降低了蛋白的泳动速率，导致了表观分子量变大（Tang et al., 2000）。

进化树分析表明 OsIRO2、HvIRO2、AtbHLH38、AtbHLH39 聚类在一起，属于同一 bHLH 家族成员。前人的研究表明，*OsIRO2*、*HvIRO2*、*AtbHLH38*、*AtbHLH39* 在根和叶中受缺铁胁迫时表达均明显升高（Ogo et al., 2006；Wang et al., 2007），本试验中 *MxIRO2* 在缺铁根和叶中的表达均明显高于正常供铁条件下的表达，在水稻中过表达 *OsIRO2* 可显著提高水稻产量和种子中铁的含量（Ogo et al., 2011），因此，这类 bHLH 转录因子可能与铁的吸收相关。OsIRO2 在调控下游功能基因吸收铁方面起着重要的作用（Ogo et al., 2006），AtbHLH38、AtbHLH39 也参与拟南芥中铁的吸收应答反应，但分根实验表明 FIT 和 AtbHLH38、AtbHLH39 受缺铁调控的途径不同，两者可能分别受不同的局部信号和系统信号的调控，且 AtbHLH38、AtbHLH39 的诱导表达不受 FIT 调控。AtbHLH38、AtbHLH39 和 OsIRO2 均可调控根部铁吸收相关功能基因的表达（Yuan et al., 2008；Ogo et al., 2007）。尽管 *OsIRO2* 是在机理 II 型植物水稻中克隆得到的，而 *AtbHLH38*、*AtbHLH39*、*MxIRO2* 是在机理 I 型植物中克隆到的，进化树聚类表明他们属于同一 bHLH 家族成员，且这几个转录因子均受缺铁诱导表达，不同的铁吸收机理可能导致他们在铁的吸收过程中的作用不同，FIT 则属于另一类 bHLH 家族成员，在机理 I 型植物铁吸收过程中起着重要作用，结构的不同可能导致这两类 bHLH 蛋白在植物体内发挥的功能不同，但在机理 II 型植物中目前还没有克隆到与 FIT 同源或相似的基因。

4.4 小结

转录因子在植物生长及应对环境胁迫的响应中发挥着重要作用。在本研究中，从铁高效吸收基因型小金海棠中克隆到了一个碱性螺旋-环-螺旋转录因子基因 *MxIRO2*，其开放阅读框有 762 个碱基，编码 253 个氨基酸。亚细胞分析表明 MxIRO2 蛋白定位于细胞核，MxIRO2 和 GAL4 DNA 结合域（BD）的融合蛋白在酵母细胞中能激活 LacZ 报告基因的表达，其激活能力较弱，可被 1 mmol/L 3-AT 抑制。在大肠杆菌 BL21（DE3）中进行原核表达，当 IPTG 浓度为 0.75 mmol/L、诱导时间为 3 h、诱导温度为30℃时，MxIRO2-His融合蛋白的表达量较高，利用镍柱对融合蛋白进行纯化，将纯化后的MxIRO2-His融合蛋白作为抗原免疫新西兰兔，用50%饱和硫酸铵沉淀及DEAE葡聚糖A-50层析法对所得抗血清进行纯化，得到了IgG免疫球蛋白。免疫学分析证明该抗体具有良好的效价、检测灵敏度和特异性。利用qPCR和Western blot测定了缺铁条件下小金海棠幼苗根和叶中 *MxIRO2* 的表达情况，结果表明，在缺铁条件下，根和叶中的 *MxIRO2* 均被诱导表达，随着缺铁时间的延长，其在转录和翻译水平均呈先升高后降低的趋势。该研究为果树耐缺铁机制提供了基因资源和理论依据。

参考文献

郜尽，王海侠，李京敬，等，2009. 酵母双杂交报告基因β-半乳糖苷酶活性测定方法的研究［J］. 上海交通大学学报（医学版），29（2）：236-240.

BRADFORD N M, 1976. A rapid and sensitive method for the quantitation microgram quantities of protein utilizing the principle of protein–dye binding [J]. Analytical Biochemistry, 72: 248-259.

DAMERVAL C, DEVIENNE D, ZIVY M, et al., 1986. Technical improvements in two-dimensional electrophoresis increase the level of genetic variation detected in wheat seedling proteins [J]. Electrophoresis, 7: 52-54.

DEMARIA C T, BREWER G, 1996. AUF1 binding affinity to A+U-rich elements correlates with rapid mRNA degradation [J]. Journal of Biological Chemistry, 271: 12179-12184.

GUERINOT M L, YING Y, 1994. Iron: nutritious, noxious, and not readily available [J]. Plant Physiology, 104: 815-820.

NIEBUR W S, FEHR W R, 1981. Agronomic evaluation of soybean genotypes resistant to iron deficiency chlorosis [J]. Crop Science, 21: 551-554.

NIU X, GUILTINAN M J, 1994. DNA binding specificity of the wheat bZIP protein EmBP21 [J]. Nucleic Acids Research, 22: 4969-4978.

OGO Y, ITAI R N, KOBAYASHI T, et al., 2011. OsIRO2 is responsible for iron utilization in rice and improves growth and yield in calcareous soil [J]. Plant Molecular Biology, 75: 593-605.

OGO Y, ITAI R N, NAKANISHI H, et al., 2006. Isolation and characterization of IRO2, a novel iron-regulated bHLH transcription factor in gramineaceous plants [J]. Journal of Experimental Botany, 57: 2867-2878.

OGO Y, ITAI R N, NAKANISHI H, et al., 2007. The rice bHLH protein OsIRO2 is an essential regulator of the genes involved in Fe uptake under Fe-deficient conditions [J]. The Plant Journal, 51: 366-377.

PAN Q H, ZOU K Q, PENG C C, et al., 2005. Purification, biochemical and immunological characterization of acid invertases from apple fruit [J]. Plant Biology, 47: 50-59.

RÖMHELD V, MARSCHNER H, 1986. Mobilization of iron in the rhizosphere of different plant species [J]. Journal of Plant Nutrition, 2: 155-192.

SCHMIDT W, 2003. Iron solutions: acquisition strategies and signaling pathway in plants [J]. Trends in Plant Science, 8: 188-193.

TANG W H, ZHANG J L, WANG Z Y, et al., 2000. The cause of deviation made in determining the molecular weight of His-tag fusion proteins by SDS-PAGE [J]. Acta Phytophysiologica Sinica, 26: 64-68.

TIAN L, KONG W F, PAN Q H, et al., 2006. Expression of the chalcone synthase gene from grape and preparation of an anti-CHS antibody [J]. Protein Expression and Purification, 50: 223-228.

WANG H Y, KLATTE M, JAKOBY M, et al., 2007. Iron deficiency-mediated stress regulation of four subgroup Ib BHLH genes in *Arabidopsis thaliana* [J]. Planta, 226: 897-908.

WANG W, WAN S B, ZHANG P, et al., 2008. Prokaryotic expression, polyclonal antibody preparation of the stilbene synthase gene from grape berry and its different expression in fruit development and under heat acclimation [J]. Plant Physiology and Biochemistry, 46: 1085-1092.

YUAN Y X, WU H L, WANG N, et al., 2008. FIT interacts with AtbHLH38 and AtbHLH39 in regulating iron uptake gene expression for iron homeostasis in *Arabidopsis* [J]. Cell Research, 18: 385-397.

5 小金海棠 MxFIT 和 MxIRO2 转录因子对铁吸收基因的调控

5.1 材料与方法

5.1.1 试验材料

野生型 Columbia（Col）生态型拟南芥，本氏烟草均由作者实验室保存。菌株：农杆菌 GV3101 菌株、酵母营养缺陷型菌株 *Saccharomyces cerevisiae* AH109（*MATa, trp*1-901, *leu*2-3, 112, *ura*3-52, *his*3-200, *gal*4△, *gal*80△, *LYS*2∷*GAL1UAS-GAL1TATA-HIS3, GAL2UAS-GAL2TATA-ADE2, URA3*∷*MEL1UAS-MEL1TATA-lacZ*）均由作者实验室保存。

载体：酵母表达载体 pGBKT7、pGADT7，植物表达载体 PCAMBIA1301、PCAMBIA2300、pET-30a、pHISi 均由作者实验室保存。

5.1.2 试验方法

5.1.2.1 拟南芥原生质体的制备及其转化

（1）拟南芥原生质体的制备

①取生长良好未抽薹的叶片切成 0.5~1 mm 宽的条状；

②将切好叶条放入预先配制好的纤维素酶解液中（20 mmol/L MES（pH 5.7），1.5% 纤维素酶 R10，0.4% 离析酶 R10，0.4 mol/L 甘露醇，20 mmol/L KCl，55℃ 水浴加热 10 min，冷却至室温后加入 10 mmol/L $CaCl_2$，0.1% BSA，5 mmol/L β-巯基乙醇，用 0.45 μm 滤膜过滤后使用），每 5~10 mL 酶解液需 10~20 片叶子，并使叶子完全浸入酶解液，用真空泵于黑暗中抽 30 min；

5　小金海棠 MxFIT 和 MxIRO2 转录因子对铁吸收基因的调控

③在室温中黑暗条件下继续酶解 3 h，当酶解液变绿时轻轻摇晃培养皿使原生质体释放出来，显微镜下检查溶液中的原生质体，拟南芥叶肉原生质体大小在 30~50 μm；

④用等量的 W5 溶液 [2 mmol/L MES (pH 5.7)，154 mmol/L NaCl，125 mmol/L $CaCl_2$，5 mmol/L KCl，高温高压灭菌 15 min 室温保存] 稀释含有原生质体的酶液，用 W5 溶液润湿 35~75 μm 的尼龙膜，用该尼龙膜过滤含有原生质体的酶解液；

⑤100×g 离心 1~2 min 使沉淀原生质体，尽量除去上清，用 10 mL 预冷的 W5 溶液轻柔重悬原生质体，在冰上静至原生质体 30 min；

⑥100×g 离心 10 min 使原生质体沉淀在管底，除去 W5 溶液，用适量 MMG 溶液 [4 mmol/L MES (pH 5.7)，0.4 mol/L 甘露醇，15 mmol/L $MgCl_2$，高温高压灭菌 15 min 室温保存] 重悬原生质体，于 4℃ 保存。

（2）拟南芥原生质体的转化

①载体构建：利用 PlantCARE 网站预测 MxIRT1 和 MxFRO2 启动子上的顺式作用元件，将 MxIRT1 和 MxFRO2 启动子进行删除，每个启动子删减成 5 段，并将 MxIRT1 及 MxFRO2 启动子及其删除片段构建到 pCAMBIA1301 载体上，MxIRT1 及 MxFRO2 启动子扩增所用引物及载体构建的酶切位点如表 5-1 所示；

表 5-1　启动子序列扩增所用引物及载体构建的酶切位点

基因	引物名称	引物序列	克隆位点
MxIRT1	MxIRT1-P1-F	5′-CGCGGATCCGATTCTCGCCAACTCTCC -3′	BamHI
	MxIRT1-P-R	5′- CTGCCATGGTGACCCTGATTTTTAGCTC -3′	NcoI
	MxIRT1-P2-F	5′-CGCGGATCCCCACAGTTGACATGTTCGA -3′	BamHI
	MxIRT1-P3-F	5′-CGCGGATCCGCCTGATATGAGCTGCTTC -3′	BamHI
	MxIRT1-P4-F	5′-CGCGGATCCTGGAAGCCCAACAAAGAT -3′	BamHI
	MxIRT1-P5-F	5′-CGCGGATCCTTTACAAGTCCGCAGCAA -3′	BamHI
MxFRO2	MxFRO2-P1-F	5′-CGCGGATCCTTGCTGAAAACAATGAGGT -3′	BamHI
	MxFRO2-P-R	5′-CTGCCATGGAGAAAAGAGGTTTGCTTGAT -3′	NcoI
	MxFRO2-P2-F	5′-CTGCCATGGTTATATCCATCCGTTCCTG -3′	BamHI
	MxFRO2-P3-F	5′-CTGCCATGGCCATTTATGAATTCTCTTGAT -3′	BamHI
	MxFRO2-P4-F	5′-CTGCCATGGGCCTTCACATTACCAGTTCA -3′	BamHI
	MxFRO2-P5-F	5′-CTGCCATGGGGGGGAATGTTTATTGTAC -3′	BamHI

②加入 10~20 μg 的重组质粒 DNA 至 2 mL 离心管中,加入 200 μL 原生质体,轻柔混合,加入 110 μL PEG 4 000 溶液[20%~40%(w/v) PEG 4000,0.2 mol/L 甘露醇,100 mmol/L $CaCl_2$],颠倒混匀后室温静置 15 min;

③用 400~440 μL W5 溶液稀释转化混合液,轻柔颠倒离心管使之混合完好以终止转化反应,室温下 100×g 离心 2 min,去掉上清,加入 1 mL W1 溶液轻柔重悬原生质体于多孔组织培养皿中;

④室温下(20~25℃)培养原生质体 18 h 以上,100×g 离心 10 min 收集原生质体,加入 100 mL 的原生质体裂解缓冲液[2.5 mmol/L Tris-磷酸(pH 7.8),1 mmol/L DTT,2 mmol/L DACTAA,10%(v/v)甘油,1%(v/v)Triton-X-100],剧烈振荡 2 s 后冰上孵育 5 min,1 000×g 离心 2 min,取上清用于 GUS 酶活分析。

5.1.2.2 酵母杂交实验

(1) 酵母感受态细胞的制备及转化

①将 -80℃ 冻存的酵母菌株(AH109)在 YPDA 培养基上划线,在 30℃ 培养箱中倒置培养约 3 d,挑取酵母单菌落,于 YPDA 培养基中 30℃,200 r/min 过夜摇菌;

②次日早上将过夜摇菌的菌液转接到 50 mL 的 YPDA 培养基中,使 OD_{600} 处于 0.8~1.0(同时将鲑鱼精 DNA 于 100℃ 热变性 15~20 min,然后立即置于冰上待用);

③室温 3 000 r/min 离心 5 min,弃上清,收集菌体,用 1/2 体积无菌 ddH_2O 悬浮菌体;

④室温 3 000 r/min 离心 5 min,弃上清,加入 1 mL 100 mmol/L LiAc,并转移到 1.5 mL 离心管中;

⑤6 000~8 000 r/min 离心 5 s,弃掉上清,加入 400 μL LiAc 悬浮细胞;

⑥取 50 μL 感受态细胞于 1.5 mL 离心管中,3 000 r/min 离心 5 min;

⑦弃掉上清,加入以下物质:50% PEG4000 240 μL,1mol/L LiAc 36 μL,鲑鱼精 DNA 25 μL,质粒 1~10 μg;

⑧充分混匀,30℃ 水浴 30 min,42℃ 热击 25 min,冰上 5 min,3 000 r/min 集菌 30 s,弃上清,加入 200 mL ddH_2O 悬浮,分别涂布在含相应缺陷型培养基的平板上;

⑨30℃ 培养 3~6 d,检测阳性克隆。

5 小金海棠 MxFIT 和 MxIRO2 转录因子对铁吸收基因的调控

（2）酵母质粒的提取

①挑取在缺陷型培养基上生长的酵母克隆，转接到相应的液体培养基中，30℃过夜培养，12 000 r/min 离心 5 min，收集菌体；

②加入 200 μL 提取液，100 μL 的无菌 0.45 mm 玻璃珠，涡旋沉淀 5 min；

③加入 100 μL Tris-饱和酚和 100 μL CI 溶液，颠倒混匀，充分涡旋 5 min；

④12 000 r/min 离心 5 min；

⑤弃掉上清，加入 400 μL 无水乙醇和 60 μL 3 mol/L NaAc，-20℃放置 60 min；

⑥4℃，12 000 r/min，离心 20 min；

⑦弃掉上清，加入 500 μL 75%乙醇洗涤沉淀；

⑧12 000 r/min，离心 2 min，使乙醇彻底挥发；

⑨加 20 μL 无菌 ddH$_2$O 溶解沉淀。

（3）酵母单杂交

构建 effector 载体 pGADT7-*MxFIT*（酶切位点为 *Eco*RI 和 *Xho*I）和 reporter 载体 pHis-P_{MxIRT1}（酶切位点为 *Eco*RI 和 *Sac*I）、pHis-P_{MxFRO2}（酶切位点为 *Eco*RI 和 *Sac*I），并进行双酶切验证。将构建好的载体 pGADT7/pHis-$P_{MxIRT1/MxFRO2}$、pGADT7-*MxFIT*/pHis-$P_{MxIRT1/MxFRO2}$、pGADT7-*MxIRO2*/pHis-$P_{MxIRT1/MxFRO2}$ 分别转化到酵母菌株 AH109 中，筛选阳性克隆，将阳性克隆分别划线于二缺（SD/Ura$^-$、Leu$^-$）和三缺（SD/Ura$^-$、Leu$^-$、His$^-$）缺陷型培养基上，30℃培养 3~4 d 后观察酵母生长情况。

（4）酵母双杂交

①本实验使用的酵母双杂交菌株 AH109 的报告基因为 *His* 和 *LacZ*，与 BD 结合的 bait 为 pGBKT7 载体包含有一个营养性型基因 *TRP1*，与 AD 结合的 prey 为 pGADT7 载体包含有一个营养型基因 *LEU2*；

②构建 pGADT7-*MxFIT* 和 pGBKT7-*MxIRO2* 载体，载体构建时所用引物和酶切位点如表 5-2 所示；

表 5-2　pGADT7-*MxFIT* 和 pGBKT7-*MxIRO2* 载体构建所用引物和酶切位点

基因	引物名称	引物序列	克隆位点
MxFIT	MxFIT-A-F	5′- CCGGAATTCATGGATTCGCTGGGAAACCA -3′	*Eco*RI
	MxFIT-A-R	5′- CCGCTCGAGGGCTGAGAATCCAGAAGCCA -3′	*Xho*I

（续表）

基因	引物名称	引物序列	克隆位点
MxIRO2	MxIRO2-B-F	5′- CCGGAATTCATGTTAGCCTTGTCTCCTCC -3′	*Eco*RI
	MxIRO2-B-R	5′-ACGCGTCGACATATTCTTGTCCATAGAAGGA -3′	*Sal*I

③为了检测 MxIRO2 和 MxFIT 是否互作，做了 pGADT7/pGBKT7、pGADT7-*MxFIT*/pGBKT7、pGADT7/pGBKT7-*MxIRO2*、pGADT7-*MxFIT*/pGBKT7-*MxIRO2* 四种组合，按上述酵母转化方法共转化酵母 AH109 菌株；

④取 20~200 μL 涂布在 SD/-Trp/-Leu/-His/-Ade 和 SD/-Trp/-Leu 培养基上，放置在 30℃恒温培养箱，培养 4 d，即可检测阳性克隆。

（5）酵母克隆的 X-gal 显色反应

①将在 SD/-Ade、-His、-Leu、-Trp 生长的克隆划线，30℃培养 3~4 d；

②准备 Z-缓冲液（16.1 g/L $Na_2HPO_4 \cdot 7H_2O$，5.5 g/L $NaH_2PO_4 \cdot H_2O$，0.75 g/L KCl，0.246 g/L $MgSO_4 \cdot 7H_2O$，pH 7.0，高温高压灭菌 15 min）；

③用 2 mL Z-缓冲液/X-gal（100 mL Z-缓冲液，0.27 mL β-巯基乙醇，1.67 mL X-gal）润湿两张滤纸，取一张润湿的滤纸覆盖于划线的酵母平皿上，用涂布棒轻轻赶出气泡，使滤纸尽可能地与酵母菌体接触，在滤纸上扎孔做标记；

④轻轻取下滤纸，液氮中速冻 10 s，室温解冻，反复冻融 3 次；

⑤将滤纸上接触酵母克隆的一面朝上放置于另一张预先用 Z-缓冲液/X-gal 溶液润湿的滤纸上，轻按使滤纸之间没有气泡；

⑥将滤纸放到 30℃的培养箱中，8 h 之内观察滤纸的显色情况。

5.1.2.3 GUS 酶活的定性和定量检测

（1）GUS 酶活的定性检测

①GUS 染色液配方如下：

N，N-二甲基甲酰胺（用于溶解 X-gluc）1~2 滴，0.1 mol/L 磷酸盐缓冲液（pH 7.0）5.8 mL，5 mmol/L 铁氰化钾（分子量 329.3）1 mL，5 mmol/L 亚铁氰化钾（分子量 422.4）1 mL，0.5 mol/L EDTA（pH 8.0）200 μL，甲醇 2 mL，Triton X-100 10 μL，X-gluc（0.5 mg/mL）5 mg，总体积 10 mL；

②取注射的叶片放入 GUS 染色缓冲液，37℃过夜后用 70%乙醇脱色，更换乙醇 2~3 次，记录染色结果并拍照。

（2）GUS 酶活的定量检测

①标准曲线的绘制：将 4-MU 配制成 1 mmol/L 的溶液，将 1 mmol/L 的 4-MU 用反应终止液（0.2 mol/L Na_2CO_3）稀释为不同浓度（100 nmol/L、500 nmol/L、1 000 nmol/L、2 500 nmol/L、5 000 nmol/L）的溶液，在激发波长 365 nm，发射波长 460 nm 条件下检测不同浓度 4-MU 溶液的荧光值，并绘制标准曲线；

②样品的检测：取 50 μL 的原生质体裂解液，加入 200 μL 的 GUS 底物，37℃分别孵育 10 min、30 min、45 min、60 min 后，加入 0.8 mL 0.2 mol/L Na_2CO_3 终止反应，检测反应液激发波长 365 nm，发射波长 460 nm 条件下的荧光值，根据标准曲线获得不同样品的 GUS 酶活。

5.1.2.4　烟草注射试验

（1）载体构建

构建瞬时表达所需 effector 载体 pCAMBIA2300-*MxFIT*（酶切位点为 *Kpn*I 和 *Sal*I）、pCAMBIA2300-*MxIRO2*（酶切位点为 *Kpn*I 和 *Sal*I）和 reporter 载体 pCAMBIA1301-P_{MxIRT1}、pCAMBIA1301-P_{MxFRO2}、pCAMBIA1301-P_{MxIRT1}片段、pCAMBIA1301-P_{MxFRO2}片段（酶切位点均为 *Bam*HI 和 *Nco*I），并进行双酶切验证。

（2）烟草瞬时转化试验

①取 4 周龄的烟草叶片进行转化，转化前一天将烟草转移到黑暗中培养，转化当天浇足水分，恢复光照，烟草的状态是决定瞬时表达是否成功的关键；

②将构建好的载体转化到农杆菌 EHA105 中，挑取阳性转化克隆在含相应抗生素的 LB 液体培养基中培养过夜至 OD_{600} 为 1.0~2.0；

③将含有 effector 和 reporter 载体的农杆菌菌量按 1∶1 混合，将菌液 12 000 r/min 离心 10 min，收集菌体，将菌体悬浮于注射液［10 mmol/L MES（pH 5.6），10 mmol/L $MgCl_2$，200 μmol/L 乙酰丁香酮］至 OD_{600} 为 0.8~1.0；

④取针头在受体叶片上轻刺 2~3 个小孔，用一次性注射器分别吸取 1 mL 注射液，将注射器压在针孔部位，以手指抵住叶片下部，将注射器内菌液压送并渗透到叶片组织中，用标记笔在注射部位上做好标记；

⑤将注射的烟草植株在 16 h 光照和 8 h 暗的光周期下继续培养 2~3 d；

⑥将注射部位剪成小块儿,置于 Gus 染色液中染色;
⑦用 70%乙醇脱色至叶绿素完全除去,观察对比有无 GUS 表达染色现象,记录并拍照。

5.2 结果与分析

5.2.1 酵母单杂交检测 MxFIT 与 *MxIRT1*、*MxFRO2* 启动子的关系

将不同组合的载体 pGADT7/pHis-$P_{MxIRT1/MxFRO2}$、pGADT7-*MxFIT*/pHis-$P_{MxIRT1/MxFRO2}$ 转化到酵母菌株 AH109 中,并提质粒进行 PCR 验证,将阳性克隆分别划线于二缺(SD/Ura⁻、Leu⁻)和三缺缺陷型培养基上(SD/Ura⁻、Leu⁻、His⁻),结果如图 5-1 所示,pGADT7/pHis-$P_{MxIRT1/MxFRO2}$ 在三缺培养基上均不能生长,pGADT7-*MxFIT*/pHis-P_{MxIRT1} 在三缺培养基上生长较弱,而 pGADT7-*MxFIT*/pHis-P_{MxFRO2} 在三缺培养基上不能生长,说明在酵母体中,MxFIT 可以与 *MxIRT1* 启动子结合激活下游报告基因 His 的表达,而 MxFIT 不能与 *MxFRO2* 启动子结合。

5.2.2 酵母双杂交检测 MxFIT 与 MxIRO2 的互作关系

由于 MxFIT 和 MxIRO2 的转录激活能力不同,MxFIT 激活能力较强,而 MxIRO2 的激活能力几乎很弱,因此,本研究将不同组合的载体 pGADT7/pGBKT7(AB)、pGADT7-*MxFIT*/pGBKT7(AFB)、pGADT7/pGBKT7-*MxIRO2*(ABI)、pGADT7-*MxFIT*/pGBKT7-*MxIRO2*(AFBI)转化到酵母菌株 AH109 中,并提质粒进行 PCR 验证,将阳性克隆分别划线于二缺(SD/Leu⁻、Trp⁻)和四缺缺陷型培养基上(SD/Ade⁻、His⁻、Leu⁻、Trp⁻),并作 LacZ 显色实验,结果如图 5-2 所示,含 pGADT7-*MxFIT*/pGBKT7-*MxIRO2* 的酵母菌株可以在四缺培养基上生长,且 LacZ 显色呈蓝色,而其他三种转化的酵母只能在二缺培养基上生长,不能在四缺培养基上生长,说明 MxFIT 与 MxIRO2 之间存在互作关系。

5 小金海棠 MxFIT 和 MxIRO2 转录因子对铁吸收基因的调控

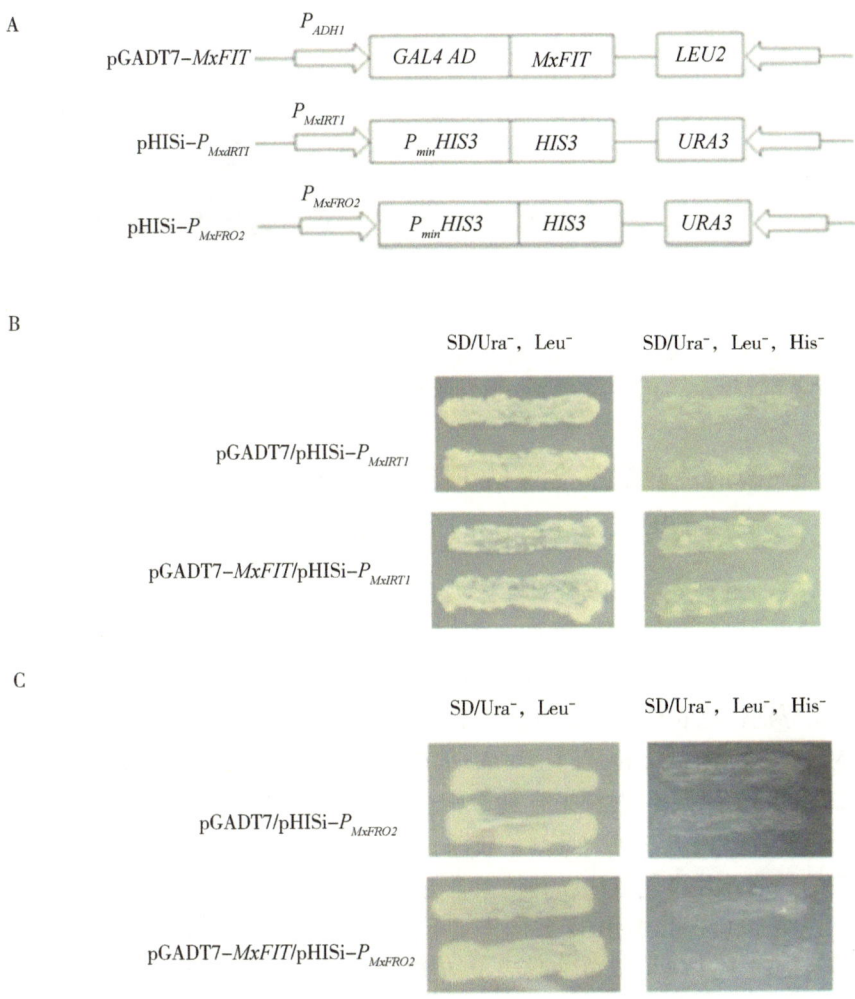

图 5-1 酵母单杂交

A：酵母单杂交载体构建示意图；B：MxFIT 与 MxIRT1 启动子的单杂交结果；C：MxFIT 与 MxFRO2 启动子的单杂交结果。

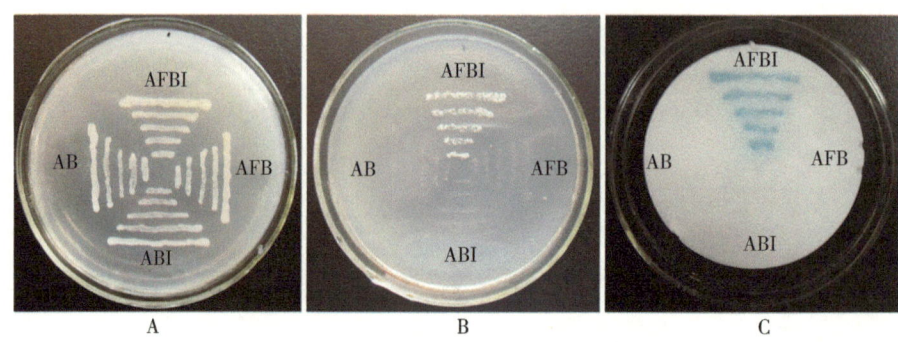

图 5-2 MxFIT 与 MxIRO2 的互作分析

A：转化不同质粒的酵母在 SD/-Trp，-Leu 培养基上的生长情况；B：转化不同质粒的酵母在 SD/-Trp，-Leu，-His/-Ade 培养基上的生长情况；C：LacZ 显色实验。

5.2.3 瞬时注射烟草检测 MxFIT、MxIRO2 与 *MxIRT1*、*MxFRO2* 启动子的关系

基于 MxFIT 与 MxIRO2 有互作关系，而在酵母体中 MxFIT 对 *MxIRT1* 启动子的激活能力较弱，因此，本研究将构建好的载体 pCAMBIA2300-*MxFIT*、pCAMBIA2300-*MxIRO2*、pCAMBIA1301-P_{MxIRT1} 和 pCAMBIA1301-P_{MxFRO2} 分别转化农杆菌 EHA105，将不同组合的农杆菌混合后注射烟草，检测 MxFIT 和 MxIRO2 转录因子对 *MxIRT1* 和 *MxFRO2* 启动子的激活作用。结果如图 5-3 所示，同时注射含转录因子 MxFIT、MxIRO2 和启动子的农杆菌的烟草叶片会染成蓝色，且颜色较深，注射含 MxFIT 和 *MxIRT1* 启动子的农杆菌的烟草叶片染色较浅，其他组合与只注射启动子的染色结果没有明显差异，说明 MxFIT 和 MxIRO2 共同作用下可以激活 *MxIRT1* 和 *MxFRO2* 启动子，而转录因子 MxFIT 可以单独激活 *MxIRT1* 启动子，但这种激活能力较弱，与酵母单杂交的结果一致。

5.2.4 *MxIRT1* 及 *MxFRO2* 启动子活性检测

5.2.4.1 *MxIRT1*、*MxFRO2* 启动子序列的预测

前期本实验室已经克隆到了 *MxIRT1*、*MxFRO2* 基因上游的启动子序列（文静等，2009）。经过 PlantCARE 分析，这两个启动子内均含有多种顺式作用元件，如多种光响应元件、激素应答元件、一些以生物非生物胁迫应答

5 小金海棠 MxFIT 和 MxIRO2 转录因子对铁吸收基因的调控

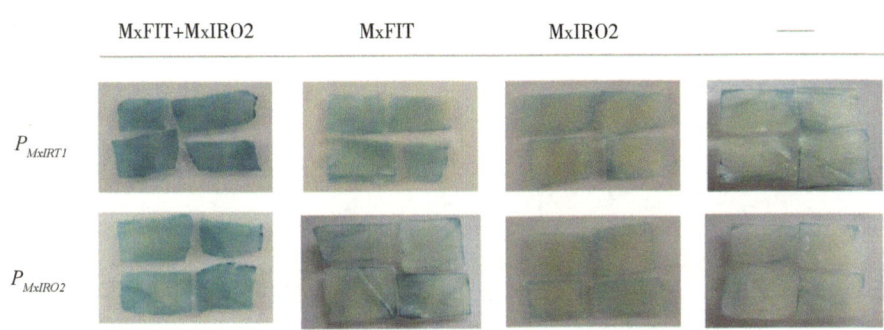

图 5-3 烟草叶片的 GUS 染色结果

的元件以及可能与 bHLH 转录因子结合的 E-box（-CANNTG-）和 G-box（-CACGTGG-）等。

5.2.4.2 启动子的删除及其载体构建

根据 PlantCARE 预测的元件的位置，在不会将各个元件拆开的前提下，将 MxIRT1 和 MxFRO2 启动子进行删除，每个启动子删减成 5 段。将 MxIRT1 及 MxFRO2 启动子及其删除片段构建到 pCAMBIA1301 载体上，构建的载体图谱及删减片段大小如图 5-4 A 和 B 所示，将构建好的质粒进行双酶切验证，结果如图 5-4 C 所示，证明所有载体均构建成功，其中，MxIRT1 启动子的删除片段长度分别为 1 525 bp、1 115 bp、764 bp、485 bp 和 236 bp，MxFRO2 启动子的删除片段长度分别为 1 704 bp、1 228 bp、813 bp、564 bp 和 329 bp。

5.2.5 MxIRT1、MxFRO2 启动子及其删除片段活性的检测

5.2.5.1 拟南芥原生质体的制备及转化

制备拟南芥的原生质体，所制备的原生质体在显微镜（4×）下观察结果如图 5-5 所示，证明所制备的原生质体可以用于后续转化实验。

5.2.5.2 MxIRT1、MxFRO2 启动子全长及其删除片段活性的检测

将上述构建好的含 MxIRT1 和 MxFRO2 启动子全长及其不同删除片段的载体转化原生质体后，收集原生质体。用 Western blot 技术调整使每段删除片段转化得到的原生质体中 FLAG 标签蛋白的表达量一致（图 5-6 A 和 B），通过测定 FLAG 标签等表达量的原生质体中 GUS 酶活来检测 MxIRT1 和 Mx-

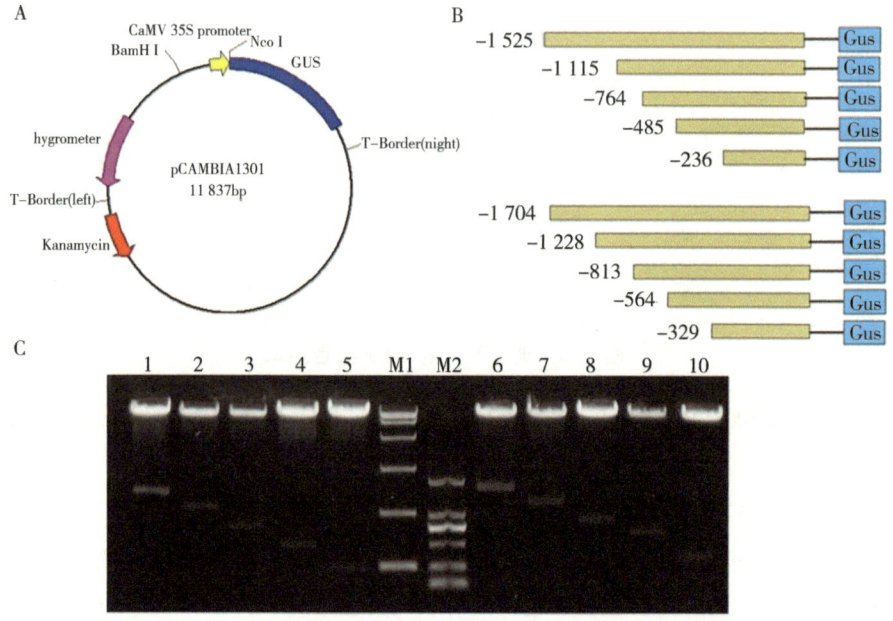

图 5-4 *MxIRT1* 及 *MxFRO2* 启动子及其删除片段载体构建验证

A：pCAMBIA1301 载体图谱；B：启动子及其删除片段的大小；C：启动子及其删除片段载体构建的双酶切验证。

注：Line 1~5，*MxIRT1* 启动子及其删除片段构建的载体的双酶切图；Line 6~10，*MxFRO2* 启动子及其删除片段构建的载体的双酶切图；M1 表示 DL15000 marker，M2 表示 DL2000 marker。

FRO2 启动子及其删除片段的活性，结果如图 5-6 C 和 D 所示，*MxIRT1*、*MxFRO2* 启动子及其五个删除片段均有活性，且 *MxIRT1* 启动子在第 3 段和第 4 段删除片段（-764~-485 bp）中存在增强启动子活性的元件，*MxFRO2* 启动子在第 1 段和第 2 段删除片段（-1 704~-1 228 bp）及第 4 段和第 5 段删除片段（-564~-329 bp）中存在增强启动子活性的元件。

5.2.6 MxFIT、MxIRO2 与 *MxIRT1*、*MxFRO2* 启动子及其删除片段的关系

基于上述 *MxIRT1*、*MxFRO2* 启动子及其五个删除片段均有活性，且 MxFIT 和 MxIRO2 共同存在时可以激活 *MxIRT1* 和 *MxFRO2* 启动子，MxFIT 可以与 *MxIRT1* 启动子结合，与 *MxFRO2* 启动子不能结合，本试验通过注射烟草瞬时表达的方法检测 MxFIT 和 MxIRO2 可能与 *MxIRT1*、*MxFRO2* 启动

5 小金海棠 MxFIT 和 MxIRO2 转录因子对铁吸收基因的调控

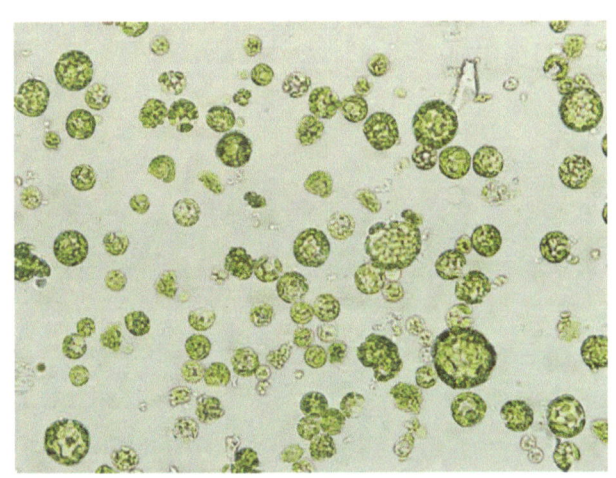

图 5-5 拟南芥原生质体

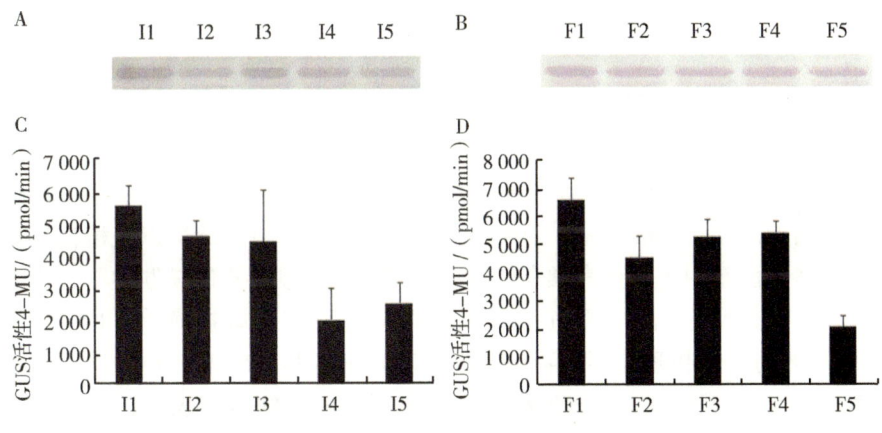

图 5-6 启动子活性的检测

A，B：Western blot 检测使原生质体中 FLAG 标签表达量一致；C，D：GUS 酶活检测。

注：I1-5 分别代表 *MxIRT1* 启动子的 5 段删除片段的试验结果，F1-5 分别代表 *MxFRO2* 启动子的 5 段删除片段的试验实验。

子结合的序列。将 MxFIT 和 MxIRO2 转录因子及启动子各个删减片段混合后分别注射烟草，通过烟草叶片 GUS 染色从而检测启动子活性，染色结果如图 5-7 所示，根据叶片染色深浅可以推断 *MxIRT1* 启动子在删减第 4 段和第 5 段（-485~-236 bp）中存在与 MxFIT 和 MxIRO2 转录因子结合的序列，

MxFRO2 启动子在第 3 段和第 4 段（-813~-564 bp）删除片段中存在与 Mx-IRO2 转录因子结合的序列。

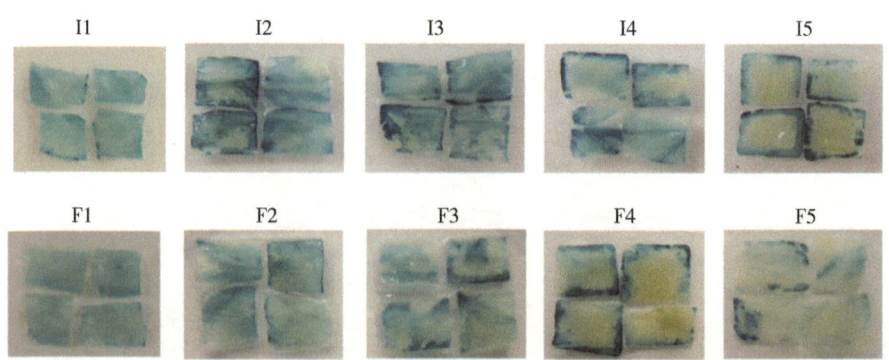

图 5-7 *MxIRT/MxIRO2* 启动子全长及删除片段注射烟草后 GUS 染色结果

注：I1-5 分别代表 *MxIRT1* 启动子的 5 段删除片段的试验结果，F1-5 分别代表 *MxFRO2* 启动子的 5 段删除片段的试验结果。

5.3 结论与讨论

小金海棠是从 40 多个苹果属植物种或生态型中筛选到的第一个苹果铁高效基因型砧木（Han et al., 1994），作者从根际、组织结构以及植株生理代谢等多方面阐明了小金海棠高效吸收利用铁的机制。在缺铁胁迫下，小金海棠表现出典型的机理 I 型植物的缺铁适应性反应（韩振海等，1991；平吉成，1994），在机理 I 型植物中三价铁还原酶基因 *FRO* 和二价铁转运蛋白基因 *IRT* 在铁的吸收过程中起着重要的作用，前人的研究表明，小金海棠 MxIRT1 蛋白中有 5 个高度保守的组氨酸，其中第二个组氨酸或者多个组氨酸突变会使 MxIRT1 失去铁吸收能力（张学宁，2007），*MxFRO2* 在正常供铁时在根和叶中均不表达，随着缺铁时间的延长，其表达逐渐增强（任玲，2007），因此，在小金海棠中 *MxIRT1* 和 *MxFRO2* 基因在铁的吸收过程中起着重要的作用。在小金海棠中克隆了两个缺铁诱导表达的转录因子 MxFIT 和 MxIRO2，*MxFIT* 主要在小金海棠根系中表达，在叶片中几乎不表达，MxFIT 在转录和翻译水平均受缺铁诱导表达，*MxFIT* 在转基因拟南芥中通过增加 *AtIRT1* 和 *AtFRO2* 基因的表达从而使植株的缺铁耐受性增强（Yin et al., 2014），免疫组织化学定位显示，当受到缺铁胁迫后，MxFIT 在小金海棠根的整个横截面的免疫信号均加强,且中柱的信号最强(Yin et al.,2021)。MxIRO2 在转录和翻译水平受缺铁诱导表达增强(殷丽丽等,2011;Yin et al.,2013)。因此,本研究对 MxFIT、MxIRO2 转录因子和 *MxIRT1*、*MxFRO2* 功能基因的启动子之间的关系进行了研究。

  酵母单杂交研究表明 MxFIT 转录因子在酵母体中可以与 *MxIRT1* 启动子结合并激活其活性,阳性酵母克隆在三缺培养基上生长较弱,因此,MxFIT 会与 *MxIRT1* 启动子的某段序列结合,但结合能力较弱,而 MxFIT 在酵母体中不能与 *MxFRO2* 启动子结合。之前的研究也表明单独转化 AtFIT 可以在酵母中激活 *AtIRT1* 启动子,而不能激活 *AtFRO2* 启动子,当把 AtFIT 和 AtbHLH38/AtbHLH39 共同转化到酵母中时,*AtIRT1* 和 *AtFRO2* 启动子均能被激活,且活性较单独转化 AtFIT 时的激活能力强(Yuan et al.,2008)。由于 MxFIT 在酵母体中的激活能力较强,而 MxIRO2 在酵母体中的激活能力弱,推测 MxFIT 在小金海棠转录调控方面起着重要作用,MxIRO2 则可能是一个辅助的转录因子,在酵母培养基中加入抑制 MxIRO2 激活能力、而不会抑制 MxFIT 激活能力的 3-AT 后,利用酵母双杂交分析发现 MxFIT 和 MxIRO2 之间存在互作关系,利用烟草注射瞬时表达方法发现 MxFIT 和 MxIRO2 同时注射时可以激活 *MxIRT1* 和 *MxFRO2* 启动子,这与前人在酵母体中得到的结果一致(Yuan et al.,2008)。通过 PlantCARE 分析将 *MxIRT1* 和 *MxFRO2* 启动子进行删除,每个启动子分别构建了 5 个删除片段与 GUS 融合的载体,通过在拟南芥叶片原生质体中瞬时表达检测了启动子活性。结果表明其删除的不同长度的启动子序列都能驱动 GUS 蛋白在拟南芥叶片原生质体中的瞬时表达,说明 *MxIRT1* 启动子在-236 bp 到+1 序列已具备基本的启动子活性,*MxFRO2* 启动子在-329 bp 到+1 序列具备基本的启动子活性,本实验室前期的研究表明 *MxFOR2* 启动子在-87 到+1 序列就具备基本的启动子活性(文静等,2009)。*MxIRT1* 启动子在-764~-485 bp 处存在增强启动子活性的元件,*MxFRO2* 启动子在-1 704~-1 228 bp 和-564~-329 bp 处存在增强启动子活性的元件。在水稻中已经证实 OsIRO2 与 G-box 的相似序列-CACGTGG-结合(Li et al.,2006),预测发现在小金海棠铁吸收功能基因 *MxIRT1* 启动子-516 bp 处、*MxFRO2* 启动子的-158 bp 处(以翻译起始位点为+1)均有一个 G-box,但研究结果表明 *MxIRT1* 启动子在-485~-236 bp 处存在与 MxFIT 和 MxIRO2 转录因子结合的序列,*MxFRO2* 启动子在-813~-564 bp 处存在与 MxIRO2 转录因子结合的序列,因此,在 *MxIRT1* 和 *MxFRO2* 启动子上预测到的 G-box 并没有在试验中得出的与 MxIRO2 转录因子结合的区域，可能是由于机理Ⅰ型和机理Ⅱ型植物中铁吸收机制不同导致的，也可能是 MxIRO2 不会与这两个启动子结合。

本研究利用转录因子和启动子的关系分析表明 MxFIT 和 MxIRO2 转录因子互作后会对 *MxIRT1* 和 *MxFRO2* 启动子起到调控作用，但对于 *MxIRT1* 和 *MxFRO2* 启动子上响应缺铁的序列还不清楚。前人研究表明过表达 *FIT* 和 *AtbHLH38* 或 *AtbHLH39* 可以使 *IRT1* 和 *FRO2* 的表达由诱导型变成组成型，且 IRT1 蛋白含量和三价铁还原酶活性也升高，植株中的铁含量积累增加（Yuan et al.，2008），过表达 *MxFIT* 拟南芥植株在缺铁条件下，*AtIRT1* 和 *AtFRO2* 的表达均高于野生型植株，植株的缺铁耐受性提高（Yin et al.，2014）。因此，无论从转录因子与启动子的关系研究还是转录因子与功能基因的关系研究均表明 *IRT1* 和 *FRO2* 是 FIT 和 IRO2/AtbHLH38/AtbHLH39 调控的下游功能基因。

5.4 小结

本研究探究了 MxFIT 和 MxIRO2 转录因子与铁吸收基因 *MxIRT1* 和 *MxFRO2* 启动子间的关系，结果表明，MxFIT 和 MxIRO2 之间存在互作关系，MxFIT 可以与 MxIRT1 启动子结合并激活其活性，与 MxFRO2 启动子不能结合，当 MxFIT 和 MxIRO2 同时存在时可以明显激活 *MxIRT1* 和 *MxFRO2* 启动子，且 *MxIRT1* 启动子在-485~-236 bp 处存在与 MxFIT 和 MxIRO2 转录因子结合的序列，*MxFRO2* 启动子在-813~-564 bp 处存在与 MxIRO2 转录因子结合的序列。*MxIRT1* 启动子在-764~-485 bp 处存在增强启动子活性的元件，*MxFRO2* 启动子在-1 704~-1 228 bp 和-564~-329 bp 处存在增强启动子活性的元件。

参考文献

韩振海，沈隽，1991. 果树的缺铁失绿症—文献述评［J］. 园艺学报，18（4）：323-328.

平吉成，1994. 苹果属几个种的组织培养繁殖技术及组培苗缺铁胁迫反应研究［D］. 北京：中国农业大学.

任玲，2007. 小金海棠 Fe^{3+} 还原酶基因 *MxFRO2* 的克隆和功能初探［D］. 北京：中国农业大学.

文静, 孔瑾, 王忆, 等, 2009. 小金海棠 Fe^{3+} 螯合还原酶基因 *MxFRO2* 启动子的克隆与功能初探 [J]. 农业生物技术学报, 17 (1): 114-120.

殷丽丽, 王忆, 张新忠, 等, 2011. 小金海棠 *MxIRO2* 基因的克隆及功能研究 [J]. 园艺学报, 38 (增刊): 2459.

张学宁, 2007. 小金海棠 *MxIRT1* 基因 His-box 编码区的功能研究 [D]. 北京: 中国农业大学.

HAN Z H, WANG Q, SHEN T, 1994. Comparison of some physiological and biochemical characteristics between iron-efficient and iron-inefficient species in the *genus Malus* [J]. Journal of Plant Nutrition, 17: 1257-1264.

LI X X, DUAN X P, JIANG H X, et al., 2006. Genome-wide analysis of basic/helix-loop-helix transcription factor family in Rice and *Arabidopsis* [J]. Plant Physiology, 141: 1167-1184.

YIN L L, CHEN X L, MA S L, et al., 2021. Purification, immunological, and functional characterization of MxFIT in *Malus xiaojinensis* [J]. Biologia Plantarum, 65: 177-183.

YIN L L, WANG Y, YUAN M D, et al., 2013. Molecular cloning, polyclonal antibody preparation, and characterization of a functional iron-related transcription factor IRO2 from *Malus xiaojinensis* [J]. Plant Physiology and Biochemistry, 67: 63-70.

YIN L L, WANG Y, YUAN M D, et al., 2014. Characterization of MxFIT, an iron deficiency induced transcriptional factor in *Malus xiaojinensis* [J]. Plant Physiology and Biochemistry, 75: 89-95.

YUAN Y X, WU H L, WANG N, et al., 2008. FIT interacts with AtbHLH38 and AtbHLH39 in regulating iron uptake gene expression for iron homeostasis in *Arabidopsis* [J]. Cell Research, 18: 385-397.

6 基因家族对干旱和盐胁迫的响应

在植物的整个生命活动周期里，常常会遭受各种非生物胁迫，其中盐胁迫和干旱胁迫尤为突出，对植物的生长、发育以及生存构成了严重的威胁。大量研究表明，NAC、WRKY、MYB、bZIP、ERF 等转录因子家族成员在植物响应干旱和盐胁迫中扮演着重要角色。

6.1 *NAC* 基因家族对干旱和盐胁迫的响应

6.1.1 *NAC* 基因家族特性

NAC 类转录因子是植物特有的一类转录因子。该类转录因子因具有与矮牵牛中 NAM 以及拟南芥 ATAF1、ATAF2 和 CUC2 蛋白高度一致性的序列，即 NAC 结构域而得名（Aida et al., 1997）。NAC 结构域一般位于编码蛋白的 N 端，由约 150 个氨基酸残基组成，分为 A、B、C、D 和 E 五个部分，其中 A、C、D 三个亚结构保守性非常高，且 C、D 结构域与 DNA 结合有关，而 B 和 E 结构域保守性相对较低，NAC 结构域的不同功能可能与 B 和 E 序列的差异性有关（Ooka et al., 2003）。NAC 转录因子的 C 端为转录激活区域，该区域与转录激活活性或者转录抑制活性有关，在氨基酸序列上具有很大的差异性。该家族的成员广泛参与植物生长、发育、代谢以及逆境响应等生理过程，是植物中最大的基因家族之一。

6.1.2 *NAC* 基因家族对干旱胁迫的响应

拟南芥中有多个 NAC 成员参与干旱胁迫。过量表达拟南芥 *ANAC019*、*ANAC055* 和 *ANAC072/RD26* 三个基因，能显著提高植株的抗旱能力，通过与 *ERD1* 基因的启动子 CATGTG 核心区域结合，调控 *ERD1* 及其下游基因的表达，从而参与抗旱胁迫反应（Tran et al., 2004）。ANAC096 通过与 bZIP 类型的转录因子 ABRE 结合因子和 ABRE 结合蛋白（ABF/AREB）互作，提高拟南芥对干旱和渗透的抗性，使其在干旱和渗透逆境下得以存活，即 ANAC096 和 ABF2 及 ABF4 直接互作，激活植物对干旱和渗透逆境反应中 ABA 诱导的基因的表达（Xu et al., 2013）。在干旱诱导的叶片衰老过程中，响应干旱的 NAC 类转录因子 NTL4 能够直接结合到编码 ROS 生物合成酶的基因的启动子上，从而促进 ROS 的产生，通过影响 ROS 在叶片中的含量对干旱诱导的叶片衰老过程中起调节作用（Lee et al., 2012）。在水稻中，过表达 *Os03g60080/SNAC1* 的植株不论是在正常条件还是干旱条件下，其气孔关闭的比率都显著高于野生型，从而减弱过表达植株的蒸腾作用，使植物具有更强的抗旱能力，从而使干旱条件下水稻的产量增加（Hu et al., 2006）。过量表达 *OsNAC6*，改变了根的结构（包括增加根的数量和直径）和烟草胺的合成，从而提高水稻对干旱的抗性（Lee et al., 2017）。

6.1.3 NAC 基因家族对盐胁迫的响应

Jiang 等（2006）用盐溶液处理拟南芥，分析了拟南芥 NAC 基因家族对盐胁迫的响应，结表明在根中有 33 个 NAC 基因的表达受到显著影响，其中有 26 个上调表达，7 个下调表达。拟南芥 *ANAC072* 已经被证实在 ABA 信号途径中发挥作用（Fujita et al., 2004）。Tyagi 等（2015）利用水稻基因芯片数据库中的表达谱数据（GSE6901），分析了水稻 *OsNAC* 家族基因在高盐胁迫后的表达水平，发现 45 个盐胁迫响应 *OsNAC* 基因，其中 33 个上调表达，表达水平比对照增加 2 倍，12 个下调表达，表达水平比对照下降 0.5 倍。水稻 *ONAC045* 基因受盐胁迫诱导表达上调，*ONAC045* 过表达转基因水稻显著提高其耐盐性（Zheng et al., 2009）。过量表达 *SNAC1* 的转基因水稻通过提高气孔运动、渗透调节、细胞膜稳定性、脱毒等胁迫相关基因的表达而提高植物的耐盐性（Hu et al., 2006）。大豆中两个受干旱、盐、冷和 ABA 诱导表达上调的 NAC 家族成员 *GmNAC20* 和 *GmNAC11*，其过表达转基因株系通过调控 DREBs 和其他胁迫相关基因来控制侧根发育从而提高植株的耐盐性（Hao et al., 2011）。从鹰嘴豆中分离了 6 个 NAC 基因，其中有 3 个与盐胁迫相关（Peng et al., 2009; 2010）。

6.2 WRKY 基因家族对干旱和盐胁迫的响应

6.2.1 WRKY 基因家族特性

WRKY 是植物特有的一类转录因子，结构中包含 DNA 结合区域、转录调控区域、寡聚位点和核定位信号区。该基因家族含有 1~2 个高度保守的能与 DNA 结合的 WRKY 结构域，该结构域包含约 60 个氨基酸残基，N 端为高度保守的 WRKYGQK 基序，C 端为保守的 C_2H_2（$CX_{4-5} CX_{22-23} HX_1 H$）或 C_2HC（$C-X_7-C-X_{23}-HX_1-C$）类锌指基序，这 2 个基序控制着 WRKY 转录因子与 DNA 的结合。根据 WRKY 结构域的数量和锌指基序的特点，WRKY 转录因子可分为 3 类。第Ⅰ类 WRKY 转录因子含有 2 个 WRKY 结构域，每个 WRKY 结构域具有不同的功能，第Ⅱ类和第Ⅲ类 WRKY 转录因子都只含有 1 个 WRKY 结构域，第Ⅰ类和第Ⅱ类 WRKY 转录因子都含有 C_2H_2 基序，第Ⅲ类 WRKY 转录因子含有 C_2HC 基序。WRKY 转录因子能与目标基因启动子的顺式作用元件特异性结合从而转录激活或抑制下游靶基因的表达，这些元件包含一段保守的 [（T）（T）TGAC（C/T）] 序列，称为 W-box，其核心序列为 TGAC。WRKY 基因家族受生物（如发育生长、休眠、衰老、病虫害等）和非生物（如干旱、高盐、机械创伤等）胁迫诱导表达，还参与植物种子休眠与萌发、植物叶片衰老、根部发育等的调控过程。

6.2.2 WRKY 基因家族对干旱胁迫的响应

研究表明，WRKYs 可通过 ROS 清除系统降低 H_2O_2 含量和调控抗氧化酶相关基因的表达来提高植物对干旱胁迫的耐受性。在烟草中过表达 *MdWRKY70L* 可降低 H_2O_2 和 $O_2^-·$ 的积累，增强了转基因植株的抗旱性（Qin et al., 2022）。过表达小麦 *TaWRKY1-2D* 的转基因拟南芥中，SOD、POD、CAT 的表达量均被激活上调，增强了转基因植株的耐旱性（Yu et al., 2023）。然而，在水稻和拟南芥中，过表达凤梨 *AcWRKY31* 则抑制转基因植株 CAT 和 POD 的表达，进而增强植物对干旱的敏感性（Huang et al., 2022）。WRKYs 也可通过 ABA 信号通路调控相关基因的表达来应答干旱胁迫。文冠果 *XsWRKY20* 通过整合 ROS 稳态和 ABA 信号通路，进而调控抗氧化酶相关基因及与 ABA 信号通路相关基因的表达，来正向调控植物的耐旱性（Xiong et al.，2020）。过表达红麻 *HcWRKY50* 的转基因拟南芥通过促进 *RD29B* 和 *COR47* 表达来调控 ABA 信号通路，均增强了植株的抗旱性（Wu et al.，2022）。此外，WRKYs 还可通过调控胁迫相关基因的表达来响应干旱胁迫。过表达马尾松 *PmWRKY31* 通过正向调控转基因烟草 *NtAPX*、*NtCBL* 和 *NtCAT* 的表达来提高耐旱性（Sun et al.，2022）。过表达德国鸢尾 *IgWRKY50* 和 *IgWRKY32* 则使转基因拟南芥促进 *RD29A*、*DREB2A*、*PP2CA* 和 *ABA2* 等胁迫相关基因表达上调，增强植株耐旱性（Zhang et al.，2022）。

6.2.3　*WRKY* 基因家族对盐胁迫的响应

Jiang 和 Deyholos（2006）通过转录组分析发现，当拟南芥的根部受到 NaCl 胁迫后，有 18 个 WRKY 转录因子表达量上调，其中 *AtWRKY17* 和 *AtWRKY33* 至少上调 14 倍，而 *AtWRKY25* 至少上调了 22 倍，表明 WRKY 转录因子参与了盐胁迫应答。小麦 *TaWRKY79* 基因受盐和 ABA 诱导表达，超表达该基因降低了拟南芥植株对 ABA 的敏感性，提高了拟南芥在盐胁迫条件下的主根长和 ABA 相关基因的表达量，进而提高了耐盐性（Qin et al.，2013）。类似的，*TaWRKY93* 基因也受盐和 ABA 诱导表达，超表达该基因拟南芥植株在盐胁迫条件下的主根增长、侧根数增加，叶片脯氨酸含量、相对含水量及胁迫相关基因的表达量提高，电解质渗透率降低，进而提高耐盐性（Qin et al.，2015）。研究发现，超表达苦荞 *FtWRKY46* 基因提高了拟南芥在盐胁迫条件下的发芽率、根长、叶绿素含量、脯氨酸含量和 SOD、POD、CAT 活性及胁迫相关基因的表达量，降低了 $O_2^-\cdot$、H_2O_2、MDA 含量，进而提高了耐盐性（Lv et al.，2020）。蔡荣号等（2016）通过过量表达技术分析转 *ZmWRKY17* 基因植株主要通过依赖于 ABA 信号传导途径调节抗逆功能基因的表达，而负调控高盐胁迫的应答反应。徐照龙等（2013）发现 *GmWRKY49* 受 NaCl 诱导表达，被诱导表达后的 *GmWRKY49* 会启动 RCI3 来调控 *SOS1* 和 *NHX1* 等基因的表达，从而控制 Na^+ 向上运输和积累，增强植株对盐胁迫的抵御能力。Zhou 等（2008）发现在拟南芥中过表达 *GmWRKY54* 可以增强植株对干旱忍耐性，而超表达 *GmWRKY13* 使转基因植株对甘露醇胁迫敏感。超表达小白菜 *BcWRKY46* 基因不仅提高了烟草植株的耐盐性，而且提高了抗旱性和耐冷性（Wang et al.，2012）。此外，辣椒 *CaWRKY27* 基因负调控盐胁迫响应，超表达该基因抑制烟草在盐胁迫条件下的发芽和生长，促进其枯萎，且降低了活性氧清除基因、多胺合成基因、ABA 合成基因及胁迫相关基因的表达量，相反的，沉默该基因提高了辣椒的耐盐性（Lin et al.，2019）。

6.3 *MYB* 基因家族对干旱和盐胁迫的响应

6.3.1 *MYB* 基因家族特性

MYB 作为植物中最大的转录因子家族之一，含有高度保守的 DNA 结合域，使得其能够特异性地结合下游靶序列，进而调控基因表达水平，影响植物生长发育及逆境胁迫应答。MYB 的保守结构域位于 N 端，由 1~4 个重复的 MYB 序列组成，每个重复序列含有 50~52 个氨基酸残基，这些氨基酸残基折叠形成 3 个 α-螺旋，其中第 2 个和第 3 个 α-螺旋间形成螺旋-转角-螺旋（helix-turn-helix，HTH）的结构（Li et al.，2022）。HTH 三维结构存在一个由 3 个规律间隔的疏水性氨基酸（通常为 Trp，有时也被 Phe 或 Leu 替代）组成的疏水核心，对维持 MYB 空间构型起关键作用（Yang et al.，2022）。第 3 个螺旋被认为是"识别螺旋"，其负责识别 DNA 结合位点，并以此结构结合在目标 DNA 的主沟中。根据 MYB 结构域中含有的氨基酸序列重复（R）的数量不同，MYB 蛋白可以分为 4 个亚家族，分别为 1R-MYB（也称为 MYB-related）、2R-MYB（也称为 R2R3-MYB）、3R-MYB、4R-MYB（胡雅丹等，2024）。

6.3.2 *MYB* 基因家族对干旱胁迫的响应

MYB 类转录因子通过多种途径参与植物对干旱胁迫的响应。GaMYB85 是棉花中 R2R3-MYB 类转录因子，在拟南芥中过表达 GaMYB85 能促进转基因植株的自由脯氨酸及叶绿素的积累，提高胁迫响应基因 *RD22*、*ADH1*、*RD29A*、*P5CS* 及 *ABI5* 的表达，从而增强植株对干旱及盐胁迫的抗性（Butt et al.，2015）。在烟草中过表达 *SbMYB15* 能显著增强转基因烟草的叶绿素含量、可溶性糖含量、脯氨酸及总氨基酸含量，此外细胞膜的稳定性也更好（Shukla et al.，2017）。苹果 MdMYB46 可直接结合在木质素代谢调控基因 *MdMYB58* 和 *MdMYB63* 启动子上，正向调节木质素的积累，从而提高苹果对渗透胁迫的耐受性（Chen et al.，2019）。毛白杨中 *PtoMYB142* 是一个受干旱胁迫诱导表达的基因，研究表明，PtoMYB142 能够直接结合到植物表皮蜡质合成基因 *CER4* 和 *KCS* 的启动子区域，增强转录丰度，使叶片表皮积累更多的蜡质，失水率显著降低，从而提高植株在干旱胁迫下的耐受性（Song et al.，2022）。毛果杨 R2R3 类 MYB 转录因子 *PtrMYB94* 表达受脱水胁迫诱导，与野生型植株比较，*PtrMYB94* 过表达植株抗旱能力增强，进一步分析表明，过表达植株脱落酸（ABA）含量增加，同时 ABA 及干旱响应基因的表达也升高，表明 *PtrMYB94* 能通过增强 ABA 途径增强植株的抗旱能力（Fang et al.，2020）。在烟草和拟南芥中分别过表达山葡萄 *VyMYB24* 和玉米 *ZmMYB3R* 后，转基因植株的 SOD、POD 和 CAT 等抗氧化酶基因的表达水平显著上调，由渗透胁迫产生的 $O_2^-·$ 和 H_2O_2 被迅速清除，因此，植物对干旱的耐受性增强（Zhu et al.，2022；Wu et al.，2019）。Guo 等（2018）通过蛋白染色质免疫共沉淀发现桦树 BplMYB46 能直接结合到苯丙氨酸解氨酶、过氧化物酶、超氧化物歧化酶等基因启动子上的 *MYB-cis* 元件，通过促进这些基因的表达而提高植物对非生物胁迫的抗性。此外，一些 MYB 类转录因子负调控植物对干旱胁迫的响应，如 *FtMYB10* 受 ABA 及干旱胁迫诱导，过表达 *FtMYB10* 的拟南芥种子萌发时对 ABA 敏感度降低，植株对干旱胁迫的抗性减弱，转基因植株中脯氨酸积累减少，脯氨酸合成相关基因 *P5CS1* 表达下降，胁迫响应基因 *DREB1*、*RD29B*、*RD22* 以及一些 *DRE/CRT* 家族基因的表达较野生型显著下调（Gao et al.，2016）。

6.3.3 MYB 基因家族对盐胁迫的响应

研究表明，MYB 转录因子能够与 ABA 信号途径串联，通过调控盐胁迫下植物细胞壁的组成及离子转运蛋白表达的方式，维持高盐条件下植物正常的渗透势与离子稳态，参与植物对盐胁迫的应答（胡雅丹等，2024）。Wang 等（2022）发现 FtMYB30 与 ABA 受体蛋白 AtRCAR1/2/3 间也存在直接互作，使下游 ABA 依赖途径相关基因 *RD29B* 和 *RD26* 的转录水平提高，从而降低转基因植株对盐分和 ABA 的敏感性，增强植株对盐胁迫的耐受性。此外，MYB 还能够与构成 ABA 信号转导网络的成员间形成调控通路，调节 ABA 信号稳态（Wang et al.，2022）。如在苹果叶片表皮保卫细胞中高表达的 MdMYB44-like 能够直接结合 *MdPP2CA* 启动子区的 *MBS* 元件，抑制其转录过程，MdMYB44-like 与 ABA 受体蛋白 MdPYL8 互作会显著增强这种转录抑制作用，使植株迅速积累 ABA 以应对盐胁迫，三者协同维持 ABA 信号的动态平衡，增强植物对盐胁迫的耐受性（Chen et al.，2023）。*MYB* 基因家族参与盐胁迫下植物渗透调节。高盐环境会导致植物细胞失水，研究表明，MYB 转录因子可促使植物合成并积累脯氨酸、糖醇渗透调节物质等。如盐胁迫下，过表达 *SaR2R3-MYB15* 与野生型苦豆子相比，可显著提高转基因植株的抗氧化酶活性及脯氨酸含量，从而降低细胞内的水势，使植物细胞能够从外界高盐环境中吸收水分，维持细胞的膨压，保证植物正常的生理功能（Wang et al., 2024）。此外, MYB 还参与调节植物细胞壁组分木质素、角质层等的沉积增厚，通过影响细胞壁组成，减少高盐诱导细胞失水造成的细胞膨压失衡来调控植物的耐盐性（胡雅丹等，2024）。Chen 等（2019）研究发现过表达 *MdMYB46* 的拟南芥植株中，MdMYB46 可直接结合在木质素合成基因及其转录激活因子 AtMYB58 和 AtMYB63 启动子区 *SMRE* 和 *M46RE* 位点，调控木质素的合成，增加细胞壁机械强度以抵御盐胁迫造成的细胞膨压变化，维持胞内渗透稳态，从而提高转基因植株耐盐性。Zhang 等（2020）研究发现 AtMYB49 作为 *MYB41*、*ASFT*、*FACT* 和 *CYP86B1* 表达的正调节因子，当其过表达时转基因拟南芥植株叶片角质层增厚，显著缓解了由盐胁迫诱导的渗透压失衡。此外，Shukla 等（2021）还发现拟南芥 MYB41、MYB53、MYB92 和 MYB93 正调控细胞壁木栓质生物合成，当它们同时发生突变时，植物根部内皮层木栓质化水平显著降低，突变体植株失水量显著高于野生型，耐盐性明显减弱。

6.4 *bZIP* 基因家族对干旱和盐胁迫的响应

6.4.1 *bZIP* 基因家族特性

bZIP 转录因子是最大的转录因子家族之一，其广泛存在于各种真核生物中。bZIP 具有由 60~80 个氨基酸组成的保守结构，结构域由两个特殊的结构组成，即与 DNA 结合的碱性域和功能多样参与寡聚化过程的亮氨酸拉链区。碱性区域通常是由大约 16 个氨基酸组成的核定位信号，其后有一个不变的 N-X7-R/K 序列，主要是与 DNA 结合来发挥生物学功能（Li et al., 2020）。亮氨酸拉链是一类二聚化基序，由七肽 Leu 重复序列、多个氨基酸的重复模式或其他疏水性氨基酸组成（Wang et al., 2017）。bZIP 的分类在不同物种中有所差异，且各亚家族行使的功能不同，在植物逆境胁迫响应和生长发育中发挥着重要的作用。

6.4.2 *bZIP* 基因家族对干旱胁迫的响应

于淼（2021）研究表明，大青杨 *PubZIP43* 基因在干旱胁迫处理下，

PubZIP43 过表达植株的根、叶组织生物量大,并且过表达株系可通过提高 SOD 和 POD 活性、减少 H_2O_2 和 MDA 的积累,缓解细胞损伤或细胞死亡程度来提高大青杨抗旱性。Pan 等(2017)研究发现,番茄 *SlbZIP38* 表达量在干旱胁迫下明显下降,过表达 *SlbZIP38* 的转基因植株抗旱性减弱,叶绿素和游离脯氨酸含量降低,而丙二醛含量升高,表明 *SlbZIP38* 负调控水稻干旱应答。涂明星(2021)研究发现,过表达葡萄 *VlbZIP30* 的转基因植株在干旱处理条件下,通过增加木质素的生物合成,保持有效的光合速率以及增强 ROS 的清除活性,提高了植株的抗旱性。仝宇等(2021)进一步研究发现,在干旱条件下,沉默表达 *OsbZIP5* 的转基因水稻相对于野生型而言,气孔密度减小,缓解了失水现象,此外,*OsbZIP5* 的下调表达对 ABA 的敏感性也降低,表明 *OsbZIP5* 负调控 ABA 介导的信号传导过程,通过下调表达提高了水稻的耐旱性。

6.4.3 bZIP 基因家族对盐胁迫的响应

Bi 等(2021)通过在小麦中鉴定盐诱导的 *TabZIP15* 基因,发现过表达小麦 *TabZIP15* 的转基因植株在高盐条件下长势明显好于野生型,*TabZIP15* 过表达的转基因幼苗萎蔫程度明显低于对照组,株高和鲜重均明显增加,MDA 和 H_2O_2 含量显著降低。TabZIP15 能够与烯醇化酶发生互作,从而参与糖酵解和糖异生途径调控盐胁迫响应,表明 *TabZIP15* 基因在响应小麦耐盐性中起正面调控作用。与野生型植株相比,大豆 *GmbZIP15* 基因在拟南芥中过表达表现为盐敏感,研究发现胁迫响应基因的表达量降低、气孔孔径的调节缺陷以及抗氧化酶活性的降低使得植株耐盐性显著下降(Zhang et al.,2020)。苦荞 *FtbZIP5* 基因受盐胁迫诱导表达,在拟南芥中过表达 *FtbZIP5* 增加了 ABA 信号途径中胁迫响应基因的表达水平,降低了转基因拟南芥在盐胁迫条件下所受到的氧化损伤从而增强其耐盐性(Li et al.,2022)。

6.5 ERF 基因家族对干旱和盐胁迫的响应

6.5.1 ERF 基因家族特性

AP2/ERF 转录因子是一类主要存在于植物中的转录因子大家族,其包括5个亚族，分别为AP2、乙烯响应因子（ERF）、脱水响应元件结合蛋白（DREB）、RAV和Soloist，AP2/ERF转录因子包含约60个氨基酸的AP2DNA结合域，能与目标基因启动子处的脱水响应元件 *DRE/C-repeat* 元件和 *GCC-box* 元件结合互作（悦曼芳等，2022）。不同的结构特征决定了这些亚家族之间的功能差异，AP2亚家族成员有助于调节开花和花器官的发育，ERF和DREB亚家族成员主要调节对非生物胁迫的反应，RAV亚家族成员参与乙烯和油菜素内酯等植物激素的调节（Guo et al.，2023）。ERF亚家族和DREB亚家族的主要区别在于ERF亚家族第14位氨基酸是丙氨酸，第19位是天冬氨酸，而DREB亚家族第14位氨基酸是缬氨酸，第19位是谷氨酸。ERF与具有 *AGCCGCC* 核心序列（也称为 *GCC-box*）的乙烯响应元件（*ERE*）结合，赋予生物抗逆性。*ERF* 基因家族在植物的生长发育和逆境胁迫应答中具有重要功能，能控制花的生长、发育和衰老，小穗分生组织的命运，根的萌生和发育等，从而帮助植物增强逆境耐受性。

6.5.2 ERF基因家族对干旱胁迫的响应

张兴龙等（2024）研究发现干旱胁迫下，胁迫响应基因 *SOD* 和 *WRKY31* 的表达量在 *MeERF127* 基因编辑的木薯中显著高于野生型，表明 *MeERF127* 基因编辑木薯对干旱有一定的耐受性。在柑橘（*Citrus reticulata* L.）中，CitERF32、CitERF33和CitRAV1通过正向调节 *CitCHIL1* 的表达，提高类黄酮的合成，从而提高植物的抗旱性，以适应干旱的环境（Zhuang et al.，2023）。拟南芥AtRAP2.4属于AP2/ERF转录因子家族成员，可通过激活拟南芥表皮蜡质的生物合成来适应干旱胁迫，在干旱处理后，过表达 *AtRAP2.4* 拟南芥植株叶片的角质层蒸腾和叶绿素流失较对照缓慢（Sun et al.，2020）。魏娜（2023）运用白花草木樨毛状根瞬时转化技术研究转基因 *MaERF058* 阳性毛状根在干旱条件下的生理水平变化，结果表明在正常条件下，白花草木樨和转基因阳性毛状根中过氧化氢酶含量没有显著差异，在干旱胁迫后，转基因阳性毛状根中的过氧化氢含量高于对照，因此，*MaERF058* 基因在白花草木樨响应干旱胁迫的过程中起着正向调控的作用。Wang等（2022）研究发现，在干旱胁迫下，过表达 *SIERF.B1* 番茄明显萎蔫，脯氨酸含量显著低于对照，MPA含量显著高于对照，而基因沉默株系恰好相反，表明 *SIERF.B1* 负调控番茄的抗旱。Du等（2023）研究表明，TaERF87通过与Ta-AKS1互作，协同增强 *TaP5CS1* 和 *TaP5CR1* 的表达，提高脯氨酸的生物合成，进而增强了小麦抗旱性。

6.5.3 *ERF* 基因家族对盐胁迫的响应

Zhang 等（2022）通过研究杨树的抗逆机制发现在对照条件下，转 *PagERF072* 基因杨树和野生型杨树植株之间未出现显著差异，在盐胁迫下，转基因杨树的 POD、SOD 和 CAT 活性显著高于野生型杨树，而 MDA 含量则表现出相反的趋势，表明 *PagERF072* 基因通过调节抗氧化酶活性来提高植物的耐盐性。王升级（2016）通过检测 *PtERF* 对照植株和转基因株系中叶绿素的含量中发现，在盐胁迫条件下，与处理前相比，各株系叶绿素含量明显低于各转基因株系的叶绿素含量，表明 *PtERF* 基因可通过促进转基因植物叶绿素的合成或降低叶绿素分解而增强植物对盐胁迫的耐受能力。Wei 等（2014）研究发现小麦 TaERF3 特异结合 *GCC-box*，正向调控 *LEA3*、*GST6* 等抗逆相关基因表达，在 *TaERF3* 过表达株系的叶片中，脯氨酸和叶绿素的积累水平显著增加，而 H_2O_2 含量和气孔导度显著降低，植株对高盐胁迫的耐受能力显著增强。张蕾（2013）研究表明，小麦 *TaERF5* 受高盐、渗透胁迫、乙烯、ABA 和茉莉酸甲酯诱导表达，遗传学证据显示，*TaERF5-B* 过表达增强了转基因水稻的耐盐性。董雪妮等（2016）利用农杆菌介导法将耐旱耐盐转录因子基因 *PeDREB2a* 和 *KcERF* 导入陆地棉 R15 中发现，转基因棉花幼苗的 SOD、POD 活性和游离脯氨酸含量均高于对照组，而 MDA 含量较对照组明显下降，以此降低盐胁迫对棉花植株的伤害。Dong 等（2012）研究表明，小麦 TaERF4 是具有 EAR 基序的转录抑制因子，过表达 *TaERF4* 抑制 *AtNHX1*、*AtNHX2* 等钠离子转运相关基因的表达，通过非 ABA 依赖的信号通路降低了转基因拟南芥的耐盐性。

参考文献

蔡荣号，2016. 玉米 WRKY 转录因子 Ⅱd 亚族抗逆相关基因的鉴定及 ZmWRKY17 的功能分析 [D]. 合肥：安徽农业大学.

董雪妮，高丽华，丁梦琦，等，2016. KcERF-PeDREB2a 双价基因对棉花干旱、盐碱耐受性的影响 [J]. 中国农业科技导报，18（4）：17-23.

胡雅丹，伍国强，刘晨，等，2024. MYB 转录因子在调控植物响应逆境胁迫中的作用 [J]. 生物技术通报，40（6）：5-22.

仝宇，王聪，赵利利，等，2021. 转录因子 OsbZIP5 负调控水稻的耐旱性［J］．中国生物化学与分子生物学报，37（6）：798-810．

涂明星，2021．葡萄转录因子VlbZIP30抗旱功能及其调控机理研究［D］．杨凌：西北农林科技大学．

王升级，2016．杨树应答盐胁迫ERF基因的鉴定及功能分析［D］．哈尔滨：东北林业大学．

魏娜，2023．白花草木樨转录因子ERF的鉴定及响应干旱胁迫功能解析［D］．兰州：兰州大学．

徐照龙，2013．大豆盐胁迫表达谱分析及盐响应转录因子bZIP110、WRKY49和WRKY111的功能研究［D］．南京：南京农业大学．

于淼，2021．大青杨PubZIP43基因抗旱功能研究［D］．哈尔滨：东北林业大学．

悦曼芳，张春，吴忠义，2022．植物转录因子AP2/ERF家族蛋白结构和功能的研究进展［J］．生物技术通报，38（12）：11-26．

张蕾，2013．小麦盐胁迫应答相关基因TaERF5的功能研究［D］．北京：中国农业科学院．

张兴龙，张亚文，王晓彤，等，2024．基因编辑MeERF127提高木薯抗旱和耐盐性［J］．热带作物学报，45（9）：1780-1790．

AIDA M, ISHIDA T, FUKAKI H, et al., 1997. Genes involved in organ separation in *Arabidopsis*: an analysis of the cup-shaped cotyledon mutant [J]. Plant Cell, 9 (6): 841-857.

BI C X, YU Y H, DONG C H, et al., 2021. The bZIP transcription factor TabZIP15 improves salt stress tolerance in wheat [J]. Plant Biotechnology Journal, 19 (2): 209.

BUTT H I, YANG Z E, GONG Q, et al., 2017. *GaMYB85*, an R2R3 MYB gene, in transgenic *Arabidopsis* plays an important role in drought tolerance [J]. BMC Plant Biology, 17 (1): 1-17.

CHEN C, ZHANG Z, LEI Y Y, et al., 2023. MdMYB44-like positively regulates salt and drought tolerance via the MdPYL8-MdPP2CA module in apple [J]. The Plant Journal, 118 (1): 24-41.

CHEN K Q, SONG M R, GUO Y N, et al., 2019. MdMYB46 could enhance salt and osmotic stress tolerance in apple by directly activating stress responsive signals [J]. Plant Biotechnology Journal, 17 (12): 2341-2355.

DONG W, AI X H, XU F, et al., 2012. Isolation and characterization of a bread wheat salinity responsive ERF transcription factor [J]. Gene, 511 (1): 38-45.

DU L Y, HUANG X L, LI D, et al., 2023. *TaERF87* and *TaAKS1* synergistically regulate *TaP5CS1/TaP5CR1*-mediated proline biosynthesis to enhance drought tolerance in wheat [J]. New Phytologist, 237 (1): 232-250.

FANG Q, WANG X Q, WANG H Y, et al., 2020. The poplar R2R3 MYB transcription factor *PtrMYB94* coordinates with abscisic acid signaling to improve drought tolerance in plants [J]. Tree Physiology, 40 (1): 46-59.

FUJITA M, FUJITA Y, MARUYAMA K, et al., 2004. A dehydration-induced NAC protein, RD26, is involved in a novel ABA-dependent stress-signaling pathway [J]. The Plant Journal, 39: 863-876.

GAO F, YAO H P, ZHAO H X, et al., 2016. Tartary buckwheat *FtMYB10* encodes an R2R3-MYB transcription factor that acts as a novel negative regulator of salt and drought response in transgenic *Arabidopsis* [J]. Plant Physiology and Biochemistry, 109: 387-396.

GUO H Y, WANG L Q, YANG C P, et al., 2018. Identification of novel cis-elements bound by *BplMYB46* involved in abiotic stress responses and secondary wall deposition [J]. Journal of Integrative Plant Biology, 60 (10): 1000-1014.

GUO Z H, HE L S, SUN X B, et al., 2023. Genome-Wide analysis of the rhododendron AP2/ERF gene family: identification and expression profiles in response to cold, salt and drought stress [J]. Plants, 12 (5): 994.

HAO Y J, WEI W, SONG Q X, et al., 2011. Soybean NAC transcription factors promote abiotic stress tolerance and lateral root formation in transgenic plants [J]. The Plant Journal, 68: 302-313.

HU H H, DAI M Q, YAO J L, et al., 2006. Overexpressing a NAM, ATAF, and CUC (NAC) transcription factor enhances drought resistance and salt tolerance in rice [J]. Proceedings of the National Academy of Science of the Untied States of America, 103 (35): 12987-12992.

HUANG Y M, CHEN F Q, CHAI M N, et al., 2022. Ectopic overexpression of pineapple transcription factor *AcWRKY31* reduces drought and salt tolerance in rice and *Arabidopsis* [J]. International Journal of Molecular Sciences, 23 (11): 6269.

JIANG Y, DEYHOLOS M K, 2006. Comprehensive transcriptional profiling of NaCl-stressed *Arabidopsis* roots reveals novel classes of responsive genes [J]. BMC Plant Biology, 6 (1): 25.

LEE D K, CHUNG P J, JEONG J S, et al., 2017. The rice OsNAC6 transcription factor orchestrates multiple molecular mechanisms involving root structural adaptions and nicotianamine biosynthesis for drought tolerance [J]. Plant Biotechnology Journal, 15 (6): 754-764.

LEE S, SEO P J, LEE H J, et al., 2012. A NAC transcription factor NTL4 promotes reactive oxygen species production during drought-induced leaf senescence in *Arabidopsis* [J]. Plant Journal, 70: 831-844.

LI H Y, LI L X, SHANGGUAN G D, et al., 2020. Genome-wide identification and expression analysis of bZIP gene family in Carthamus tinctorius L. [J]. Scientific Reports, 10 (1): 15521.

LI T, LI H J, LIAN H M, et al., 2022. SICKLE represses photomorphogenic development of Arabidopsis seedlings via HY5-and PIF4-mediated signaling [J]. Journal of Integrative Plant Biology, 64 (9): 1706-1723.

LI X X, GUO C, LI Z Y, et al., 2022. Deciphering the roles of tobacco MYB transcription factors in environmental stress tolerance [J]. Frontiers in Plant Science, 13: 998606.

LIN J H, DANG F F, CHEN Y P, et al., 2019. *CaWRKY27* negatively regulates salt and osmotic stress responses in pepper [J]. Plant Physiology and Biochemistry, 145: 43-51.

LV B B, WU Q, WANG A H, et al., 2020. A WRKY transcription factor, FtWRKY46, from Tartary buckwheat improves salt tolerance in transgenic *Arabidopsis thaliana* [J]. Plant Physiology and Biochemistry, 147: 43-53.

OOKA H, SATOH K, DOI K, et al., 2003. Comprehensive analysis of NAC family genes in *Oryza sativa* and *Arabidopsis thaliana* [J]. DNA Research, 10 (6): 239-247.

PAN Y L, HU X, LI C Y, et al., 2017. SlbZIP38, a tomato bZIP family gene downregulated by abscisic acid, is a negative regulator of drought and salt stress tolerance [J]. Genes, 8 (12): 402.

PENG H, CHENG H Y, CHEN C, et al., 2009. A NAC transcription factor gene of chickpea (*Cicer arietinum* L.), *CarNAC3*, is involved in drought stress response and various developmental processes [J]. Journal of Plant Physiology, 166: 1934, 1945.

PENG H, YU X W, CHENG H Y, et al., 2010. Cloning and characterization of a novel NAC family gene CarNACl from chickpea (*Cicer arietinum* L.) [J]. Molecular Biotechnology, 44: 30-40.

QIN Y X, TIAN Y C, HAN L, et al., 2013. Constitutive expression of a salinity-induced wheat WRKY transcription factor enhances salinity and ionic stress tolerance in transgenic *Arabidopsis thaliana* [J]. Biochemical and Biophysical Research Communications, 441 (2): 476-481.

QIN Y X, TIAN Y C, LIU X Z, 2015. A wheat salinity-induced WRKY transcription factor TaWRKY93 confers multiple abiotic stress tolerance in *Arabidopsis thaliana* [J]. Biochemical and Biophysical Research Communications, 464 (2): 428-433.

QIN Y, YU H X, CHENG S Y, et al., 2022. Genome-wide analysis of the WRKY gene family in *Malus domestica* and the role of MdWRKY70L in response to drought and salt stresses [J]. Genes, 13 (6): 1068.

SHUKLA P S, GUPTA K, AGARWAL P, et al., 2015. Overexpression of a novel *SbMYB15* from *Salicornia brachiata* confers salinity and dehydration tolerance by reduced oxidative damage and improved photosynthesis in transgenic tobacco [J]. Planta, 242 (6): 1291-1308.

SHUKLA V, HAN J P, CLÉARD F, et al., 2021. Suberin plasticity to developmental and exogenous cues is regulated by a set of MYB transcription factors [J]. Proceedings of the National Academy of Sciences of the United States of America, 118 (39): e2101730118.

SONG Q, KONG L F, YANG X R, et al., 2022. PtoMYB142, a poplar R2R3-MYB transcription factor, contributes to drought tolerance by regulating wax biosynthesis [J]. Tree Physiology, 42 (10): 2133-2147.

SUN S, CHEN H, YANG Z Q, et al., 2022. Identification of WRKY transcription factor family genes in *Pinus massoniana* Lamb and their expression patterns and functions in response to drought stress [J]. BMC

Plant Biology, 22 (1): 424.

SUN Y Y, JIN X Z, JIN L Z, et al., 2020. AP2/DREB transcription factor RAP2.4 activates cuticular wax biosynthesis in *Arabidopsis* leaves under drought [J]. Frontiers in Plant Science, 11: 895.

TRAN L S P, NAKASHIMA K, SAKUMA Y, et al., 2004. Isolation and functional analysis of *Arabidopsis* stress-inducible NAC transcription factors that bind to a drought-responsive cis-element in the early responsive to dehydration stress 1 promoter [J]. Plant Cell, 16 (9): 2481-2498.

TYAGI A, KAPOOR S, KHURANA J, et al., 2015. Expression data for stress treatment in rice seedlings. NCBI, http://www.ncbi.nlm.nih.gov/geo/query/acc.cgi? acc=GSE6901.

WANG F, HOU X L, TANG J, et al., 2012. A novel cold-inducible gene from Pak-choi (*Brassica campestris* ssp. *Chinensis*), BcWRKY46, enhances the cold, salt and dehydration stress tolerance in transgenic tobacco [J]. Molecular Biology Reports, 39 (4): 4553-4564.

WANG S, WU H L, CAO X X, et al., 2022. Tartary buckwheat FtMYB30 transcription factor improves the salt/drought tolerance of transgenic *Arabidopsis* in an ABA-dependent manner [J]. Physiologia Plantarum, 174 (5): e13781.

WANG X L, CHEN X L, YANG T B, et al., 2017. Genome-Wide identification of bZIP family genes involved in drought and heat stresses in Strawberry (*Fragaria vesca*) [J]. International Journal of Genomics, 2017 (1): 3981031.

WANG Y Q, XIA D N, LI W Q, et al., 2022. Overexpression of a tomato AP2/ERF transcription factor SlERF.B1 increases sensitivity to salt and drought stresses [J]. Scientia Horticulturae, 304: 111332.

WANG Y, YANG X M, HU Y N, et al., 2024. Transcriptome-based identification of the SaR2R3-MYB gene family in *Sophora alopecuroides* and function analysis of SaR2R3-MYB15 in salt stress tolerance [J]. Plants, 13 (5): 586.

WEI R, LIN Q, WANG A Y, et al., 2014. The ERF transcription factor TaERF3 promotes tolerance to salt and drought stresses in wheat [J]. Plant biotechnology journal, 12 (4): 468-479.

WU J D, JIANG Y L, LIANG Y N, et al., 2019. Expression of the maize MYB transcription factor ZmMYB3R enhances drought and salt stress tolerance in transgenic plants [J]. Plant Physiology and Biochemisty, 137: 179-188.

WU M, ZHANG K M, XU Y Z, et al., 2022. The moso bamboo WRKY transcription factor, PheWRKY86, regulates drought tolerance in transgenic plants [J]. Plant Physiology and Biochemistry, 170: 180-191.

XIONG C W, ZHAO S, YU X, et al., 2020. Yellowhorn drought-induced transcription factor XsWRKY20 acts as a positive regulator in drought stress through ROS homeostasis and ABA signaling pathway [J]. Plant Physiology and Biochemistry, 155: 187-195.

XU Z Y, KIM S Y, HYEON D Y, et al., 2013. The *Arabidopsis* NAC transcription factor ANAC096 cooperates with bZIP-Type transcription factors in dehydration and osmotic stress responses [J]. Plant Cell, 25: 4708-4724.

YANG J H, ZHANG B H, GU G, et al., 2022. Genome-wide identification and expression analysis of the R2R3-MYB gene family in tobacco (*Nicotiana tabacum* L.) [J]. BMC Genomics, 23 (1): 432.

YU Y, SONG T Q, WANG Y K, et al., 2023. The wheat WRKY transcription factor TaWRKY1-2D confers drought resistance in transgenic *Arabidopsis* and wheat (*Triticum aestivum* L.) [J]. International Journal of Biological Macromolecules, 226: 1203-1217.

ZHANG J W, HUANG D Z, ZHAO X J, et al., 2022. Drought-responsive WRKY transcription factor genes *IgWRKY50* and *IgWRKY32* from *Iris germanica* enhance drought resistance in transgenic *Arabidopsis* [J]. Frontiers in Plant Science, 13: 983600.

ZHANG M, LIU Y H, CAI H Y, et al., 2020. The bZIP transcription factor GmbZIP15 negatively regulates salt-and drought-stress responses in soybean [J]. International Journal of Molecular Sciences, 21 (20): 7778.

ZHANG P, WANG R L, YANG X P, et al., 2020. The R2R3-MYB transcription factor AtMYB49 modulates salt tolerance in *Arabidopsis* by modulating the cuticle formation and antioxidant defence [J]. Plant, Cell & Environment, 43 (8): 1925-1943.

ZHANG X M, CHENG Z H, YAO W J, et al., 2022. Overexpression of *PagERF072* from poplar improves salt tolerance [J]. International Journal of Molecular Sciences, 23 (18): 10707.

ZHENG X, CHEN B, LU G, et al., 2009. Overexpression of a NAC transcription factor enhances rice drought and salt tolerance [J]. Biochemical and Biophysical Research Communications, 379 (4): 985-989.

ZHOU Q Y, TIAN A G, ZOU H F, et al., 2008. Soybean WRKY-type transcription factor genes, *GmWRKY13*, *GmWRKY21*, and *GmWRKY54*, confer differential tolerance to abiotic stress in transgenic *Arabidopsis* plants [J]. Plant Biotechnology Journal, 6: 486-503.

ZHU Z G, QUAN R, CHEN G X, et al., 2022. An R2R3-MYB transcription factor VyMYB24, isolated from wild grape *Vitis yanshanesis* J. X. Chen., regulates the plant development and confers the tolerance to drought [J]. Frontiers in Plant Science, 13: 966641.

ZHUANG W B, LI Y H, SHU X C, et al., 2023. The classification, molecular structure and biological biosynthesis of flavonoids, and their roles in biotic and abiotic stresses [J]. Molecules, 28 (8): 3599.

7 绿豆 OSCA 基因家族的鉴定及对干旱和盐胁迫的响应

7.1 引言

绿豆 [Vigna radiata (L.) Wilczek] 属豆科草本植物，含有多种营养元素及生理活性物质，具有解毒、抗菌抑菌、降血脂等多种药理作用，属高蛋白、低脂肪、中淀粉的药食同源食用豆类，为广大人民群众喜爱的杂粮（Kim et al., 2015）。绿豆也是很好的出口创汇作物，具有较高的经济价值。中国是世界绿豆的主要生产国，在我国，绿豆主要种植在西北和华北干旱贫瘠地区，与谷物轮作可以改善土壤质量，在植物抗旱机理研究方面具有独特价值（殷丽丽等，2020）。在长期的自然选择及进化过程中，绿豆逐渐适应了干旱贫瘠的土壤环境，成为发掘抗逆基因、研究抗逆机制的优异种质（Kang et al., 2014）。

在自然环境条件下，植物会受到多种类型的胁迫，干旱和盐碱引起的渗透胁迫是影响植物生长发育及产量的关键因素之一（Ahanger et al., 2018）。渗透胁迫通常会破坏植物的渗透平衡，最终导致细胞膜系统受损（Huang et al., 2015），且干旱往往导致植物缺磷，从而使作物减产（Kaya et al., 2020）。盐胁迫会损害植物正常的代谢途径，如光合作用、呼吸作用、矿物质同化和生物量积累等，从而导致作物大幅度减产（Ahanger et al., 2019; Alam et al., 2019）。盐胁迫会影响种子的萌发，研究表明，3 种盐胁迫 Na_2CO_3、NaCl 和 Na_2SO_4 均能抑制绿豆种子的萌发，种子萌发的相对发芽率、相对发芽势、相对发芽指数随 3 种盐浓度增加而降低，平均发芽天数和相对盐害率随 3 种盐浓度的升高而增加，3 种盐胁迫对绿豆种子萌发的抑制作用依次为 Na_2CO_3>NaCl> Na_2SO_4，绿豆种子对 Na_2CO_3 的耐盐极限浓度为 2.062%、对 NaCl 的耐盐极限浓度为 2.816%、对 Na_2SO_4 的耐盐极限浓度为 7.684%（殷丽丽等，2019）。植物对胁迫的反应主要包括感知信号、传递信号及通过调控应激响应基因的表达，从而产生生理和形态上的改变来抵抗胁迫（Bartels and Sunkar，2005；McAinsh and Pittman，2009；Kaur et al.，2018），主要表现为脯氨酸、甜菜碱或可溶性糖的含量增加，以维持细胞和组织中含水量，抗氧化酶活性增强，以减少活性氧对蛋白质和脂质的氧化（Raja et al.，2020；Farooq et al.，2020；Begum et al.，2019）。

钙离子是植物响应对胁迫时信号转导通路中重要的第二信使（Hepler，2005；Reddy，2001），它对维持植物生命活动至关重要。在渗透胁迫下，植物细胞内钙离子浓度迅速升高，从而诱导胁迫相关基因的表达，调节植物对渗透胁迫的耐受性（McAinsh and Pittman，2009；Hubbard et al.，2012；Knight et al.，1997）。细胞内钙离子浓度的升高主要受钙通道、钙泵等钙转运系统的调控（Steinhorst and Kudla，2013）。先前的研究表明，在细菌和动物中，Ca^{2+}门控通道可作为感受渗透胁迫的传感器（Booth et al.，2007；Arnadóttir and Chalfie，2010），因此，推测植物中也可能存在特异的钙离子可控门控蛋白起着感知渗透胁迫的作用。

植物OSCA属于高渗胁迫响应钙通透性阳离子通道蛋白，定位在质膜上，在植物中分布广泛，对渗透性胁迫有一定的抵抗作用（Batistič and Kudla，2012；Yuan et al.，2014；Moeder et al.，2019）。OSCA家族蛋白具有3个保守的功能结构域，即Late exocytosis（pfam 13967），Cytosolic domain of /OTM putative phosphate transporter（pfam 14703，DUF4463）和Calcium-dependent channel（pfam 02714，DUF221）。此外，OSCA蛋白至少含有8个跨膜α螺旋，第一个跨膜α螺旋为信号肽（Hou et al.，2014）。研究表明，OSCA家族成员参与植物干旱、盐害、低温等非生物胁迫应答反应（Yuan et al.，2014）。在水稻中，渗透相关非生物胁迫（ABA、NaCl、PEG）可差异诱导10个*OsOSCA*基因表达，其中*OsOSCA3.1*是已鉴定的*Os-ERD4*基因（早期干旱应答基因）（Li et al.，2015；Rai et al.，2012）；小麦*TaOSCA1.4*与拟南芥*AtOSCA1.8*、水稻*OsOSCA1.4*同属一个基因家族，与小麦干旱、顶部不育、穗数、穗粒数和产量等性状相关（吕广德，2015）；过表达玉米*ZmOSCA2.4*基因可以转基因拟南芥的抗旱性（Cao et al.，2020）；大豆中有13个*GmOSCA*基因与干旱及碱胁迫应答相关（李建伟等，2017）。在大豆和番茄OSCA家族基因的启动子上均含干旱、激素、防御和应激反应等相关元件，进一步证明了OSCA在调节植物抗逆方面发挥重要的作用（王傲雪等，2019）。

近年来，人们对绿豆抗逆胁迫研究取得了一定进展，特别是绿豆全基因组测序工作的完成，为绿豆抗逆基因的筛选和鉴定提供了平台（Kang et al.，2014；Yang et al.，2015）。目前，已通过绿豆全基因组挖掘出一些基因家族中抗逆相关基因，如 bZIP、WRKY 和 BBX 家族（Srivastava et al.，2018；Wang et al.，2018；Yin et al.，2024）。OSCA 基因家族已在水稻（Li et al.，2015）、小麦及大豆（李建伟等，2017）等多种农作物中完成了全基因水平上的鉴定、进化分析及功能研究（Li et al.，2015；李建伟等，2017），但有关绿豆 OSCA 的研究目前还未见报道。通过筛选、鉴定绿豆中与抗逆相关的基因，可为利用基因工程技术开发抗逆新品种提供优异的基因资源。因此，本研究拟对绿豆中的 OSCA 进行全基因水平上的鉴定、进化分析及功能研究，旨在筛选出候选的抗旱 VrOSCA 基因，明确其抗旱功能，阐明 VrOSCA 参与调控绿豆抗旱的分子学机制。绿豆 OSCA 基因家族的鉴定及进化分析有助于推进该基因家族在豆科植物中的研究，同时，抗旱基因的挖掘和抗旱机制的研究将为绿豆品种性状的改良以及农作物抗旱育种奠定基础。

7.2 材料与方法

7.2.1 试验材料

将绿豆品种 VC1973A 播种于营养钵，于 24℃ 光照培养箱中培养，光周期为光照 16 h、黑暗 8 h，当第一片三出复叶出现时，分别用 20% PEG-6000、100 μmol/L ABA 和 100 mmol/L 的 NaCl 溶液分别处理幼苗（Chung et al.，2013），在处理 0 h、4 h、12 h 和 24 h 时采集叶片，每个样品进行 3 个生物重复，每个重复包括 3~4 株植株，并储存在 -80℃，用于 RNA 提取和基因表达分析。

7.2.2 试验方法

7.2.2.1 绿豆 OSCA 家族成员的全基因组鉴定

绿豆全基因组信息来自 Ensembl（http：//plants. ensembl. org/index. h 跨膜结构域1）网站。在 Pfam（http：//pfam. xfam. org）网站下载 DUF221 结构域（Pfam 登录号：02714）隐马尔可夫模型文件（Finn et al.，2014），利用 HMMER 程序对大豆蛋白质序列进行搜索，获得的序列去除冗余后，利用

SMART（http：//smart.embl-heidelberg.de/）（Letunic et al.，2015）、CDD数据库（https：//www.ncbi.nlm.nih.gov/Structure/bwrpsb/bwrpsb.cgi）（Marchler-Bauer et al.，2011）和Pfam（http：//pfam.xfam.org/）验证这些候选序列是否含有DUF22保守结构域，除去不含DUF22结构域的序列，获得的序列即为绿豆OSCA家族成员序列。利用ExPASy数据库（http://www.expasy.org/）对绿豆OSCA蛋白的分子量和等电点信息进行分析。

7.2.2.2 绿豆OSCA家族成员的进化分析

从基因组数据库下载拟南芥、水稻和大豆全基因组数据，获取拟南芥、水稻和大豆OSCA基因家族的蛋白质序列，利用ClustalW 7程序对60个OSCA进行多序列比对（Thompson et al.，1994），利用MEGA 7软件中邻接法（Neighbor-Joining，NJ）构建系统进化树，校验参数Bootstrap method设为1 000（Kumar et al.，2016）。

7.2.2.3 绿豆OSCA基因家族各成员的结构分析

绿豆OSCA家族功能结构域信息从Phytozome（https：//phytozome-next.jgi.doe.gov/）上直接获取，利用MEME网站（http：//meme-suite.org/meme/）和跨膜结构域HMM V.2.0网站（www.cbs.dtu.dk/services/跨膜结构域HMM/）分别对绿豆OSCA蛋白的保守基序和跨膜结构域进行鉴定。

7.2.2.4 绿豆与水稻、拟南芥、大豆OSCA基因的种间共线性分析

为了分析不同物种间OSCA基因的亲缘关系，采用多重序列比对法分析了绿豆和其他物种（水稻、拟南芥、大豆）间OSCA基因的相似性，采用多重共线性工具MCScanX分析不同物种间的共线性模块儿并使用Dual Synteny Plotter软件（https：//github.com/CJ Chen/TBtools）绘制共线性图。

7.2.2.5 绿豆OSCA基因的共线性分析

利用McScanX软件对绿豆OSCA家族基因进行共线性分析，采用Circos软件绘制绿豆OSCA家族成员共线性关系图（Krzywinski et al.，2009）。当两个基因的比对率大于70%（相对于较长的基因），比对相似性大于70%，且两个基因在染色体上的位置小于100 kb时，即认为这两个基因属于串联重复基因。利用DnaSP v5.0软件研究了复制对基因的非同义替换率和同义替换率，用Ka/Ks计算选择压力（Librado and Rozas，2009）。

7.2.2.6 VrOSCA 启动子顺式作用元件分析

从绿豆基因组提取 VrOSCA 起始密码子上游 1 500 bp 序列作为基因的启动子序列，利用 PlantCARE（http：//bioinformatics.psb.ugent.be/webtools/plantcare/html）在线网站分析 VrOSCA 基因启动子序列上的顺式作用元件（Livak and Schmittgen, 2001），获得 VrBBX 基因启动子上与抗逆相关的顺式作用元件。

7.2.2.7 绿豆 OSCA 基因对干旱胁迫和 ABA 处理的应答分析

利用 RNA-prep 试剂盒提取叶片中总 RNA，并使用 SuperScript™ Ⅲ 逆转录酶试剂盒（Invitrogen，USA）合成第一条 cDNA 链。基因表达采用 Applied Biosystem 7500 Real-time PCR System 进行测定，以 acting（GenBank：AF143208.1）为内参，以 IQ SYBR Green Supermix 为染料，反应程序为：95℃变性 2 min，然后 94℃变性 10 s，59℃退火 10 s，72℃延伸 40 s，共 40 个循环。反应体系：cDNA 模板 2 μL，上游引物 0.5 μL，下游引物 0.5 μL，ddH$_2$O 6.6 μL，mix 10.4 μL。通过 RT-PCR 及溶解曲线来判断引物的特异性，引物如表 7-1 所示。基因相对表达量计算方法参照 $2^{-\triangle\triangle CT}$ 方法（Lescot et al., 2002），每个反应重复三次。使用 TBtool（v0.6652）制作 VrOSCA 基因表达的热图，并基于表达模式进行聚类。

表 7-1 qPCR 引物列表

基因名称	正向引物	反向引物
VrOSCA1.1	CATCCAGTTTTCAAGGCCAG	TTCTTGATTGCCGTTTTGTG
VrOSCA1.2	GCATGGACGACGACACTGAT	ATGACGCCTTGTTTCTGCTG
VrOSCA1.3	GCTGGATGTGCTGGTGAGAT	GGATCCATTGCTTCTTCACG
VrOSCA1.4	TTGTCTGCATTGGCATTCCT	GCTGCCTCTTATCCCCTTCA
VrOSCA1.5	GAGCGGAAGACAGCTGCAAA	GTGTAGGTGGCTGGTGCAGG
VrOSCA2.1	TCAGCATTCAAGACGCGTTG	AACCACAGCATCCAAGCCAC
VrOSCA2.2	ATATTGCCGTGTGCGTGGTG	ATCCCGGCTTTTCGAACTCC
VrOSCA2.3	TGATCCGCCGAAACAACAAA	CCATCTCGTCGGTGCCTTTT
VrOSCA2.4	CCGTCTATGCTCCACGCTTA	TCAGAGGTCTCCCAGGCTTT
VrOSCA2.5	TTTATGTGCCACGCTTGCTG	AGCCTCCATGCTTTTGCAAC
VrOSCA2.6	CTCTCTCACCGCCGTCAAAT	GCGTCGAGGATCTGAGCTTC

(续表)

基因名称	正向引物	反向引物
VrOSCA3.1	GGCCTTGAACTGTCCCGAAT	CCAGGTTGCCAAGCCTCTTT
VrOSCA4.1	TTCATCGACGACGGCTTCTC	GGACCAAAACCACCACGACA
Actin	TTCTTACCGAGGCACCGCTT	CACAGCTTGGATGGCGACAT

7.3 结果与分析

7.3.1 绿豆 OSCA 家族成员的全基因组鉴定

使用 DUF221 结构域（Pfam 登录号：02714）的隐马尔可夫模型（HMM）搜索绿豆基因组，将所获得的序列利用 SMART 和 PFAM 分析候选蛋白序列的保守结构域，人工去除冗余蛋白序列和不含完整结构域的序列，最终，在绿豆中共鉴定了 13 个 VrOSCA 基因，并根据其与拟南芥的同源性命名（表7-2）。在这 13 个 VrOSCA 基因中，有 12 个随机分布在除 2 号、8 号和 10 号染色体以外的 11 条染色体上，而 VrOACA2.5 基因位于 scaffold_ 100 上。VrOSCA 蛋白在序列和物理化学性质上有很大差异，已鉴定的 VrOSCA 的氨基酸数量范围为 592（VrOSCA2.2）~880（VrOSCA4.1），VrOSCA 蛋白的分子量（MW）范围为 67.16（VrOSCA2.2）~99.16kDa（VrOSCA4.1），等电点（PI）的范围为 6.28（VrOSCA4.1）~9.44（VrOSCA2.5）。

表 7-2 绿豆 OSCA 基因家族成员信息

基因名称	基因 ID	染色体	基因长度/bp	蛋白质长度/aa	ORF/bp	等电点	分子量/KDa
VrOACA1.1	Vradi07g26860	7	6 435	775	2 328	8.91	88.17
VrOACA1.2	Vradi10g01410	10	7 609	773	2 322	9.22	88.68
VrOACA1.3	Vradi06g03460	6	5 939	760	2 283	9.08	87.48
VrOACA1.4	Vradi03g00620	3	7 957	640	1 923	6.68	72.55
VrOACA1.5	Vradi11g08350	11	6 738	863	2 592	9.06	98.71
VrOACA2.1	Vradi06g14350	6	8 460	721	2 166	8.53	81.83

7 绿豆 OSCA 基因家族的鉴定及对干旱和盐胁迫的响应

（续表）

基因名称	基因 ID	染色体	基因长度/bp	蛋白质长度/aa	ORF/bp	等电点	分子量/KDa
VrOACA2.2	Vradi05g11970	5	16 125	592	1 779	7.37	67.16
VrOACA2.3	Vradi01g07680	1	11 006	709	2 130	8.52	80.50
VrOACA2.4	Vradi04g08970	4	6 275	637	1 914	6.71	72.90
VrOACA2.5	Vradi0100s00520	Scaffold_100	5 251	671	2 016	9.44	76.95
VrOACA2.6	Vradi05g17480	5	10 518	600	1 803	9.03	67.43
VrOACA3.1	Vradi10g09440	10	4 444	728	2 187	9.36	82.44
VrOACA4.1	Vradi07g01560	7	7 051	880	2 643	6.28	99.16

7.3.2 绿豆 OSCA 家族成员的进化分析

为了阐明 OSCA 蛋白的系统发育关系，从绿豆、拟南芥（Yuan et al., 2014）、大豆（李建伟等，2017）和水稻（Li et al., 2015）中基因组数据库中下载 OSCA 蛋白序列，并构建了 OSCA 蛋白的系统发育树。对进化树进行拓扑结构分析发现（图7-1），这 60 个 OSCA 基因被分为 4 个亚家族（亚家族 1、亚家族 2、亚家族 3 和亚家族 4），其中，亚家族 1 和亚家族 2 成员数量远远大于亚家族 3 和亚家族 4，每个亚家族都包含来自绿豆、拟南芥、大豆和水稻中的 OSCA 成员，表明 OSCA 家族成员起源于绿豆、拟南芥、大豆和水稻物种分化前，并发生了多样化。系统发育分析结果表明，这 4 个物种中的 OSCA 成员数目不同，表明绿豆、拟南芥、大豆和水稻基因组中的大多数 OSCA 在分化后发生了遗传变异。亚家族 3 和亚家族 4 中 OSCA 基因数量较少，但在物种进化过程中被保留下来，表明其在一些生物学过程中具有重要作用。此外，绿豆的 OSCA 蛋白与来自大豆的相似性更高（图7-1），表明绿豆和大豆之间的亲缘关系更近，且它们都属于豆科植物。

7.3.3 绿豆 OSCA 基因家族各成员的结构分析

为进一步明确大豆 OSCA 家族成员的蛋白结构，分析了其功能结构域。如图 7-2 A 和表 7-3 所示，绿豆 OSCA 家族成员具有高度保守的 3 个功能结构域，即 Late exocytosis（pfam 13967），putative phosphate transporter（pfam 114703）和 Calcium-dependent channel（pfam 02714），其中 VrOSCA4.1 有

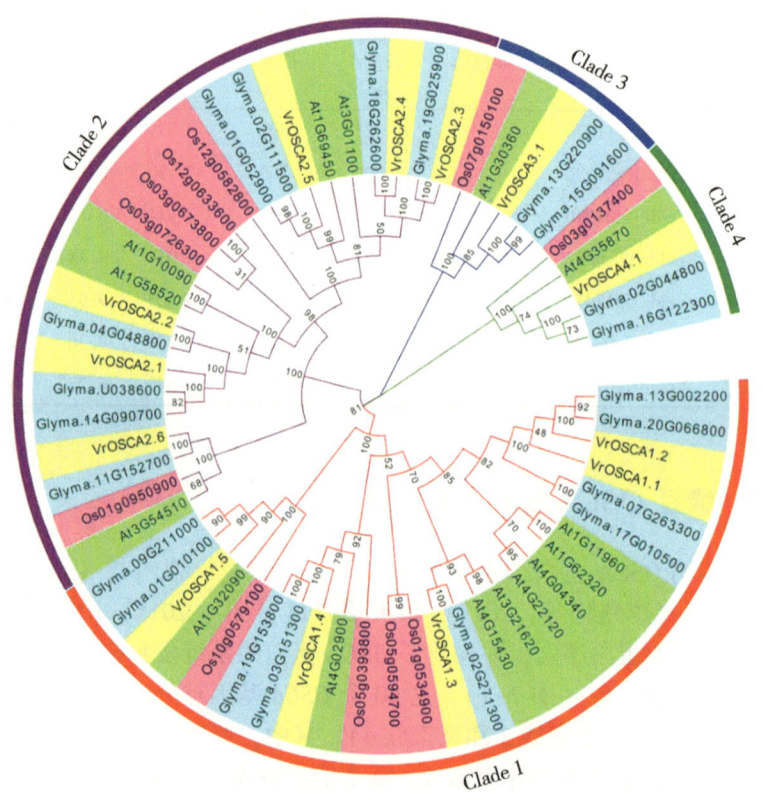

图 7-1 拟南芥、水稻、大豆和绿豆 *OSCA* 基因家族系统进化树

两个 pfam 02714 结构域，pfam 13967 和 pfam 02714 蛋白结构域分别位于 VrOSCA 的 N-末端和 C-末端，pfam 14703 蛋白结构域位于 pfam 13967 和 pfam 02714 结构域的中间，这与玉米 OSCA 蛋白中结构域的分布一致（Ding et al., 2019）。这些结果表明这 3 个结构域在 *VrOSCA* 家族中是相对保守的。结果还表明 pfam 13967 和 pfam 02714 蛋白结构域包含不同数量的跨膜结构域，而在 pfam 14703 蛋白结构域中不含跨膜结构域，所有的 VrOSCA 至少包含 8 个跨膜结构域（表 7-3），且 N 端的 1~3 个跨膜结构域位于 pfam 13967，C 端 4~7 个跨膜结构域则位于 pfam 02714 结构域（图 7-2 A）。先前的研究表明每个 AtOSCA 蛋白含有 11 个跨膜结构域（Liu et al., 2018; Jojoa-Cruz et al., 2018; Zhang et al., 2018），VrOSCA 包含 8~10 个跨膜结构域，这表明 VrOSCA 在进化过程中经历了遗传变异。

7 绿豆 OSCA 基因家族的鉴定及对干旱和盐胁迫的响应

为了进一步分析绿豆 OSCA 家族的保守性，利用 MEME 软件鉴定了保守基序，共鉴定出 20 个不同的保守基序（表 7-4）。亚家族 1、2 和 3 中的 VrOSCA 基序高度保守，这 3 个亚家族中保守基序的组成模式相似，而亚家族 4 中 VrOSCA4.1 所含保守基序较少（图 7-2 B）。所有亚家族都包含基序 1、基序 2 和基序 4，表明所有 VrOSCA 蛋白都具有这三类保守基序的功能。其中，基序 1 和基序 2 是位于 pfam 02714 结构域，基序 4 位于 pfam 13967 结构域（图 7-2）。一些保守基序仅存在于特定的亚家族中，如基序 16 和基序 12 分别分布在亚家族 1 和亚家族 2 的 VrOSCA 成员中，这表明亚家族 1 和亚家族 2 中的成员具有与亚家族 3 和亚家族 4 不同的功能。且同一亚家族中也包含不同基序，表明同一个亚家族中的 VrOSCA 成员含有不同的功能，如亚家族 1 中的 VrOSCA1.4 没有基序 5、基序 14、基序 15、基序 17 和基序 19，而其他 4 个 VrOSCA（VrOSCA1.1、VrOSCA1.2、VrOSCA1.3 和 VrOSCA1.5）包含这些基序。保守基序分析的结果与系统发育分析一致。

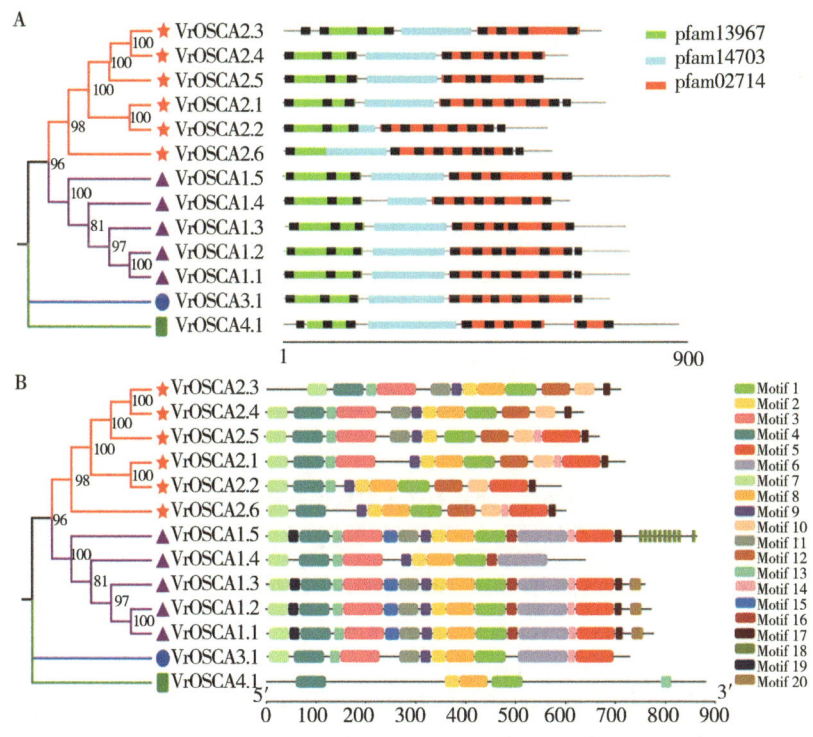

图 7-2　绿豆 OSCA 家族成员的结构分析

A：绿豆 OSCA 家族蛋白保守功能结构域和跨膜结构域分析；B：MEME 分析绿豆 OSCA 家族保守基序。

表 7-3　绿豆 OSCA 家族跨膜结构域分析

基因名称	跨膜结构域位置
VrOSCA2.3	40-62, 82-104, 167-189, 226-248, 434-456, 476-498, 525-547, 633-655
VrOSCA2.4	5-27, 90-112, 145-167, 357-379, 399-421, 449-471, 486-503, 510-527, 558-580
VrOSCA2.5	5-27, 97-119, 145-167, 360-378, 408-430, 443-465, 517-539, 560-582
VrOSCA2.1	5-27, 91-113, 141-163, 354-376, 405-427, 447-469, 495-517, 544-575, 595-617, 624-643
VrOSCA2.2	5-27, 91-113, 150-172, 223-245, 265-287, 316-338, 370-392, 413-435, 450-472, 479-498
VrOSCA2.6	5-27, 239-261, 293-315, 336-358, 378-400, 421-443, 448-470, 490-512, 517-536
VrOSCA1.5	10-28, 101-123, 154-176, 374-396, 423-445, 466-488, 581-603, 624-646
VrOSCA1.4	4-26, 100-122, 157-176, 338-360, 383-405, 426-448, 472-494, 533-555, 579-598
VrOSCA1.3	10-32, 103-125, 157-175, 374-396, 423-445, 466-488, 498-520, 573-595, 625-644
VrOSCA1.2	10-28, 98-120, 158-177, 374-396, 423-445, 466-488, 498-520, 573-595, 625-644, 649-666
VrOSCA1.1	5-27, 98-120, 158-177, 374-396, 423-445, 466-485, 511-533, 573-595, 625-644, 649-666
VrOSCA3.1	5-27, 83-105, 149-168, 372-394, 422-444, 463-482, 510-532, 571-593, 647-666
VrOSCA4.1	29-48, 89-111, 141-163, 399-421, 449-471, 492-514, 554-576, 654-676, 714-736

表 7-4　绿豆 OSCA 家族保守基序分析

基序编号	序列
1	KSFITGYLPGLILKJFLIFLPPILMJMSKFEGYISRSSJERSAASKYYYFTVWNVFFGNVLTG
2	AAQTQQSRNPTLWLTEWAPEPRDVYWPNL
3	RFWVHIVAAYVFTFWTCYLLYKEYKYI-ASMRLAFLASEKRRPDQFTVLVRNIPPDPDESVSETVEHFFLVNHPDHYLSHQ
4	RYLPFLNWVPKAWEMPEEELJSHAGLDSVVFLRIYLFGLKIFVPIAVJALLVLVPVNYTGST

(续表)

基序编号	序列
5	WPDVHNRIIFALIVSQIILLGLLGTK-KAASASPFLIPLPILTJLFHKYCKGRFEPAFVKYPLQEAMMKDTLERATEPN
6	SIPMKASFFITYIMVDGWAGIAAEILRLKPL Ⅱ YHLKNFFLVKTEKDREEAMDPGSJGFNT-GEPRIQLYFLLGLVYAVVTPFLLPFIIVFFGLAYVVYRH
7	SAJLTSAGINILLAFLFFTLFAILRKQPSNDRVYFPKWYLK
8	AIPYVSLWIRRLVVFVAFFFLTFFFMIPIAFVQGLANJEGJZKMFPFLKP Ⅱ RIKFI
9	KLPKKEMPAAFVSFKSRWGAA
10	HSEIPRILLFGLLGVTYFILAPLILPFLLVYFCLGYIIYRN
11	NTSPRPQRKTGFLGLWGRKVDAIDHYTDEINELSKEIELER
12	EPKEJPAQLAEAVPAQASFFITYVLTSGWTSJASELFQLIPLLYNIIKRFFYGSNED
13	SBITYSSJDKLSISNVNNGSE
14	Q Ⅱ NVYNQEYESAGA
15	VYNANKLSKLVKKKKKLQNWLDYYQLKLE
16	AFQQLDSFJHQPANEYPVTIG
17	NLYEYLANAYNHPAL
18	PSPPHHLH
19	GLRSDPVQGGAFVSKFVNLDW
20	WWESESVVVRTKRQSRKNTPLPSR

7.3.4　绿豆与水稻、拟南芥、大豆 OSCA 基因的种间共线性分析

比较基因组学分析可揭示同源基因的功能和物种间的系统发育关系。因此，我们分析了 VrOSCA 基因与双子叶植物（拟南芥、大豆）和单子叶植物（水稻）的共线性关系。研究表明绿豆的 OSCA 基因与大豆的 OSCA 基因共有 17 对同源基因（表7-5），与拟南芥的 OSCA 基因有 7 对同源基因（表7-6），与水稻的 OSCA 有 1 对同源基因（表7-7，图7-3），这表明绿豆 OSCA 基因与大豆 OSCA 基因的亲缘关系更近，这一结果与系统发育树结果一致，且 OSCA 的大规模复制可能发生在单子叶和双子叶植物物种分化之后。绿豆

VrOSCA1.1、VrOSCA1.4、VrOSCA1.5、VrOSCA2.4、VrOSCA2.5、VrOSCA3.1 和 VrOSCA4.1 均与大豆中的两对 OSCA 基因存在复制关系，但在绿豆和大豆的基因组中没有发现 VrOSCA1.2 和 VrOSCA2.2 的共线性片段，表明大部分 OSCA 的复制可能发生在绿豆和大豆物种分化之前，而 VrOSCA1.2 和 VrOSCA2.2 可能起源于绿豆和大豆物种分化之后。

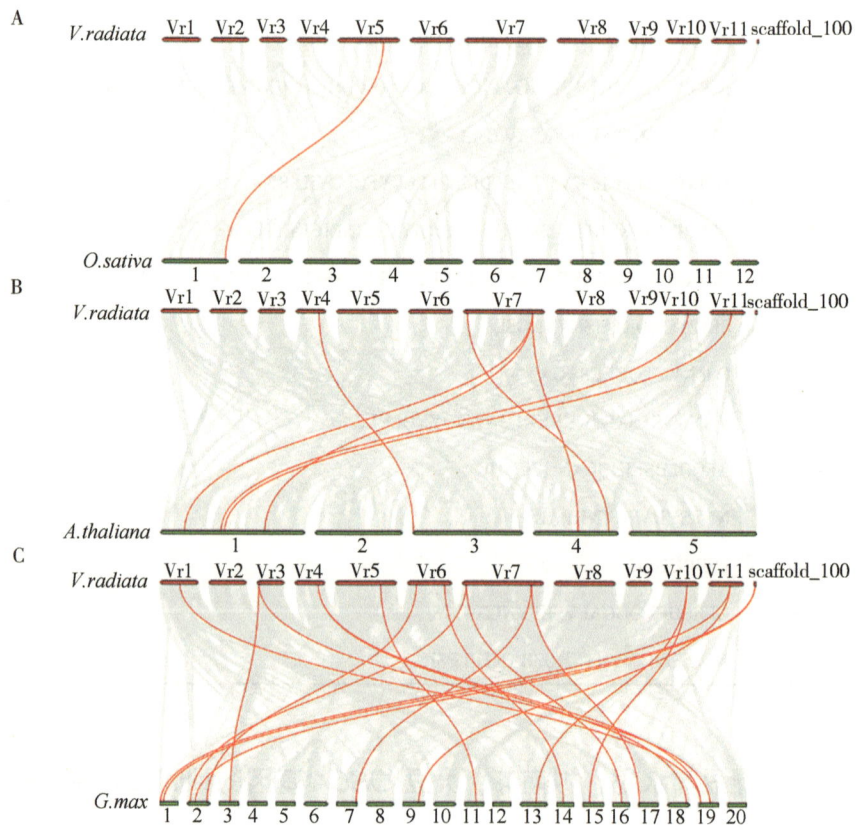

图 7-3 绿豆与水稻、拟南芥及大豆中 OSCA 基因的共线性分析

注：背景中的灰色线条表示绿豆和水稻（A）、拟南芥（B）及大豆（C）基因组之间的共线性关系，而红色线表示 OSCA 基因对，染色体数目标记在每个染色体的顶部或底部，红色和绿色线条代表染色体。

表 7-5 绿豆和大豆 OSCA 基因的共线性分析

绿豆				大豆			
染色体	基因名称	基因起始位点	共线性区域	染色体	基因名称	基因起始位点	共线性区域
Vr7	VrOSCA1.1	50 228 503	49 521 978~50 596 671	17	GmOSCA1.2	854 326	245 092~1 176 961
Vr7	VrOSCA1.1	50 228 503	49 521 978~50 596 671	7	GmOSCA1.1	43 765 485	43 424 647~44 442 220
Vr6	VrOSCA1.3	3 784 722	6 953~4 408 980	2	GmOSCA1.5	45 512 377	45 086 251~48 519 443
Vr3	VrOSCA1.4	892 485	4 430~2 445 384	19	GmOSCA1.7	41 390 085	40 593 469~42 863 363
Vr3	VrOSCA1.4	892 485	4 430~2 445 384	3	GmOSCA1.6	36 616 173	35 804 294~38 103 798
Vr11	VrOSCA1.5	8 950 367	8 687 093~11 352 520	1	GmOSCA1.8	980 614	937 652~2 531 919
Vr11	VrOSCA1.5	8 950 367	86 870 93~11 352 520	9	GmOSCA1.9	43 495 032	42 348 596~43 666 494
Vr6	VrOSCA2.1	34 024 992	32 546 965~34 136 006	14	GmOSCA2.3	8 269 704	8 099 513~10 675 291
Vr1	VrOSCA2.3	12 210 581	11 382 378~12 390 928	19	GmOSCA2.4	3 242 874	3 184 036~4 225 521
Vr4	VrOSCA2.4	17 690 334	16 111 401~20 794 860	18	GmOSCA2.5	54 815 938	53 353 413~57 969 597
Vr4	VrOSCA2.4	17 690 334	16 111 401~20 794 860	19	GmOSCA2.4	3 242 874	2 143 259~3 559 202
scaffold_100	VrOSCA2.5	1 301 048	344 638~1 400 329	1	GmOSCA2.7	6 518 999	6 343 767~8 127 582
scaffold_100	VrOSCA2.5	1 301 048	344 638~1 400 329	2	GmOSCA2.6	10 740 405	10 633 363~1 1706 306
Vr5	VrOSCA2.6	26 668 690	26 209 248~27 038 986	11	GmOSCA2.8	12 179 963	11 495 616~14 090 329
Vr10	VrOSCA3.1	16 980 785	13 749 313~20 531 075	13	GmOSCA3.1	33 399 883	31 868 271~36 299 903
Vr10	VrOSCA3.1	16 980 785	13 749 313~20 531 075	15	GmOSCA3.2	7 061 732	3 659 482~10 444 800
Vr7	VrOSCA4.1	2 663 238	946 436~3 706 191	16	GmOSCA4.2	27 123 680	25 728 740~29 248 080
Vr7	VrOSCA4.1	2 663 238	946 436~3 706 191	2	GmOSCA4.1	4 145 208	3 936 051~5 302 094

表 7-6　绿豆和拟南芥 OSCA 基因的共线性分析

绿豆				拟南芥			
染色体	基因名称	基因起始位点	共线性区域	染色体	基因名称	基因起始位点	共线性区域
Vr7	VrOSCA1.1	50 228 503	50 056 401~50 562 181	1	AtOSCA1.3	4 039 566	3 901 950~4 080 236
Vr7	VrOSCA1.1	50 228 503	50 056 401~50 581 473	1	AtOSCA1.4	23 041 408	22 824 414~23 117 594
Vr7	VrOSCA1.1	50 228 503	50 042 715~50577518	4	AtOSCA1.2	11 715 607	11 561 123~11 810 117
Vr11	VrOSCA1.5	8 950 367	8 750 366~9 738 670	1	AtOSCA1.8	11 539 993	11 445 490~11 660 471
Vr4	VrOSCA2.4	17 690 334	16 931 313~1 781 264	3	AtOSCA2.3	34 658	13 046~104 495
Vr10	VrOSCA3.1	16 980 785	16 628 715~17 057 469	1	AtOSCA3.1	10 715 482	10 498 310~10 738 092
Vr7	VrOSCA4.1	2 663 238	946 436~3 575 603	4	AtOSCA4.1	16 990 094	16 774 142~17 345 171

表 7-7　绿豆和水稻 OSCA 基因的共线性分析

绿豆				水稻			
染色体	基因名称	基因起始位点	共线性区域	染色体	基因名称	基因起始位点	共线性区域
Vr5	VrOSCA2.6	26 668 690	26 338 990~26 679 207	1	OsOSCA2.5	41 869 950	41 869 950~42 060 584

7.3.5　绿豆 OSCA 基因的共线性分析

为了阐明绿豆中 OSCA 基因家族的扩展机制，我们研究了 OSCA 基因的复制事件（图 7-4），共鉴定出 3 对 VrOSCA 基因对，分别为 VrOSCA2.1/VrOSCA2.2、VrOSCA2.3/VrOSCA2.4 和 VrOSCA2.4/VrOSCA2.5。绿豆和大豆的共线性分析表明，VrOSCA2.3、VrOSCA2.4 和 VrOSCA2.5 与大豆 OSCA 有共线性关系，而 VrOSCA2.2 与大豆 OSCA 没有共线性关系。因此，

7 绿豆 OSCA 基因家族的鉴定及对干旱和盐胁迫的响应

VrOSCA2.1/VrOSCA2.2 的复制可能发生在绿豆和大豆物种分化之后,而 VrOSCA2.3/VrOSCA2.4 和 VrOSCA2.4/VrOSCA2.5 的重复可能发生在绿豆和大豆物种分化前。复制的 VrOSCA 基因对的 Ka/Ks 值小于 1,表明复制的 VrOSCA 可能经历了纯化选择(表 7-8),由于纯化选择限制了基因差异,复制的 VrOSCA 基因可能存在功能相似性(Liu et al.,2014)。

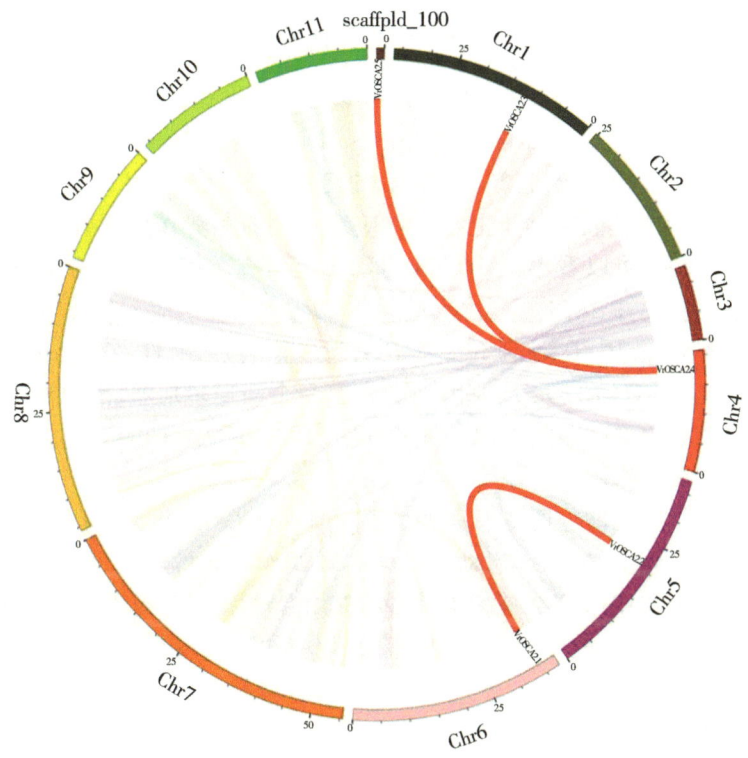

图 7-4 绿豆 OSCA 基因的种内共线性分析

注:彩色细线条表示每条染色体间的共线性关系,粗红线条表示具有复制关系的 OSCA 基因。染色体数目显示在每条染色体的底部,染色体上的刻度表示染色体的长度(Mb)。

表 7-8 绿豆 OSCA 中片段复制基因对的 Ka/Ks 分析

复制基因 1	复制基因 2	复制类型	非同义替换率 Ka	同义替换率 Ks	Ka/Ks	自然选择压力
VrOACA2.1	VrOACA2.2	片段复制	0.147 8	0.753 9	0.196 0	纯化选择
VrOACA2.3	VrOACA2.4	片段复制	0.139 7	0.693 4	0.201 5	纯化选择

复制 基因 1	复制 基因 2	复制 类型	非同义替 换率 Ka	同义替换 率 Ks	Ka/Ks	自然选择 压力
VrOACA2.4	VrOACA2.5	片段复制	0.305 0	2.295 0	0.132 9	纯化选择

7.3.6 VrOSCA 启动子顺式作用元件分析

基因启动子区域的顺式作用元件可参与多种途径，如 ABA 和非生物应激反应信号转导途径（Ji et al., 2013）。因此，我们从绿豆基因组中获取 VrOSCA 基因起始密码子上游 1 500 bp 的启动子序列，利用 PlantCARE 分析了 13 个 VrOSCA 基因启动子上与逆境应答相关的顺势作用元件，结果见图 7-5。由图 7-5 可以看出，VrOSCA 启动子上与抗逆相关的顺式作用元件包括脱落酸响应元件 ABRE、脱水反应元件 DRE、低温响应元件 LTR、干旱诱导的 MYB 转录因子结合位点 MBS、逆境响应元件 TC-rich，除了 VrOSCA1.5，所有的 VrOSCA 基因至少含有一个与逆境应答相关的顺式作用元件，启动子上这些顺式作用元件的存在表明，VrOSCA 可能在逆境胁迫响应中也发挥重要作用。

将顺势作用元件分析结果（表 7-9）与 VrOSCA 进化关系作图，结果表明，不同亚家族中 VrOSCA 启动子所含的顺式作用元件不同（图 7-5）。例如，亚家族 1 和亚家族 2 亚家族中 VrOSCA 启动子含有与干旱胁迫相关的 DRE 和 MBS 元件，但亚家族 3 和亚家族 4 中的基因没有。亚家族 1、亚家族 2 和亚家族 3 亚家族中 VrOSCA 启动子含有与低温胁迫相关的 LTR 元件，而亚家族 4 中的基因没有。这些结果表明，不同亚家族中的 VrOSCA 基因可能协同对胁迫做出响应（Fujita et al., 2011）。在亚家族 2 中，只有 VrOSCA2.2 和 VrOSCA2.4 含有 MBS 元件，只有 VrOSCA2.1 含有富 TC 元件，只有 VrOSCA2.2 含有 LTR 元件，在亚家族 1 中也观察到了这种现象，这些结果表明，同一亚家族中的 VrOSCA 可能具有不同的功能（Yoshida et al., 2014）。

表 7-9 绿豆 VrOSCA 基因启动子区域顺势作用元件分析

基因名称	顺式作用元件	序列	序列 长度	正负链	起始 位置
VrOSCA2.3	ABRE	CACGTG	6	+	−860

（续表）

基因名称	顺式作用元件	序列	序列长度	正负链	起始位置
VrOSCA2.3	ABRE	ACGTG	5	+	-859
VrOSCA2.4	MBS	CAACTG	6	+	-1 225
VrOSCA2.4	ABRE	GACACGTGGC	9	+	-1 409
VrOSCA2.4	ABRE	CACGTG	6	+	-1 407
VrOSCA2.4	ABRE	ACGTG	5	+	-1 406
VrOSCA2.5	ABRE	ACGTG	5	-	-1 408
VrOSCA2.5	ABRE	ACGTG	5	+	-1 343
VrOSCA2.5	ABRE	TACGTGTC	8	+	-1 084
VrOSCA2.5	ABRE	ACGTG	5	+	-1 083
VrOSCA2.5	ABRE	ACGTG	5	-	-987
VrOSCA2.5	ABRE	ACGTG	5	-	-891
VrOSCA2.5	ABRE	ACGTG	5	-	-52
VrOSCA2.1	ABRE	ACGTG	5	-	-1 459
VrOSCA2.1	ABRE	CACGTG	6	+	-1 353
VrOSCA2.1	ABRE	ACGTG	5	+	-1 352
VrOSCA2.1	ABRE	CACGTG	6	-	-512
VrOSCA2.1	ABRE	ACGTG	5	+	-511
VrOSCA2.1	ABRE	CACGTG	6	-	-390
VrOSCA2.1	ABRE	ACGTG	5	+	-389
VrOSCA2.1	ABRE	GCCGCGTGGC	9	-	-246
VrOSCA2.1	ABRE	CACGTG	6	-	-244
VrOSCA2.1	ABRE	ACGTG	5	+	-243
VrOSCA2.1	ABRE	ACGTG	5	+	-155
VrOSCA2.1	ABRE	ACGTG	5	+	-113
VrOSCA2.1	TC-rich repeats	GTTTTCTTAC	9	+	-1 212
VrOSCA2.1	DRE	ACCGAGA	7	-	-257
VrOSCA2.2	ABRE	ACGTG	5	+	-1 485
VrOSCA2.2	ABRE	CACGTG	6	+	-1 390
VrOSCA2.2	ABRE	ACGTG	5	+	-1 389

（续表）

基因名称	顺式作用元件	序列	序列长度	正负链	起始位置
VrOSCA2.2	ABRE	ACGTG	5	-	-1 165
VrOSCA2.2	LTR	CCGAAA	6	-	-818
VrOSCA2.2	MBS	CAACTG	6	-	-598
VrOSCA2.2	DRE	ACCGAGA	7	-	-235
VrOSCA2.6	ABRE	GACACGTGGC	9	-	-763
VrOSCA2.6	ABRE	CACGTG	6	+	-761
VrOSCA2.6	ABRE	ACGTG	5	+	-760
VrOSCA2.6	DRE	ACCGAGA	7	-	-870
VrOSCA1.4	ABRE	ACGTG	5	+	-266
VrOSCA1.4	LTR	CCGAAA	6	-	-844
VrOSCA1.4	TC-rich repeats	ATTCTCTAAC	10	-	-908
VrOSCA1.4	MBS	CAACTG	6	-	-997
VrOSCA1.3	ABRE	ACGTG	5	+	-1 287
VrOSCA1.3	ABRE	ACGTG	5	-	-1 205
VrOSCA1.3	ABRE	ACGTG	5	-	-1 195
VrOSCA1.3	ABRE	ACGTG	5	-	-1 052
VrOSCA1.3	ABRE	TACGTGTC	8	+	-939
VrOSCA1.3	ABRE	ACGTG	5	+	-938
VrOSCA1.3	ABRE	ACGTG	5	+	-58
VrOSCA1.2	DRE	GCCGAC	6	+	-21
VrOSCA1.2	ABRE	ACGTG	5	+	-823
VrOSCA1.2	ABRE	CACGTG	6	-	-26
VrOSCA1.2	ABRE	ACGTG	5	+	-25
VrOSCA1.2	TC-rich repeats	ATTCTCTAAC	9	-	-1 210
VrOSCA1.1	DRE	GCCGAC	6	+	-186
VrOSCA1.1	ABRE	ACGTG	5	-	-1 401
VrOSCA1.1	ABRE	ACGTG	5	-	-978
VrOSCA1.1	ABRE	ACGTG	5	+	-420
VrOSCA1.1	ABRE	CACGTG	6	-	-199

7 绿豆 OSCA 基因家族的鉴定及对干旱和盐胁迫的响应

（续表）

基因名称	顺式作用元件	序列	序列长度	正负链	起始位置
VrOSCA1.1	ABRE	ACGTG	5	+	-198
VrOSCA1.1	LTR	CCGAAA	6	-	-1 033
VrOSCA1.1	TC-rich repeats	GTTTTCTTAC	9	+	-991
VrOSCA3.1	LTR	CCGAAA	6	-	-993
VrOSCA3.1	ABRE	CACGTG	6	+	-1 038
VrOSCA3.1	ABRE	ACGTG	5	+	-1 037
VrOSCA3.1	ABRE	ACGTG	5	-	-699
VrOSCA3.1	ABRE	ACGTG	5	+	-563
VrOSCA3.1	ABRE	ACGTG	5	+	-514
VrOSCA3.1	ABRE	CACGTG	6	-	-381
VrOSCA3.1	ABRE	ACGTG	5	+	-380
VrOSCA4.1	ABRE	ACGTG	5	-	-1 096
VrOSCA4.1	TC-rich repeats	GTTTTCTTAC	9	+	-934
VrOSCA4.1	TC-rich repeats	ATTCTCTAAC	9	-	-687

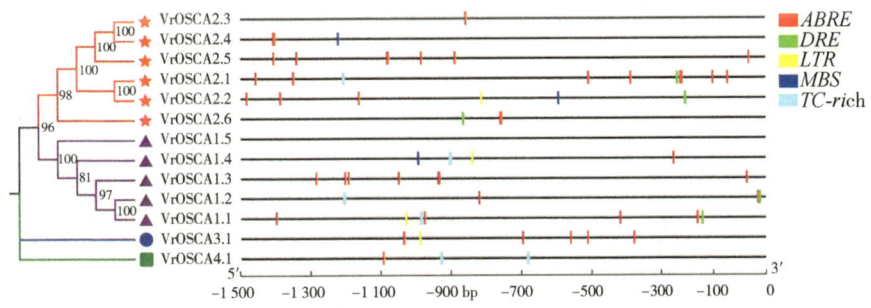

图 7-5　绿豆 VrOSCA 基因启动子区胁迫响应顺式调控元件的分布

注：ABRE、DRE、LTR、MBS 和 TC-rich 用不同颜色的矩形表示，ABRE：脱落酸响应元件，DRE：脱水响应元件，LTR：低温响应元件，MBS：干旱诱导的 MYB 转录因子结合位点，TC-rich：逆境响应元件。

7.3.7 绿豆 *OSCA* 基因对干旱胁迫和 ABA 处理的应答分析

PEG 和 NaCl 胁迫可能造成植物细胞损伤并引起渗透胁迫（Wang et al., 2003），植物通过诱导一系列基因表达来响应干旱和盐胁迫。ABA 是一种重要的植物激素，可以调节植物中胁迫应答基因的表达。我们研究了绿豆在 ABA、PEG 和 NaCl 处理 4 h、12 h 和 24 h 后 13 个 *VrOSCA* 基因的表达。结果表明，除了 *VrOSCA*2.1，其他 12 个 *VrOSCA* 基因在 ABA、PEG 和 NaCl 处理后表达均上调，而 *VrOSCA*2.1 表达显著下调（图 7-6），因此，绿豆 *OSCAs* 基因响应 ABA、PEG 和 NaCl。所有上调基因的表达在处理 4 h 或 12 h 时表达增加，然后在 24 h 下降，其中 *VrOSCA*1.4、*VrOSCA*2.2、*VrOSCA*2.3、*VrOSCA*2.4、*VrOSCA*2.5、*VrOSCA*2.6、*VrOSCA*3.1 和 *VrOSCA*4.1 基因的相对表达量较 *VrOSCA*1.1、*VrOSCA*1.2 和 *VrOSCA*1.3 基因高。此外，在 ABA 处理后，*VrOSCA*1.4、*VrOSCA*2.2、*VrOSCA*2.3、*VrOSCA*2.4、*VrOSCA*2.5、*VrOSCA*2.6 和 *VrOSCA*3.1 基因的相对表达量较处理 0 h 的表达量增加了 10 倍以上；PEG 处理后，*VrOSCA*1.4、*VrOSCA* 2.2、*VrOSCA*2.4、*VrOSCA*2.5、*VrOSCA*2.6 和 *VrOSCA*3.1 基因的相对表达量较处理 0 h 的表达量增加了 10 倍以上；NaCl 处理后，*VrOSCA*1.4、*VrOSCA*1.5、*VrOSCA*2.2、*VrOSCA*2.4、*VrOSCA*2.5 和 *VrOSCA*3.1 基因的相对表达量较处理 0 h 的表达量增加了 10 倍以上。在绿豆 *VrOSCA* 中，*VrOSCA*1.4 在 ABA、PEG 和 NaCl 处理后，相对基因表达量的变化倍数最大。

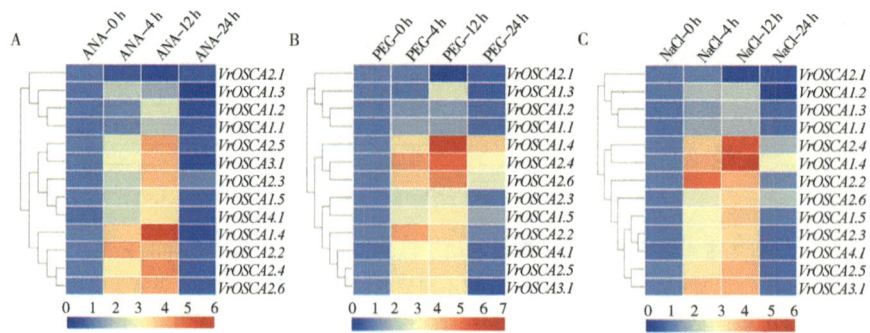

图 7-6 *VrOSCA* 基因在 ABA（A）、PEG（B）和 NaCl（C）处理下的表达热图

注：底部的颜色刻度表示 log2 的表达值，蓝色表示低水平，红色表示高水平的转录丰度。

7.4 结论与讨论

钙离子通道是介导离子运输的一类膜蛋白,它在维持植物生存方面至关重要。植物对逆境的感应是通过信号转导来调控的,而植物细胞感受外界刺激的物质被称为感受器或感受蛋白。植物 OSCA 属于高渗胁迫响应钙通透性阳离子通道蛋白,定位在质膜上,他们在植物中分布广泛,对渗透性胁迫有一定的抵抗作用(Batistič and Kudla,2012)。近年来, OSCA 基因家族已在水稻(Li et al., 2015)、小麦、玉米及大豆(李建伟等,2017)等多种农作物中完成了全基因水平上的鉴定、进化分析及功能研究,但是,在绿豆中还没有开展 OSCA 基因家族的研究。由于绿豆是一种适应性广、抗逆性强的作物,因此对绿豆进行全基因组测序有利于抗性基因的鉴定和作物的遗传改良。

在本研究中,我们对绿豆 OSCA 基因进行了全基因组分析,共鉴定出 13 个 VrOSCA 基因。VrOSCA 蛋白在序列和理化性质上有很大差异,这与其他植物物种的 OSCA 基因一样(Yuan et al., 2014; Li et al., 2015; Ding et al., 2019;李建伟等,2017)。系统进化树分析显示, OSCAs 可划分为 4 个亚家族,这与拟南芥、大豆和水稻的进化分析一致(Yuan et al., 2014; Li et al., 2015;李建伟等,2017),每个亚家族都包含来自绿豆、拟南芥、大豆和水稻的 OSCA 成员,表明 OSCA 家族的起源于绿豆、拟南芥、大豆和水稻物种分化前,在物种进化过程中发生了分化。亚家族 3 和亚家族 4 的 OSCA 成员数量远少于亚家族 1 和亚家族 2,但在物种进化过程中被保留下来,这表明亚家族 3 和亚家族 4 的 OSCA 成员在植物生长过程中起着不可或缺的作用。这 4 个物种中 OSCA 数量的不同表明,绿豆、拟南芥、大豆和水稻基因组中的大多数 OSCA 在物种分化后发生了遗传变异。

基于 OSCA 家族成员的系统发育关系,分析了绿豆、拟南芥、大豆和水稻中 OSCA 的共线性关系, OSCA 的大规模扩增可能发生在单子叶植物和双子叶植物分化之后。本研究没有发现与 VrOSCA1.2 和 VrOSCA2.2 相关的共线性片段。为了阐明 OSCA 基因家族在绿豆中的扩展机制,对基因重复事件进行了研究。共鉴定出 3 对重复的 VrOSCA 基因对,包括 VrOSCA2.1/VrOSCA2.2、VrOSCA2.3/VrOSCA2.4 和 VrOSCA2.4/VrOSCA2.5。绿豆与大豆的共线性关系表明, VrOSCA2.3、VrOSCA2.4 和 VrOSCA2.5 与大豆 OSCA 存在共线性关系,而 VrOSCA2.2 与大豆 OSCA 不存在共线性关系。因此,

VrOSCA2.1/VrOSCA2.2 的复制事件可能发生在绿豆与大豆物种分化之后，而 *VrOSCA2.3/VrOSCA2.4* 和 *VrOSCA2.4/VrOSCA2.5* 的重复事件可能发生在绿豆与大豆分化之前。复制的 *VrOSCA* 基因对的 Ka/Ks 比小于 1，表明重复的 *VrOSCA* 可能经历了纯化选择。由于纯化选择限制了基因差异，复制的 *VrOSCA* 基因可能保留了一些类似的功能（Liu et al., 2014）。研究结果还表明，在渗透胁迫下，*VrOSCA2.3*、*VrOSCA2.4* 和 *VrOSCA2.5* 基因的表达模式相似。

已有研究表明，每个 AtOSCA 蛋白含有 11 个跨膜结构域（Liu et al., 2018；Jojoa-Cruz et al., 2018；Zhang et al., 2018）。相比之下，VrOSCA 含有 8~10 个跨膜结构域，这表明 VrOSCA 在进化过程中经历了遗传变异。为了研究 VrOSCA 的结构特征，对其保守结构域进行了分析。结果表明，结构域高度保守，pfam13967、pfam14703 和 pfam02714 蛋白结构域在 VrOSCA 中的分布与玉米 OSCA 蛋白的分布一致（Ding et al., 2019）。同时，所有跨膜结构域均位于 pfam02714 和 pfam13967 蛋白结构域。在本研究中，亚家族 1、亚家族 2 和亚家族 3 的 VrOSCA 基序高度保守，且保守基序的组成模式相似。然而，亚家族 4 中的 VrOSCA4.1 所含保守基序较少。

本研究分析了 *VrOSCA* 在渗透胁迫下的表达模式。OSCA 作为高渗透钙通道蛋白家族的成员，*VrOSCA* 基因响应 ABA 处理和 PEG、NaCl 诱导的渗透胁迫，这与拟南芥和水稻中 *OSCA* 基因的结果一致（Kiyosue et al., 1994；Li et al., 2015）。不同亚家族和同一亚家族中的 *VrOSCA* 在 ABA 处理和 PEG、NaCl 诱导的渗透胁迫下表现出差异表达，表明不同的 *VrOSCA* 可能具有不同的功能。本研究结果显示，*VrOSCA2.1* 基因在 ABA、PEG 和 NaCl 处理下表达显著下调，而其余 12 个 *VrOSCA* 基因在这 3 种处理下表达显著上调，这表明 12 个 *VrOSCA* 基因可能是绿豆渗透胁迫响应的重要基因，参与了复杂的信号网络。与对照相比，有 8 个 *VrOSCA* 基因（除了 *VrOSCA1.1*、*VrOSCA1.2*、*VrOSCA1.3* 和 *VrOSCA4.1*）的表达上调幅度在 10~70 倍，表明这些基因对渗透胁迫响应强烈，在干旱和高盐耐受性中可能发挥重要作用。此外，复制基因的表达具有相似的表达模式，表明这些基因可能在进化中保留了相似的功能，而 *VrOSCA2.1/VrOSCA2.2* 却表现出不同的模式，这可能是基因在复制后功能发生了多样化（Adams, 2007）。

对 13 个 *VrOSCA* 基因启动子成分的分析表明，不同 *VrOSCA* 启动子上所含与 ABA 响应（*ABRE*）和胁迫响应（*DRE*、*MBS*、*LTR* 和 *TC-rich*）相关的元件类型不同。例如，除 *VrOSCA1.5*，所有 *VrOSCA* 基因至少含有一个与逆境应答相关的顺势作用元件，只有 *VrOSCA1.1*、*VrOSCA1.2*、*VrOSCA2.1*、*VrOSCA2.2* 和 *VrOSCA2.6* 5 个 *VrOSCA* 基因含有 *DRE* 元件。此外，同一亚家族中 *VrOSCA* 基因的启动子也含有不同类型和数量的响应元件，因此，同一亚家族中的基因可能表现出功能多样性，可能具有不同的作用机制（Yoshida et al., 2014）。在亚家族 1 中，只有 *VrOSCA1.4* 含有与干旱响应相关的 *MBS* 元件，PEG 处理下，*VrOSCA1.4* 的相对表达值显著高于亚家族 1 中其他 *VrOSCA*，表明 *VrOSCA1.4* 可能在干旱胁迫响应中发挥更重要的作用。此外，*VrOSCA2.2* 和 *VrOSCA2.4* 的启动子也含有 *MBS* 元件，PEG 处理下，*VrOSCA2.2* 和 *VrOSCA2.4* 的相对表达量比对照（0 h）增加了近 20 倍，因此，不同亚家族的基因在功能方面可能表现出协同作用（Fujita et al., 2011）。*VrOSCA2.2* 和 *VrOSCA2.6* 启动子中含有 *ABRE*（脱酸响应元件）和 *DRE*（干旱、盐和冷响应元件）元件，在 ABA 和 PEG 胁迫下，*VrOSCA2.2* 和 *VrOSCA2.6* 的相对表达量是对照（0 h）的 10 倍以上。因此，启动子中存在的胁迫诱导顺式调控元件在调节基因对非生物胁迫的表达中起着重要作用。

7.5　小结

绿豆是一种暖季豆类作物，属于豆科蝶形花亚科。中国是世界上绿豆的主要生产国之一。绿豆具有显著的经济和健康效益，是一种适应性广、对环境耐受性高的植物。*OSCA*（高渗门控钙通透性通道蛋白）基因家族成员在调节胁迫，如干旱和盐胁迫中发挥着重要作用。本研究在绿豆基因组中总共鉴定出 13 个 *OSCA* 基因，根据其与拟南芥 *OSCA* 的同源性进行命名，所有的 *OSCA* 在系统发育上被分为 4 个亚家族。系统发育和共线性分析表明，多数 *VrOSCA* 的复制发生在绿豆和大豆物种分化之前，13 个 *VrOSCA* 中共有 3 对 *VrOSCA* 基因复制对，且复制的 *VrOSCA* 经历了纯化选择。蛋白质结构域、基序和跨膜分析表明，多数 VrOSCA 与其同源物种中的 OSCA 具有相似的结构。*VrOSCA* 启动子上含有多个与逆境和 ABA 响应的元件，且 *VrOSCA* 参与 ABA 处理和 PEG、NaCl 诱导的渗透胁迫，除 *VrOSCA2.1* 外，其他 12 个 *VrOSCA* 在 ABA、PEG 和 NaCl 处理下均上调表达，其中 *VrOSCA1.4* 表达变化倍数最大，这与前人研究中认为 OSCA 家族成员参与植物干旱、盐害等非生物胁迫应答反应的结果是一致的。研究结果为理解绿豆 OSCA 家族的分子进化机制提供了重要基础，也为进一步研究绿豆对非生物胁迫的耐受性提供理论依据。

参考文献

李建伟，杨珺凯，贾博为，等，2017. 大豆基因组中 *OSCA* 基因家族的进化和表达分析［J］. 中国油料作物学报（5）：589-599.

吕广德，2015. 小麦 *TaOSCA1.4* 基因的克隆、标记开发和功能分析［D］. 泰安：山东农业大学.

王傲雪，张可为，张瑶，2019. 番茄 *OSCA* 基因家族鉴定及不同胁迫条件下表达分析［J］. 东北农业大学学报，50（1）：19-28.

殷丽丽，陈晓亮，陈璐璐，等，2019. NaCl、Na_2SO_4 和 Na_2CO_3 对绿豆种子萌发的影响［J］. 作物杂志（3）：192-196.

殷丽丽，邢宝龙，陈晓亮，2020. 种植密度对晋北区绿豆农艺性状及产量的影响［J］. 中国农业科技导报，22（7）：124-129.

ADAMS K L, 2007. Evolution of duplicate gene expression in polyploid and hybrid plants［J］. Journal of Heredity, 98（2）：136-141.

AHANGER M A, ALYEMENI M N, WIJAYA L, et al., 2018. Potential of exogenously sourced kinetin in protecting *Solanum lycopersicum* from NaCl-induced oxidative stress through up regulation of the antioxidant system, ascorbate-glutathione cycle and glyoxalase system［J］. Public Library of Science ONE, 13（9）：e0202175.

AHANGER M A, AZIZ U, ALSAHLI A A, et al., 2019. Influence of exogenous salicylic acid and nitric oxide on growth, photosynthesis, and ascorbate-glutathione cycle in salt stressed *Vigna angularis*［J］. Biomolecules, 10（1）：42.

ALAM P, ALBALAWI T H, ALTALAYAN F H, et al., 2019. 2, 4-Epibrassinolide (EBR) confers tolerance against NaCl stress in soybean plants by up-regulating antioxidant system, ascorbate glutathione cycle, and glyoxalase system［J］. Biomolecules, 9（11）：640.

ARNADÓTTIR J, CHALFIE M, 2010. Eukaryotic mechanosensitive channels［J］. Annual Review of Biophysics, 39（1）：111-137.

BARTELS D, SUNKAR R, 2005. Drought and salt tolerance in plants［J］. Critical Reviews in Plant Sciences, 24（1）：23-58.

BATISTI O, KUDLA J, 2012. Analysis of calcium signaling pathways in plants [J]. Biochimica et Biophysica Acta - General Subjects, 1820 (8): 1283-1293.

BEGUM N, AHANGER M A, SU Y, et al., 2019. Improved drought tolerance by AMF inoculation in maize (*Zea mays*) involves physiological and biochemical implications [J]. Plants, 8 (12): 579.

BOOTH I R, EDWARDS M D, BLACK S, et al., 2007. Mechanosensitive channels in bacteria: signs of closure [J]. Nature Reviews Microbiology, 5 (6): 431-440.

CAO L, ZHANG P, Lu X, et al., 2020. Systematic analysis of the maize *OSCA* genes revealing *ZmOSCA* family members involved in osmotic stress and *ZmOSCA2.4* confers enhanced drought tolerance in transgenic *Arabidopsis* [J]. International Journal of Molecular Sciences, 21 (1): 351.

CHUNG E, CHO C W, SO H A, et al., 2013. Overexpression of VrUBC1, a mung bean E2 ubiquitin-conjugating enzyme, enhances osmotic stress tolerance in *Arabidopsis* [J]. Public Library of Science ONE, 8 (6): e66056.

DING S, FENG X, DU H, et al., 2019. Genome-wide analysis of maize OSCA family members and their involvement in drought stress [J]. The Journal of Life & Environmental Sciences, 7: e6765.

FAROOQ A, BUKHARI S A, AKRAM N A, et al., 2020. Exogenously applied ascorbic acid-mediated changes in osmoprotection and oxidative defense system enhanced water stress tolerance in different cultivars of safflower (*Carthamus tinctorious* L.) [J]. Plants, 9 (1): 104.

FINN R D, BATEMAN A, CLEMENTS J, et al., 2014. Pfam: the protein families database [J]. Nucleic Acids Research, 42 (Database issue): 222-230.

FUJITA Y, FUJITA M, SHINOZAKI K, et al., 2011. ABA-mediated transcriptional regulation in response to osmotic stress in plants [J]. Journal Plant Research, 124 (4): 509-525.

HEPLER P K, 2005. Calcium: a central regulator of plant growth and development [J]. Plant Cell, 17 (8): 2142-2155.

HOU C, TIAN W, KLEIST T, et al., 2014. DUF221 proteins are a family of osmosensitive calcium permeable cation channels conserved across eukaryotes [J]. Cell Research, 24: 632-635.

HUANG Z, TANG J, DUAN W, et al., 2015. Molecular evolution, characterization, and expression analysis of SnRK2 gene family in Pak-choi (*Brassica rapa* ssp. *Chinensi*) [J]. Frontiers in Plant Science, 6: 879.

HUBBARD K E, SIEGEL R S, VALERIO G, et al., 2012. Abscisic acid and CO_2 signalling via calcium sensitivity priming in guard cells, new CDPK mutant phenotypes and a method for improved resolution of stomatal stimulus-response analyses [J]. Annals of Botany, 109 (1): 5-17.

JI L, WANG J, YE M, et al., 2013. Identification and characterization of the Populus AREB/ABF subfamily [J]. Journal of Integrative Plant Biology, 55 (2): 177-186.

JOJOA-CRUZ S, SAOTOME K, MURTHY S E, et al., 2018. Cryo-EM structure of the mechanically activated ion channel *OSCA1. 2*. Elife, 7: e41845.

KANG Y J, KIM S K, KIM M Y, et al., 2014. Genome sequence of mung bean and insights into evolution within Vigna species [J]. Nature Communications, 5: 5443.

KAUR H, SIRHINDI G, BHARDWAJ R, et al., 2018. 28-homobrassinolide regulates antioxidant enzyme activities and gene expression in response to salt-and temperature-induced oxidative stress in Brassica juncea [J]. Scientific Reports, 8 (1): 8735.

KAYA C, SENBAYRAM M, AKRAM N A, et al., 2020. Sulfur-enriched leonardite and humic acid soil amendments enhance tolerance to drought and phosphorus deficiency stress in maize (*Zea mays* L.) [J]. Scientific Reports, 10 (1): 6432.

KIM S K, NAIR R M, LEE J, et al., 2015. Genomic resources in mungbean for future breeding programs [J]. Frontiers in Plant Science, 6: 626.

KIYOSUE T, YAMAGUCHI-SHINOZAKI K, SHINOZAKI K, 1994. Cloning of cDNAs for genes that are early-responsive to dehydration stress (ERDs) in *Arabidopsis thaliana* L.: identification of three ERDs as HSP cognate genes [J]. Plant Molecular Biology, 25 (5): 791-798.

KNIGHT H, TREWAVAS A J, KNIGHT M R, 1997. Calcium signalling in

Arabidopsis thaliana responding to drought and salinity [J]. Plant Journal, 12 (5): 1067-1078.

KRZYWINSKI M, SCHEIN J, BIROL I, et al., 2009. Marra MA. Circos: an information aesthetic for comparative genomics [J]. Genome Research, 19 (9): 1639-1645.

KUMAR S, STECHER G, TAMURA K, 2016. Mega7: Molecular evolutionary genetics analysis version 7.0 for bigger datasets [J]. Molecular Biology and Evolution, 33 (7): 1870-1874.

LESCOT M, DÉHAIS P, THIJS G, et al., 2002. PlantCARE, a database of plant cis-acting regulatory elements and a portal to tools for in silico analysis of promoter sequences [J]. Nucleic Acids Research, 30 (1): 325-327.

LETUNIC I, DOERKS T, BORK P, 2015. Smart: recent updates, new developments and status in 2015 [J]. Nucleic Acids Research, 43 (Database issue): D257-260.

LI Y S, YUAN F, WEN Z H, et al., 2015. Genome-wide survey and expression analysis of the *OSCA* gene family in rice [J]. BMC Plant Biology, 15: 261-273.

LIBRADO P, ROZAS J, 2009. DnaSP v5: a software for comprehensive analysis of DNA polymorphism data [J]. Bioinformatics, 25 (11): 1451-1452.

LIU W, LI W, HE Q, et al., 2014. Genome-wide survey and expression analysis of calcium-dependent protein kinase in *Gossypium raimondii* [J]. Public Library of Science ONE, 9 (6): e98189.

LIU X, WANG J, SUN L, 2018. Structure of the hyperosmolality-gated calcium-permeable channel *OSCA1.2* [J]. Nature Communications, 9 (1): 5060.

LIVAK K J, SCHMITTGEN T D, 2001. Analysis of relative gene expression data using real-time quantitative PCR and the 2 (-Delta Delta C (T)) method [J]. methods, 25 (4): 402-408.

MARCHLER-BAUER A, LU S, ANDERSON J B, et al., 2011. CDD: a conserved domain database for the functional annotation of proteins [J]. Nucleic Acids Research, 39 (Database issue): D225-229.

MCAINSH M R, PITTMAN J K, 2009. Shaping the calcium signature [J]. New Phytologist, 181 (2): 275-294.

MOEDER W, PHAN V, YOSHIOKA K, 2019. Ca^{2+} to the rescue - Ca^{2+} channels and signaling in plant immunity [J]. Plant Science, 279: 19-26.

RAI A, SUPRASANNA P, D'SOUZA S F, et al., 2012. Membrane topology and predicted RNA-binding function of the 'Early Responsive to Dehydration (ERD4)' plant protein [J]. Public Library of Science ONE, 7 (3): e32658.

RAJA V, QADIR S U, ALYEMENI M N, et al., 2020. Impact of drought and heat stress individually and in combination on physio-biochemical parameters, antioxidant responses, and gene expression in *Solanum lycopersicum* [J]. 3 Biotech, 10 (5): 208.

REDDY A S, 2001. Calcium: silver bullet in signaling [J]. Plant Science, 160 (3): 381-404.

SRIVASTAVA R, KUMAR S, KOBAYASHI Y, et al., 2018. Comparative genome-wide analysis of WRKY transcription factors in two Asian legume crops: Adzuki bean and Mung bean [J]. Scientific Reports, 8: 16971.

STEINHORST L, KUDLA J, 2013. Calcium-a central regulator of pollen germination and tube growth [J]. Biochimica et Biophysica Acta-General Subjects, 1833 (7): 1573-1581.

THOMPSON J D, HIGGINS D G, GIBSON T J, 1994. CLUSTAL W: improving the sensitivity of progressive multiple sequence alignment through sequence weighting, position-specific gap penalties and weight matrix choice [J]. Nucleic Acids Research, 22 (22): 4673-4680.

WANG L F, ZHU J F, LI X M, et al., 2018. Salt and drought stress and ABA responses related to bZIP genes from *V. radiata* and *V. angularis* [J]. Gene, 651: 152-160.

WANG W, VINOCUR B, ALTMAN A, 2003. Plant responses to drought, salinity and extreme temperatures: towards genetic engineering for stress tolerance [J]. Planta, 218 (1): 1-14.

YANG K, TIAN Z, CHEN C, et al., 2015. Genome sequencing of adzuki bean (*Vigna angularis*) provides insight into high starch and low fat accumulation and domestication [J]. Proceedings of the National Academy of Sciences, 112: 13213-13218.

YIN L L, WU R G, AN R L, et al., 2024. Genome-wide identification, molecular evolution and expression analysis of the B-box gene family in mung bean (*Vigna radiata* L.) [J]. BMC Plant Biology, 24: 532.

YOSHIDA T, MOGAMI J, YAMAGUCHI-SHINOZAKI K, 2014. ABA-dependent and ABA-independent signaling in response to osmotic stress in plants [J]. Current Opinion in Plant Biology, 21: 133-139.

YUAN F, YANG H M, XUE Y, et al., 2014. *OSCA1* mediates osmotic-stress evoked Ca^{2+} increases vital for osmosensing in *Arabidopsis* [J]. Nature, 514 (7522): 367-371.

ZHANG M, WANG D, KANG Y, et al., 2018. Structure of the mechanosensitive OSCA channels [J]. Nature Structural & Molecular Biology, 25 (9): 850-858.

8 绿豆 *BBX* 基因家族的鉴定及对干旱和盐胁迫的响应

8.1 引言

锌指蛋白类转录因子是生物中的一大类转录因子，参与植物的生长发育、代谢及环境响应等调控过程，其含有由组氨酸、半胱氨酸和锌离子构成的锌指结构域组成（Kielbowicz-Matuk，2012）。根据锌指结构转录因子蛋白结构的不同，该蛋白家族又分为若干亚家族（Riechmann et al.，2000）。BBX（B-box）是锌指结构蛋白家族中的一个亚家族，其氨基酸序列 N 端具有一个或两个 B-box 结构域，有些 BBX 蛋白在 C 端还具有保守的 CCT 结构域，其中，BBX 结构域在调节蛋白-蛋白相互作用中起重要作用（Khanna et al.，2009；Huang et al.，2012），CCT 结构域参与 BBX 蛋白转录调控和核蛋白转运等功能（Gendron et al.，2012）。

8.1.1 BBX 蛋白的结构及分类

B-box 结构域包含一个或两个长约 40 个氨基酸残基的 B-box 基序，根据 B-box 基序氨基酸序列的一致性差异以及锌离子结合氨基酸残基的特异性，将 B-box 又分为 B-box1（B1）和 B-box2（B2）两种类型，但组成 B-box 结构域的氨基酸残基序列仍具有较高的保守性（Crocco and Botto，2013）。CCT 结构域所含氨基酸残基为 42~43 个，其氨基酸序列也具有高度保守性（Tiwari et al.，2010）。根据 B-box 结构域的数目和含有 CCT 结构域的情况，BBX 蛋白可以分为 5 种结构类型（图 8-1）。类型 I 和类型 II 都含有 2 个 B-box 和 1 个 CCT 结构域（B1+B2+CCT），但类型 I 和类型 II 的 B-box2 在氨基酸序列上有差异，类型 III 仅有 1 个 B-box1 和 1 个 CCT 结构域（B1+CCT），类型 IV 只含有 2 个 B-box 结构域（B1+B2），类型 V 只有 1 个

B-box 结构域（B1）。

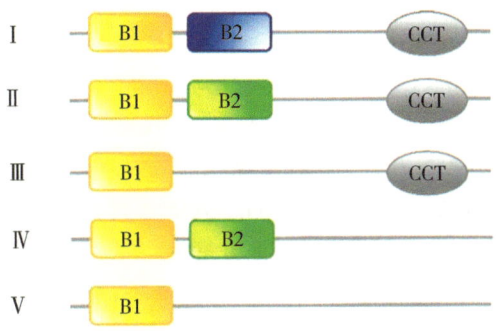

图 8-1　BBX 蛋白的结构类型

8.1.2　BBX 蛋白的功能

BBX 基因家族编码的蛋白作为重要的转录因子，一方面直接作用于相关基因的启动子区调控基因的表达，另一方面以蛋白互作的形式调控其他蛋白的功能，参与植物的光形态建成、成花生理、避荫反应、激素信号转导及对逆境胁迫的响应等生长发育过程。

8.1.2.1　BBX 蛋白参与植物光形态建成

BBX 蛋白在光形态建成中发挥重要作用。研究表明，拟南芥 bbx4 突变体幼苗在红光下表现为胚轴伸长；bbx20 在红光和蓝光下胚轴伸长；bbx21 和 bbx2 无论在红光、远红光还是蓝光中都表现为胚轴伸长（Datta et al.，2006；2007；2008）。不同的 BBX 蛋白在光形态建成中发挥的作用也不同，既有协同作用，又有拮抗作用，尤其是类型Ⅳ BBX 成员，在拟南芥中有 8 个类型Ⅳ BBX 蛋白，其中 6 个（BBX20-BBX25）参与 HY5 依赖性的光形态建成过程，HY5 是对光形态建成过程起促进作用的核心调控因子（Gangappa et al.，2006）。在这 6 个蛋白中，AtBBX20、AtBBX21、AtBBX22 和 AtBBX23 是光形态建成的正调控因子，而 AtBBX24 和 AtBBX25 则是光形态建成的负调控因子。AtBBX21 和 AtBBX22 互作又可以直接作用于 HY5 基因的启动子区域，增强其表达活性（Datta et al.，2007；Chang et al.，2008），AtBBX24 和 AtBBX25 则通过形成异源二聚体的形式抑制 HY5 的转录活性（Gangappa et al.，2013）。不同的 BBX 蛋白对 COP1 也有不同的调控方式，其中，AtBBX20、AtBBX21 和 AtBBX22 抑制 COP1 的功能，AtBBX24 和

AtBBX25 则提高 *COP1* 的活性，而 COP1 在有光的条件下又能够结合到 AtBBX24 和 AtBBX25 上减弱它们的功能（Gangappa et al., 2013；Datta et al., 2006；2007）。此外，紫外受体 UVR8（UV-B resistance 8）在紫外辐射下，能够在核内积累并激活 COP1，进而调控紫外响应基因，抑制拟南芥幼苗胚轴的生长，但 AtBBX24 能延缓由 COP1 活化引起的 HY5 积累造成的光形态建成效应（Jiang et al., 2012）。对于结构相似的 BBX 蛋白可能具有完全不同的功能，这可能与 BBX 蛋白 C 末端序列的多样性有密切关系，该区域松散的保守性导致了不同 BBX 蛋白功能的多样性，例如，AtBBX21 和 AtBBX24 都可以在转录后调控 HY5 的活性，但方式是相反的，这种相反的调控方式就是由 C 末端序列的不同引起的（Job et al., 2018；Yadukrishnan et al., 2018）。

其他 BBX 蛋白也参与光形态建成过程，如 AtBBX4 可以在 COP1 下游作为光形态建成的正调控因子而发挥作用（Datta et al., 2006），AtBBX32 能够与 AtBBX21 结合后，进而与 HY5 互作并降低其转录活性（Holtan et al., 2011）；低剂量紫外辐射条件下，COP1 还可以促进 *AtBBX5* 和 *AtBBX18* 的表达而抑制 *AtBBX7* 和 *AtBBX8* 的表达（Oravecz et al., 2006），AtBBX30 和 AtBBX31 在正常光下都抑制植物光形态建成，但在紫外光下 AtBBX31 却作为光形态建成的正调控因子而发挥作用（Yadav et al., 2019；Heng et al., 2019）。由此可见，BBX 蛋白参与光形态建成。

8.1.2.2　BBX 蛋白在植物成花过程中的作用

植物成花过程受多种条件控制，其中，光周期对植物成花的影响与 BBX 蛋白关系密切。长日照下，拟南芥的 CO/AtBBX1 能够直接结合在 *FT*（*FLOWERING LOCUS* T）基因启动子上，激活 *FT* 基因的表达，从而促进植物的开花（Tiwari et al., 2010；Cao et al., 2014）。同时，光诱导的 FKF1（FLAVIN-BINDING, KELCH REPEAT, F-BOX 1）能够阻止 CO 的抑制因子 COP1 形成二聚体，使 COP1 发挥作用的四聚体形式 [(COP1)$_2$(SPA1)$_2$] 不能正常形成，从而使 CO 能顺利地作用于成花途径，短日照条件下，FKF1 主要在夜间表达，不能被光激活，因此也就不能抑制 COP1（Lee et al., 2017；Subramanian et al., 2004；Zhu et al., 2008）。

除了 CO 蛋白，其他 BBX 蛋白也参与植物成花的调控过程。拟南芥 *bbx4/col3* 突变体在长日照、短日照条件下都能提前开花（Datta et al., 2006）。进一步研究表明，AtBBX4（COL3）可能是通过与 AtBBX32 互作进一步调控 *FT* 的表达实现对植物成花调控的（Tripathi et al., 2017）。

AtBBX32 还能够与 EMF1（EMBRYONIC FLOWER1）互作调控拟南芥成花时间（Park et al.，2011）。*bbx7/col8* 突变体开花早于野生型，而 *AtBBX7* 超表达株系长日照下则延长拟南芥成花时间，说明 BBX7 可能通过抑制 *CO* 和 *FT* 基因表达影响植物的成花（Cheng et al.，2005）。超表达 *AtBBX19* 抑制拟南芥转基因植株的成花，它能够通过与 CO 竞争性结合 *FT* 的启动子，抑制下游基因的表达，从而抑制成花（Wang et al.，2015），COL12（AtBBX13）则通过与 CO 的互作，改变 CO 的活性，影响植物的成花发育（Ordoñez-Herrera et al.，2018；Wang et al.，2014）。

8.1.2.3　BBX 蛋白在避荫反应中的作用

植物生长密度过高时，其生长环境的红光/远红光比值会下降，这种下降成为植物产生避荫响应的一种重要信号，从而导致植物的竞争性生长，如胚轴和茎的伸长、分枝减少、叶片相对与水平方向的生长角度加大、加速开花等。BBX 蛋白能够介导遮荫环境中细胞的伸长。*cop1* 突变体严重抑制避荫响应，而在突变体中双重突变 *bbx1* 和 *bbx2* 则可以恢复 *cop1* 的避荫响应（Crocco et al.，2011）。研究表明，PIF4 转录因子在遮荫环境中能结合在细胞伸长相关基因的启动子上，促进细胞伸长，而这种效应需要 BBX24 与 DELLA 蛋白的结合，以阻止 DELLA 介导的 PIF4 活性抑制（Crocco et al.，2015）。BBX16/COL7 能够通过上调 *PIL1* 的表达在高红光/远红光比值下促进拟南芥的分枝，在低红光/远红光比值下增强植株的避荫反应（Sun et al.，2013）。研究表明，不同的 BBX 蛋白在避荫响应中发挥的作用是不同的，甚至是相反的，如 AtBBX19、AtBBX21、AtBBX22 能抑制避荫响应，而 AtBBX18、AtBBX24 对避荫响应则有促进作用（Crocco et al.，2011）。

8.1.2.4　BBX 蛋白参与植物非生物逆境响应

逆境胁迫是影响植物生长发育的重要因素，多数转录因子家族的基因参与逆境响应调控。BBX 蛋白在植物生长的生物逆境和非生物逆境响应方面都发挥一定的作用。在光形态建成中起负调控作用的 AtBBX18 参与了拟南芥耐热反应，AtBBX18 可抑制热胁迫响应基因 *DGD1*（Digalactosyldiacylglycerol synthase 1）、*HsfA2*（Heat stress transcription factor A2）和 *Hsp101*（Heat shock protein 101）的表达，表明该基因在热胁迫响应中起负调控作用，*AtBBX18* RNA 干涉株系其耐热性得到提高，而超表达 *AtBBX18* 的转基因株系热耐受性下降（Wang et al.，2013）。拟南芥 AtBBX24/STO 参与盐逆境胁迫响应过程，在酵母 *Saccharomyces cerevisiae* 中过表达 *AtBBX24* 可显著提高转基因细胞的耐盐能力，在拟南芥中超表达 AtBBX24 的株系耐盐能力也得到提高。此外，AtBBX24 可结合到 HPPBF-1 基因的启动子区域，诱导其表达，该基因同样受盐胁迫诱导，表明 AtBBX24 间接参与了植物的耐盐性（Nagaoka et al.，2003）。AtBBX21/STH2 是 STO 的同源基因，sth2 突变会导致脱落酸和氯化钠处理下气孔孔径减小，减少水分的丧失，因此，sth2 突变体对脱落酸和盐胁迫敏感，此外，BBX21 通过干扰 HY5 与 ABI5 启动子的结合，负调节 ABI5 的表达，降低对脱落酸的应答反应，因此，STH2 负调控脱落酸介导的干旱耐受性（Xu et al.，2014）。苹果（Malus domestica）中部分 BBX 基因在渗透胁迫、高盐、低温和脱落酸处理下其表达上调，在大肠杆菌 Escherichia coli 中过表达 MdBBX10 增强了细胞对盐和渗透胁迫的耐受性，在拟南芥中超表达 MdBBX10 增强了转基因植株对干旱、盐等非生物逆境的耐受性，这与超表达 MdBBX10 导致的活性氧清除能力增强相关（Liu et al.，2019）。MdBBX1 转基因植株在盐和干旱处理后表现出更强的耐受性和较高的存活率（Dai et al.，2022）。超表达水稻 BBX 基因 Ghd2 的植株对干旱变得敏感，其衰老相关基因表达上调，表明 Ghd2 可加速干旱诱导的水稻叶片的衰老（Liu et al.，2016）。在菊花中，CmBBX19 可与 CmABF3 相互作用抑制植株对脱落酸的响应，从而降低植株的耐旱性，CmBBX22 通过下调 ABF4 的表达，上调 ABI3 和 ABI5 的表达延缓干旱诱导的叶片衰老（Xu et al.，2020；Liu et al.，2019）。此外，高盐和 PEG 处理能够诱导马铃薯 SsBBX24 基因的表达和蛋白积累，且日照时间长短还能调控 SsBBX24 对盐胁迫的响应（Kielbowicz-Matuk et al.，2014）。由此可见，BBX 广泛参与植物的干旱、低温、高盐和氧化胁迫等非生物逆境响应。

8.1.2.5 BBX 参与激素信号转导

目前，BBX 蛋白已经被证实在生长素、赤霉素、脱落酸和油菜素内酯等激素信号转导过程中发挥重要作用（Vaishak et al.，2019）。AtBBX21 能够分别与 HY5 和 ABI5（ABA insensitive 5）形成异源二聚体，调控光介导的 ABA 信号转导作用，影响光形态建成（Xu et al.，2014）；AtBBX18 可以通过调控赤霉素（GA）代谢基因的活性来促进胚轴的生长（Wang et al.，2011）。AtBBX20 可以通过抑制参与油菜素内酯信号途径的基因 BZR1（BRASSINAZOLE-RESISTANT 1）来抑制胚轴的伸长（Sun et al.，2010）。水稻中的 OsBBX8、OsBBX27 和 OsBBX30 对光信号和生长素、赤霉素等激素信号都有响应，表明这些基因可能在光形态建成和激素信号的交叉互作中发挥了重要的作用（Huang et al.，2012）。在避荫响应中，AtBBX21 作为负调控因子下调生长素、乙烯和油菜素内酯相关基因的表达，从而影响长期遮荫条件下的植物生长（Crocco et al.，2011）。AtBBX16 可上调生长素合成抑制因子 SUR2 的表达，调控植物的分枝特性以应对遮荫条件（Sun et al.，2013；Zhang et al.，2014）。干旱环境下，ABA 可以通过调控 CO 转录后的功能或者活性，而促进 FT 基因的表达而实现"干旱逃逸"（干旱条件下加速开花的现象）（Riboni et al.，2016）。拟南芥中 CO 还可以通过与介导水杨酸信号转导的 TGA4（TGACG MOTIF-BINDING FACTOR 4）蛋白互作调控植物的成花发育（Song et al.，2008）。

8.1.2.6 研究意义

BBX 基因已在多个物种中得到系统鉴定和分析，如水稻中有 30 个 BBX 基因（Huang et al.，2012），番茄有 29 个 BBX 基因（Chu et al.，2016），梨有 25 个 BBX 基因（Cao et al.，2017），苹果有 64 个 BBX 基因（Liu et al.，2018），葡萄有 24 个 BBX 基因（Wei et al.，2020），大豆有 42 个 BBX 基因（殷丽丽等，2022）。目前，BBX 基因在绿豆中还未被挖掘和研究。绿豆属豆科蝶形花亚科植物，广泛种植于热带和亚热带地区，绿豆作为功能性食品原料，营养成分丰富，包括许多优质蛋白质、碳水化合物、膳食纤维和生物活性物质（Talar et al.，2017）。绿豆基因组测序的完成，可为绿豆 BBX 基因家族的研究奠定基础（Kang et al.，2014）。本研究为了解 BBX 基因的分子进化机制提供了新的思路，为进一步研究绿豆 BBX 基因的生物学功能奠定了基础。

8.2 材料与方法

8.2.1 试验材料

将绿豆品种 VC1973A 播种于营养钵，于 24℃光照培养箱中培养，光周期为光照 16 h、黑暗 8 h，当第一片三出复叶出现时，用 20% PEG-6000、100mmol/L NaCl 和 100 μmol/L ABA 溶液分别处理幼苗，在处理 0 h、4 h、12 h 和 24 h 时采集叶片，每个样品进行 3 个生物重复，每个重复包括 3~4 株植株。并储存在-80℃保存，用于 RNA 提取和基因表达分析。

8.2.2 试验方法

8.2.2.1 绿豆 *OSCA* 家族成员的全基因组鉴定

从在线数据资源 Ensembl 网站（http://plants.ensembl.org/index.html）中下载绿豆基因组信息、蛋白质和染色体位置、CDS 序列等。采用两种方法来鉴定绿豆 *BBX* 基因家族成员。首先，在 Pfam 数据库（http://pfam.xfam.org/）下载 B-box 结构域（Pfam 登录号：00643）隐马尔可夫模型文件，利用 HMM3.0 程序（http://hmmer.org/download.html）进行比对，得到可能含有该保守结构域的候选成员（Finn et al., 2014）。其次，利用已知的 32 个拟南芥 *AtBBX* 成员的氨基酸序列，采用 BLASTP 方法在绿豆全基因组范围内进行比对（阈值 E≤1e^{-5}），获取 *VrBBX* 候选成员。随后，将两种方法得到的候选成员合并，删去重复序列，将获得的序列提交至 SMART（http://smart.embl-heidelberg.de/）（Letunic et al., 2015）、InterProscan（http://www.ebi.ac.uk/Tools/pfa/iprscan/）（Zdobnov and Apweiler, 2001）和 Pfam（http://pfam.xfam.org/）（Wilkins et al., 1999），手动剔除不含或者缺失 BBX 结构域的候选成员，最终获得 *VrBBX* 基因家族成员。从绿豆全基因组获取 *VrBBX* 基因的基因编号及其在染色体上的位置数据，利用 MapChart 软件绘制 *VrBBX* 基因在染色体上的分布图。

8.2.2.2 *VrBBX* 的序列和结构特征分析

利用在线软件 ExPASy Protparam Server（https://www.expasy.org/vg/index/Protein）分析 VrBBX 的氨基酸数量、分子量（molecular weight，MW）、理论等电点（point isoelectric，pI）等理化性质。用 SMART 网站分析 VrBBX 蛋白中 B-box 和 CCT 保守区域所在位置，利用 ClustalW 将 VrBBX 蛋白序列进行多序列比对，将比对结果提交至 Weblogo（://weblogo.berkeley.edu/）网站（Crooks et al., 2004），对 B-box 和 CCT 结构域的保守基序进行 Logo 分析。利用在线软件 MEME（http://meme-suite.org/tools/meme）对 *VrBBX* 基因家族蛋白序列的保守基序进行分析，具体设置的参数为：最大基序数量为 10，最佳基序宽度为 6~50 个氨基酸残基以及任意重复次数。使用 Gene Structure Display Server（GSDS2.0，https://gsds.cbi.pku.edu.cn/）（Guo et al., 2007）绘制 *VrBBX* 的基因结构。

8.2.2.3 绿豆 *BBX* 家族成员的进化分析

从基因组数据库（https://phytozome.jgi.doe.gov/pz/portal.html）下载拟南芥和大豆全基因组数据，获取拟南芥和大豆 *BBX* 基因家族的蛋白质序列，利用 ClustalW 7 软件对鉴定的 VrBBX 基因家族成员的蛋白序列和已知的 32 个拟南芥 AtBBX、42 个大豆 GmBBX 蛋白序列进行了多序列比对（Thompson et al.，1994），利用 MEGA 7.0 软件中邻接法（Neighbor-Joining，NJ）构建无根系统进化树，采用最大似然法，校验参数 Bootstrap method 设为 1 000（Kumar et al.，2016）。

8.2.2.4 BBX 基因在物种间和种内的共线性分析

为了分析不同物种间 BBX 基因的亲缘关系，分别下载绿豆、拟南芥、水稻基因组及其基因组注释文件，采用多重序列比对法分析了绿豆和其他物种（水稻、拟南芥、大豆）间 BBX 基因的相似性，利用 MCScanX（Wang et al.，2012）分析不同物种间的共线性模块儿，得到共线性文件 colinearity，将分析的基因对与其在染色体上的位置进行匹配，生成基因对共线性可视化文件并作图。

利用 McScanX 软件对绿豆 BBX 家族基因进行共线性分析，采用 Circos 软件（Krzywinski et al.，2009）绘制绿豆 BBX 家族成员共线性关系图。当两个基因的比对率大于 70%（相对于较长的基因），比对相似性大于 70%，且两个基因在染色体上的位置小于 100 kb 时，即认为这两个基因属于串联重复基因。利用 Calculator 2.0 软件（Wang et al.，2010）计算绿豆 BBX 家族中复制基因对的非同义替换率（Ka）和同义替换率（Ks），用 Ka/Ks 计算选择压力，利用公式 $T = Ks/2\lambda \times 10^{-6}$ Mya（$\lambda = 6.5 \times 10^{-9}$）估算绿豆中 BBX 发生复制事件的时间（Zhou et al.，2016）。

8.2.2.5 VrOSCA 启动子顺式作用元件分析

从绿豆基因组提取 VrBBX 基因起始密码子上游 1 500 bp 序列作为基因的启动子序列，利用 PlantCARE（http：//bioinformatics.psb.ugent.be/webtools/plantcare/html/）（Lescot et al.，2002）在线网站分析 VrBBX 基因启动子序列上的顺式作用元件，获得 VrBBX 基因启动子上与激素应答及与胁迫响应相关的顺式作用元件。

8.2.2.6 VrBBX 在干旱胁迫下转录组数据分析

为探究干旱胁迫下 VrBBX 的表达模式，从 SRA-NCBI（https：//www.ncbi.nlm.nih.gov/sra）获取了绿豆干旱胁迫下的 RNA-Seq 数据（BioProject：PRJNA764584）（Guo et al.，2023），下载配对的末端 clean reads，并使用 bowtie2 与参考基因组进行比对，通过与对照组进行比较，计算 VrBBX 基因的差异表达变化倍数，FDR<0.05，$\log_2 FC>1$ 和 $\log_2 FC<-1$ 的基

因被认为是在干旱胁迫下显著差异表达的基因。利用 Tbtool 软件以 Log_2FC 的平均值制作热图。

8.2.2.7 绿豆 *VrBBX* 基因对干旱胁迫、NaCl 胁迫和 ABA 处理的应答分析

（1）总 RNA 的提取

绿豆叶片总 RNA 的提取采用 TaKaRa 的 RNAiso plus 试剂盒。具体步骤如下：

①取适量叶片至加入液氮的研钵中，研磨至样品呈粉末状；

②取研磨好的样品（20~30 mg）移至 1.5 mL 离心管中，加入 1 mL RNAiso plus 溶液，剧烈振荡至充分透明状，室温静置 5 min；

③12 000×g，4℃离心 5 min，转移上清液至新的 Rnase-free 1.5 mL 离心管；

④加入 200 μL 氯仿，剧烈振荡 15 s，室温静置 5 min；

⑤12 000×g，4℃离心 15 min，此时，匀浆液分为 3 层，即无色的上清液、中间的白色蛋白层以及带有颜色的下层有机相，转移上清液至新的离心管；

⑥加入等体积异丙醇，轻轻颠倒混匀，静置 10 min；

⑦12 000×g，4℃离心 10 min，弃上清，加入 1 mL 75%的乙醇清洗沉淀；

⑧12 000×g，4℃离心 5 min，弃乙醇，室温干燥；

⑨加入约 50 μL DEPC 处理水溶解沉淀，可用移液器轻轻吹打混匀；

⑩1.0%琼脂糖凝胶电泳，分光光度计测定 RNA 浓度，当 $OD_{260}/OD_{280} \geq 1.8$ 和 $OD_{260}/OD_{230} \geq 2.0$ 即可用于 cDNA 的合成。

（2）cDNA 的合成

采用 M-MLV 反转录酶（TaKaRa）进行 cDNA 的合成，具体步骤如下：

①取 1.0 μg RNA 作为模板，按以下体系加样：RNA 2.0 μg, Oligo d (T) 18（10 μmol/L）3.0 μL, Rnase-free ddH$_2$O 10.0 μL；

②将微量离心管于 PCR 仪中 72℃加热 10 min 后，冰上放置 2 min；

③冰浴后在微量离心管中分别加入以下试剂：MV-MLV Transcriptase 2 μL, dNTP（10 μmol/L）2.5 μL, RNase Inhibitor 1 μL, 10×Buffer 5 μL；

④将微量离心管于 PCR 仪中 42℃加热 1 h，放在冰上终止第一链合成，-20℃保存。

(3) *VrBBX* 基因实时荧光定量 PCR 分析

利用 ABI 7500 Real-Time PCR System 进行 qRT-PCR 分析，所用荧光染料为 SYBR Green PCR mix (Takara, Tokyo, Japan)，设计 *VrBBX1*、*VrBBX3*、*VrBBX5*、*VrBBX10*、*VrBBX12*、*VrBBX16*、*VrBBX19*、*VrBBX21* 和 *VrBBX22* 基因实时荧光定量 PCR 引物，引物序列如表 8-1 所示。

表 8-1 实时荧光定量 PCR 引物

引物名称	引物序列 (5′→3′)
VrBBX1-Q-F	ATCAAATCTCCAGCCAATGAGC
VrBBX1-Q-R	TGCTTCTTTCATTTCGTCGG
VrBBX3-Q-F	GAGGCTTCTTCTTCAATGTT
VrBBX3-Q-R	TTGGCTCATCACAGTCTT
VrBBX5-Q-F	GCGCGACCCTGTGACTACTGTG
VrBBX5-Q-R	GTCCGCGTGTGCTTCGAGAA
VrBBX10-Q-F	GATGTTTGTCAGGAGAGAAGAG
VrBBX10-Q-R	AGTGAGAAGGAACCTATCATGC
VrBBX12-Q-F	CGCCAAAGCCATGTGACT
VrBBX12-Q-R	CTTGTTGGCGCAGTGAATCTTG
VrBBX16-Q-F	TACTGTGCTGCCGATGAT
VrBBX16-Q-R	GGAGGTTGTTGTTGTTGTTC
VrBBX19-Q-F	AGAATCTGGCGAGGTTGGAG
VrBBX19-Q-R	TCGTGCAATTCGCGGGGTAG
VrBBX21-Q-F	TGGAATGGCTTACAGATG
VrBBX21-Q-R	GTAGGACTTGGAGGTTCT
VrBBX22-Q-F	GCCAGGAAGCATTAGGATA
VrBBX22-Q-R	TGACCAGAGACATAAGCATT

PCR 反应体系如下：

cDNA 模板 1 μL，上游引物（10 μmol/L）0.25 μL，下游引物（10 μmol/L）0.25 μL，ddH$_2$O 11 μL，SYBR Green PCR mix 12.5 μL。

PCR 反应程序：95℃：2 min；95℃：10 s；60℃：1 min；45 个循环。

通过溶解曲线来判断产物的特异性，基因相对表达量计算方法参照 $2^{-\triangle\triangle CT}$ 方法（Livak and Schmittgen，2001），每个反应重复三次。

PCR 反应程序：95℃变性 2 min，然后 95℃变性 10 s，60℃退火延伸 1 min，共 45 个循环。

8.3 结果与分析

8.3.1 绿豆 BBX 基因家族的鉴定

利用已知的 32 个拟南芥 AtBBX 成员的氨基酸序列，采用 BLASTP 方法在绿豆全基因组范围内进行比对，初步鉴定出绿豆中 42 个非冗余 BBX 成员。在 Pfam 数据库下载 B-box 结构域（Pfam 登录号：00643）隐马尔可夫模型文件，利用 HMM 比对后共获得 19 个候选 BBX 成员。通过鉴定 B-box 结构域的完整性，最终，在绿豆中确认了 23 个 VrBBX 成员，并根据其在染色体上的物理位置将其命名为 VrBBX1~VrBBX23。使用 Mapchart 软件绘制出绿豆 BBX 家族基因在染色体上的分布图（图 8-2），结果表明，17 个成员主要分布在 9 条染色体上（chr1、chr2、chr3、chr4、chr5、chr6、chr7、chr8、chr11），其余 6 个成员（VrBBX18、VrBBX19、VrBBX20、VrBBX21、VrBBX22 和 VrBBX23）没有组装到染色体上，其中 chr8 染色体上分布有 3 个 VrBBX 基因成员，chr1、chr2、chr5、chr6 和 chr7 染色体上有两个 VrBBX 基因，其余染色体和 scaffold 上均只分别有 1 个 VrBBX 基因。对 23 个 VrBBX 蛋白的理化性质进行分析，结果如表 8-2 所示，绿豆 VrBBX 基因的编码序列长度在 558（VrBBX17）~1 482 bp（VrBBX15），对应的编码氨基酸数目为 185（VrBBX17）~493（VrBBX15），分子量大小在 20.37（VrBBX17）~54.87 kD（VrBBX15），等电点在 4.34（VrBBX18）~9.22（VrBBX20）。23 个 VrBBX 蛋白的不同长度导致不同的分子量和等电点，表明 VrBBX 在序列和理化性质上存在很大差异。

8 绿豆 BBX 基因家族的鉴定及对干旱和盐胁迫的响应

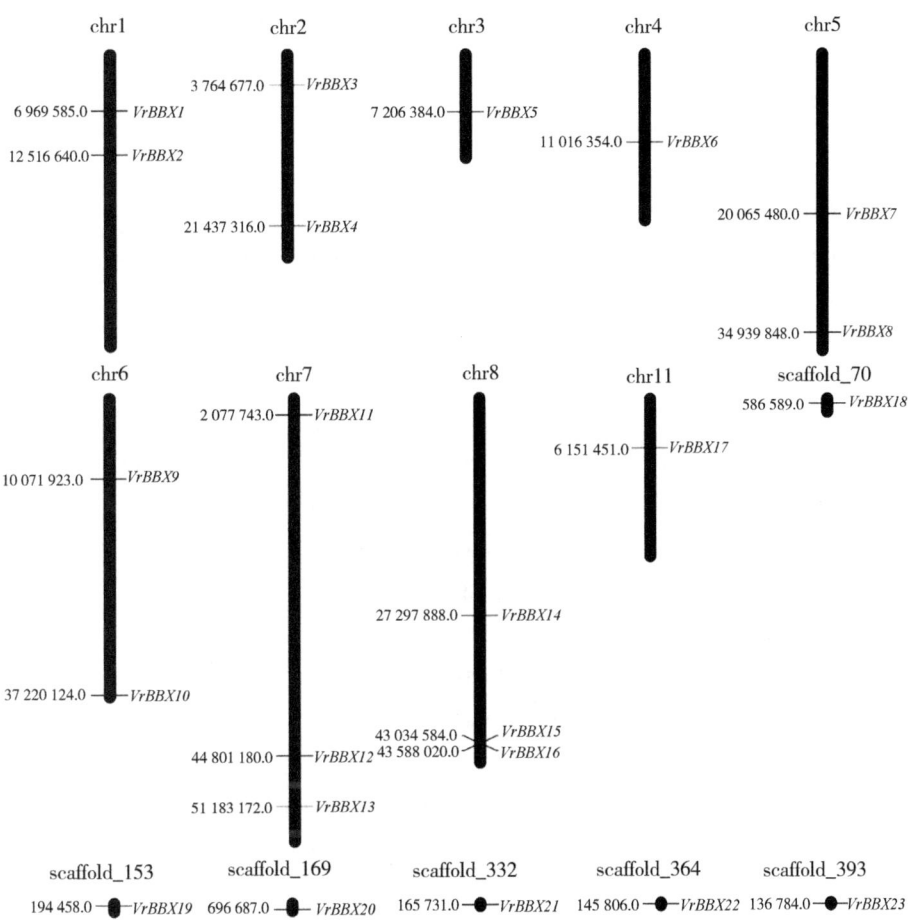

图 8-2 VrBBX 基因家族成员在染色体上的位置分布

表 8-2 VrBBX 家族基因及其编码蛋白序列特征

基因名称	基因 ID	位置	CDS 长度/bp	氨基酸/个	分子量/kDa	等电点
VrBBX1	Vradi01g04550	1：6969585~6973203	864	287	32.31	6.95
VrBBX2	Vradi01g07820	1：12516640~12519285	1 098	365	40.94	5.26
VrBBX3	Vradi02g04040	2：3764677~3767502	750	249	27.29	4.91
VrBBX4	Vradi02g11390	2：21437315~21442108	891	296	32.46	5.62
VrBBX5	Vradi03g05670	3：7206384~7210968	1 035	344	38.35	6.47

(续表)

基因名称	基因 ID	位置	CDS 长度/bp	氨基酸/个	分子量/kDa	等电点
VrBBX6	Vradi04g04920	4：11016354~11020161	1 119	372	41.85	7.00
VrBBX7	Vradi05g11170	5：20065480~20066834	876	291	31.86	8.19
VrBBX8	Vradi05g22760	5：34939846~34944202	1 332	443	49.03	5.84
VrBBX9	Vradi06g07140	6：10071923~10080664	1 002	333	36.49	8.19
VrBBX10	Vradi06g16830	6：37220123~37221509	729	242	26.84	7.11
VrBBX11	Vradi07g01030	7：2077743~2079449	615	204	22.57	8.49
VrBBX12	Vradi07g21950	7：44801181~44803116	1 119	372	40.40	6.11
VrBBX13	Vradi07g27680	7：51183172~51185080	1 110	369	41.40	5.64
VrBBX14	Vradi08g09990	8：27297889~27300082	942	313	35.65	7.25
VrBBX15	Vradi08g20920	8：43034584~43041216	1 482	493	54.87	4.84
VrBBX16	Vradi08g21370	8：43588019~43589633	876	291	32.45	8.78
VrBBX17	Vradi11g06190	11：6151451~6153702	558	185	20.37	6.54
VrBBX18	Vradi0070s00170	scaffold_70：586589~588154	855	284	31.11	4.34
VrBBX19	Vradi0153s00350	scaffold_153：194458~195661	738	245	26.41	9.17
VrBBX20	Vradi0169s00070	scaffold_169：696687~698671	1 113	370	42.03	9.22
VrBBX21	Vradi0332s00150	scaffold_332：165731~168217	726	241	26.63	4.74
VrBBX22	Vradi0364s00080	scaffold_364：145806~148452	768	255	27.57	5.21
VrBBX23	Vradi0393s00030	scaffold_393：136784~139426	666	221	25.21	7.09

8.3.2　绿豆 BBX 基因家族保守结构域分析

绿豆 BBX 家族基因编码蛋白的保守结构域分析如图 8-3 所示，在 23 个 VrBBX 蛋白中，8 个 VrBBX 成员（VrBBX2、VrBBX5、VrBBX6、VrBBX7、VrBBX8、VrBBX9、VrBBX12 和 VrBBX14）具有 2 个保守的 B-box 结构域和 1 个 CCT 结构域，9 个 VrBBX 成员（VrBBX3、VrBBX4、VrBBX10、VrBBX11、VrBBX15、VrBBX17、VrBBX21、VrBBX22 和 VrBBX23）具有 2 个 B-box 结构域，4 个 VrBBX（VrBBX1、VrBBX13、VrBBX16 和 VrBBX20）有 1 个 B-box 结构域和 1 个 CCT 结构域组成，2 个 VrBBX（VrBBX18 和 VrBBX19）只有 1 个 B-box 结构域。VrBBX 家族蛋白序列比对表明，B-box1、B-box2 和 CCT 结

8 绿豆 BBX 基因家族的鉴定及对干旱和盐胁迫的响应

蛋白名称	结构域位置			蛋白结构
	B-box1	B-box2	CCT	
VrBBX1	42~89		238~281	
VrBBX2	24~71	67~114	296~339	
VrBBX3	1~47	52~98		
VrBBX4	1~47	52~99		
VrBBX5	7~54	50~97	298~341	
VrBBX6	1~46	42~91	324~366	
VrBBX7	2~48	44~91	234~277	
VrBBX8	23~66	66~103	387~430	
VrBBX9	1~47	43~90	276~318	
VrBBX10	5~47	55~98		
VrBBX11	16~62	66~111		
VrBBX12	17~63	60~107	300~343	
VrBBX13	13~60		314~357	
VrBBX14	7~54	50~97	267~309	
VrBBX15	1~47	48~87		
VrBBX16	14~61		236~279	
VrBBX17	1~47	51~95		
VrBBX18	30~76			
VrBBX19	1~46			
VrBBX20	14~16		313~356	
VrBBX21	1~47	52~99		
VrBBX22	1~17	52~99		
VrBBX23	1~36	59~104		

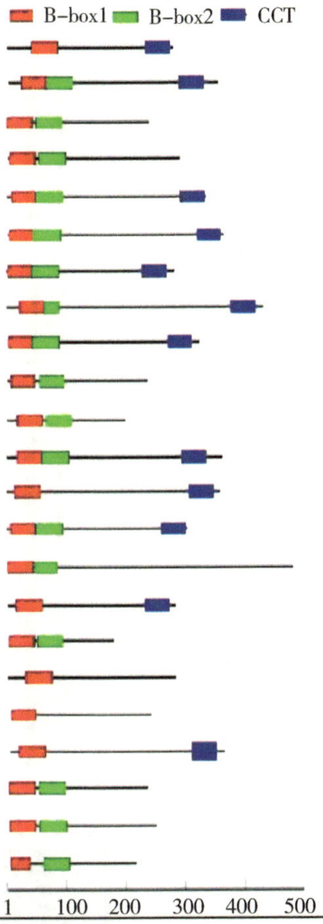

图 8-3 VrBBX 蛋白的保守结构域

注：图中蛋白质序列的长度用黑色线条表示，彩色框表示保守域，其中红色框表示 B-box1 结构域，绿色框表示 B-box2 结构域，蓝色框表示 CCT 结构域。

构域具有保守的氨基酸残基，且 B-box1 序列比 B-box2 序列更为保守（图 8-4），其中，B-box1 保守序列为 CDXCXXXXAXVYCXADXAXLCXXCDXX-VHXANXLASRH（其中"X"表示任意氨基酸），B-box2 序列为 CDICEXX-PAFVXCXXDXXLLCXXCDXXIHXXXXXSXXH，CCT 序列为 REARVLRYREKRK-TRKFXKXIRYESRKXXAETRPRIKGRFVK。此外，B-box1 和 B-box2 保持了相同

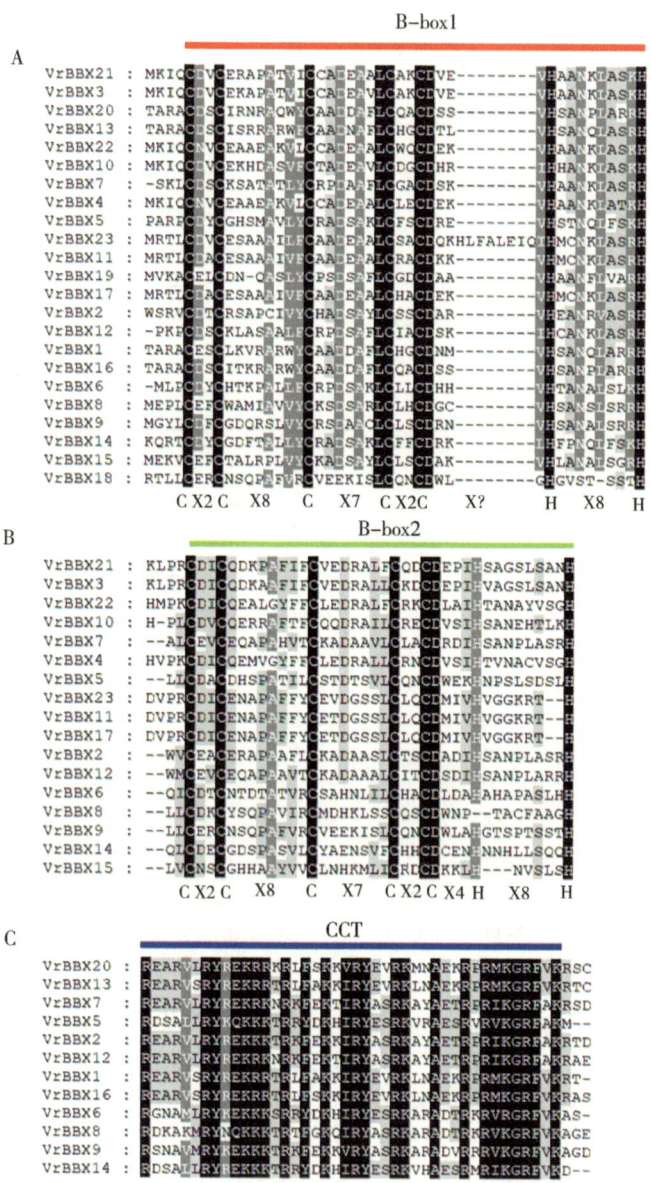

图8-4 VrBBX家族成员结构域多序列比对结果

A：B-box1保守结构域的多序列比对；B：B-box2保守结构域的多序列比对；C：CCT保守结构域的多序列比对。

注：黑色阴影的氨基酸为相同的氨基酸，炭灰色阴影的氨基酸为保守氨基酸，灰色阴影的氨基酸为相似度较高的氨基酸。

的拓扑结构，B-box1 和 B-box2 的保守结构域模式为 CX2CX8CX7CX2CX？HX8H（其中"？"表示多个氨基酸），B-BOX 中保守的半胱氨酸（C）和组氨酸（H）位点对 VrBBX 蛋白的功能具有重要作用。在 WebLogo 中对 B-box1、B-box2 和 CCT 结构域序列进行 Logo 分析，结果如图 8-5 所示，B-box1、B-box2 和 CCT 结构域序列与上述描述一致。

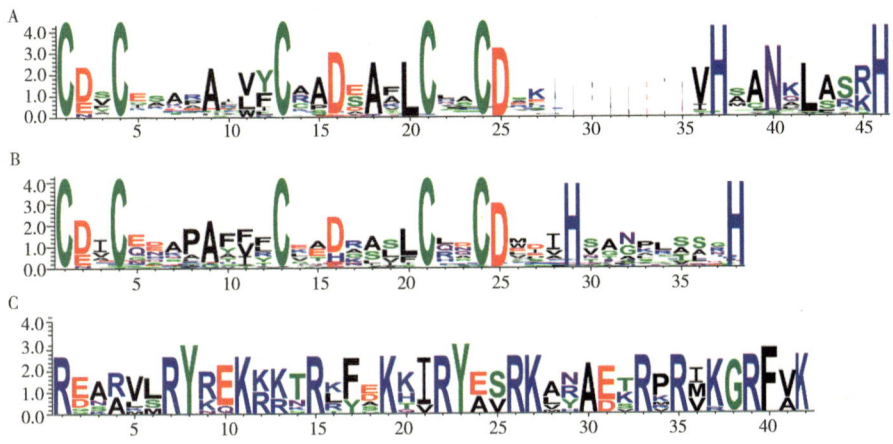

图 8-5　VrBBX 家族成员保守结构域的 Logo 分析

A：B-box1 保守结构域的 Logo；B：B-box2 保守结构域的 Logo；C：CCT 保守结构域的 Logo。

注：x 轴表示结构域的保守序列，字母的高度代表了每个氨基酸残基的保守性，y 轴是相对熵的刻度，反映了每个氨基酸的守恒率。

8.3.3　绿豆 BBX 基因家族的系统发育分析

为了探索绿豆、拟南芥和大豆中 BBX 家族的系统发育关系，下载拟南芥和大豆中的 BBX 氨基酸序列，基于 97 个 BBX（绿豆 23 个、拟南芥 32 个、大豆 42 个）蛋白序列构建了系统发育树。结果如图 8-6 所示，所有 BBX 蛋白被聚类为 5 个亚家族（Ⅰ、Ⅱ、Ⅲ、Ⅳ和Ⅴ）。亚家族Ⅰ和亚家族Ⅱ组成员包含两个 B-box（B-box1 和 B-box2）和一个 CCT 结构域，序列比对发现，B-box2 结构域的氨基酸序列在亚家族Ⅰ中比亚家族Ⅱ中更为保守（图 8-7）。亚家族Ⅲ中 BBX 蛋白含有一个 B-box1 结构域和 CCT 结构域，亚家族Ⅳ中 BBX 蛋白包含两个 B-box 结构域（B-box1 和 B-box2）。亚家族Ⅴ中 BBX 蛋白只含有一个 B-box1 结构域。而有些 VrBBX 蛋白中所含的保守结构域与系统发育树的聚类不相符，例如，亚家族Ⅱ的蛋白包含两个 B-box 和一个 CCT 域,而亚家族 II 蛋白 VrBBX18 只含有一个 B-box 结构域,VrBBX15 包含 B-box1 和 B-box2 结构域,属于亚家族IV中蛋白,但在系统发育树中聚集在亚家族V中。此外,每个亚家族中都包含来自绿豆、拟南芥和大豆的 BBX 蛋白,说明 *BBX* 基因起源于绿豆、拟南芥和大豆分化之前。

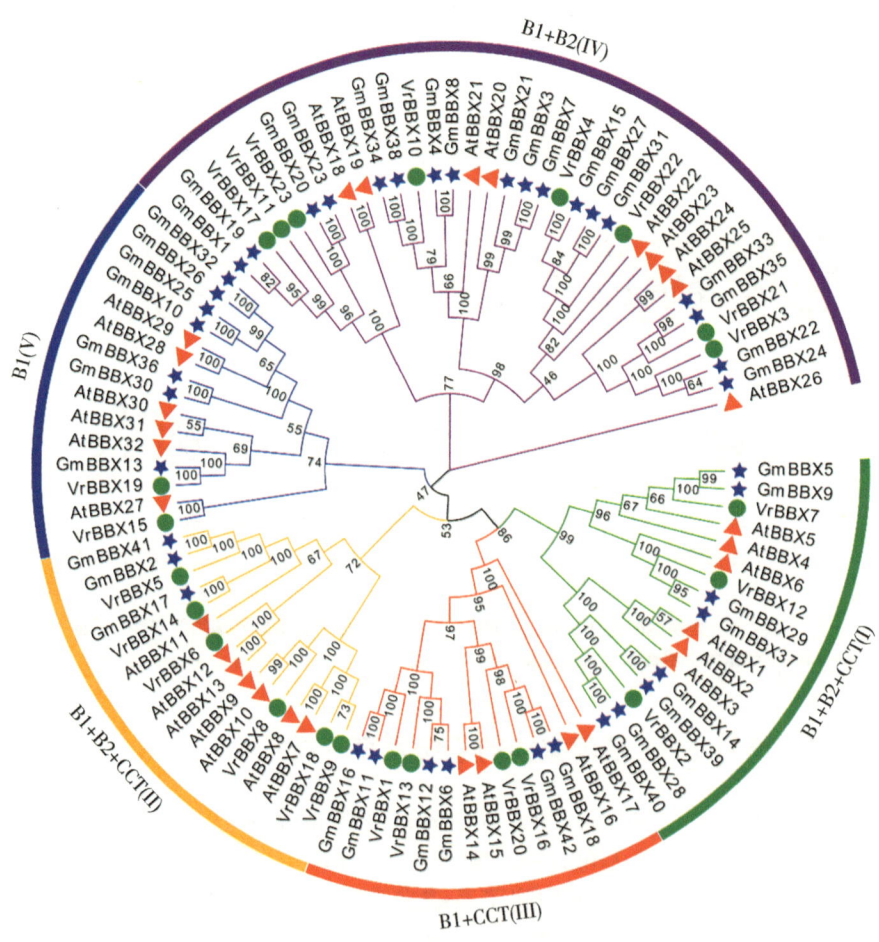

图 8-6 *BBX* 基因家族系统发育树

注:利用绿豆、大豆和拟南芥中 BBX 的全长氨基酸序列构建系统发育树,数值代表 bootstrap 值,绿色圆圈、红色三角形和蓝色五角星分别代表绿豆、拟南芥和大豆的 BBX 蛋白。

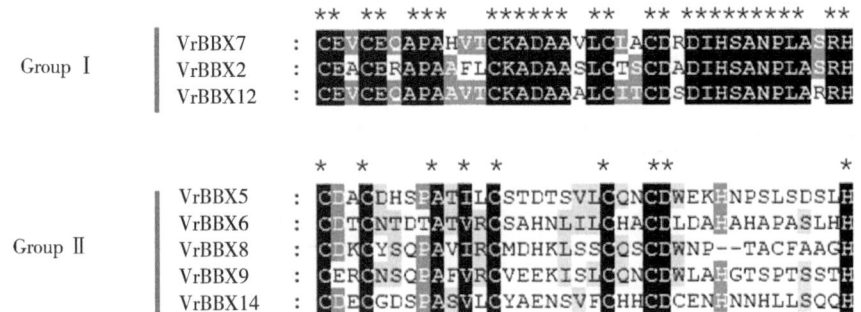

图 8-7 亚家族 Ⅰ 和亚家族 Ⅱ 中 VrBBX 蛋白 B-box2 的多序列比对结果

8.3.4 绿豆、水稻、拟南芥和大豆 *BBX* 成员的共线性分析

为了探究 *BBX* 家族基因的分子进化机制，我们分析了单子叶植物水稻及双子叶植物拟南芥和大豆 *BBX* 成员的共线性关系。结果如表 8-3、表 8-4 和表 8-5 所示，*VrBBX14* 与水稻、拟南芥和大豆的 *BBX* 基因均具有共线性关系，*VrBBX1*、*VrBBX5*、*VrBBX7*、*VrBBX10*、*VrBBX12* 和 *VrBBX16* 与拟南芥和大豆的 *BBX* 基因具有共线性关系，而与水稻中 *BBX* 基因无共线性关系。*VrBBX* 基因与大豆 *BBX* 基因的同源性最高，共有 24 对共线性基因对，与拟南芥有 9 对共线性基因对，与水稻只有一对共线性基因对。在绿豆和大豆的共线性基因对中，*VrBBX14* 和 *VrBBX19* 仅与大豆一个 *GmBBX* 基因有共线性关系，部分 *VrBBX* 基因（*VrBBX1*、*VrBBX3*、*VrBBX5*、*VrBBX7*、*VrBBX11*、*VrBBX12*、*VrBBX13*、*VrBBX16* 和 *VrBBX17*）与大豆中两个 *GmBBX* 基因有共线性关系，*VrBBX10* 基因与 4 对 *GmBBX* 基因有共线性关系，在绿豆和大豆基因组中未发现 *VrBBX2*、*VrBBX4*、*VrBBX6*、*VrBBX8*、*VrBBX9*、*VrBBX15*、*VrBBX18*、*VrBBX20*、*VrBBX21*、*VrBBX22* 和 *VrBBX23* 的共线性片段。在绿豆和拟南芥的 9 对共线性基因对中，除 *VrBBX1* 与拟南芥中两个 *AtBBX* 基因有共线性关系，其余 *VrBBX* 基因（*VrBBX1*、*VrBBX5*、*VrBBX7*、*VrBBX10*、*VrBBX12*、*VrBBX14*、*VrBBX15* 和 *VrBBX16*）仅与拟南芥一个 *AtBBX* 基因有共线性关系。将共线性关系数据利用 MCScanX 软件绘制成可视化图片，如图 8-8 所示。

表 8-3　绿豆和水稻 BBX 基因的共线性分析

绿豆				水稻			
染色体	基因 ID	基因起始位点	共线性区域	染色体	基因 ID	基因起始位点	共线性区域
Vr8	VrBBX14	27 297 889	27 207 884~28 337 922	3	Os03t0351100	13 153 018	12 714 583~13 164 567

表 8-4　绿豆和拟南芥 BBX 基因的共线性分析

绿豆				拟南芥			
染色体	基因 ID	基因起始位点	共线性区域	染色体	基因 ID	基因起始位点	共线性区域
Vr1	VrBBX1	6 969 585	6 716 993~8 312 352	1	AT1G73870	27 778 984	27 639 091~27 794 928
Vr1	VrBBX1	6 969 585	6 728 007~7 142 885	1	AT1G68520	25 708 175	25 642 534~25 779 249
Vr3	VrBBX5	7 206 384	7 061 851~8 656 854	2	AT2G47890	19 607 996	19 277 884~19 636 978
Vr5	VrBBX7	20 065 480	19 738 767~20 126 953	2	AT2G24790	10 566 836	10 475 153~10 702 203
Vr6	VrBBX10	37 220 123	36 440 232~37 412 042	1	AT1G75540	28 365 824	28 296 886~28 778 837
Vr7	VrBBX12	44 801 181	44 471 847~46 208 397	5	AT5G57660	23 355 337	22 989 216~23 424 117
Vr8	VrBBX15	43 034 584	43 029 573~43 759 261	1	AT1G68190	25 558 794	25 556 383~25 777 910
Vr8	VrBBX16	43 588 019	43 029 573~43 759 261	1	AT1G68520	25 708 175	25 556 383~25 777 910
Vr8	VrBBX14	27 297 889	26 623 508~29 458 164	2	AT2G47890	19 607 996	19 345 350~19 696 821

表 8-5　绿豆和大豆 BBX 基因的共线性分析

绿豆				大豆			
染色体	基因 ID	基因起始位点	共线性区域	染色体	基因 ID	基因起始位点	共线性区域
Vr1	VrBBX1	6 969 585	8 564 566~61 222 323	7	GLYMA_07G091400	8 539 101	10 549 536~77 165 723
Vr1	VrBBX1	6 969 585	11 241 141~58 696 573	9	GLYMA_09G184600	40 988 677	41 910 734~363 266 963
Vr11	VrBBX17	6 151 451	8 877 583~10 025 883	1	GLYMA_01G168500	50 609 598	55 879 494~484 802 493
Vr11	VrBBX17	6 151 451	747 443~7 845 069	11	GLYMA_11G074900	5 593 155	76 663~6 879 692
Vr2	VrBBX3	3 764 677	5 161 593~27 748 333	11	GLYMA_11G127100	9 656 242	11 059 997~85 174 233
Vr2	VrBBX3	3 764 677	5 113 754~27 748 333	12	GLYMA_12G051700	3 704 987	4 936 726~27 277 553
Vr3	VrBBX5	7 206 384	9 109 201~35 086 483	19	GLYMA_19G207100	46 241 152	48 157 729~428 648 723

(续表)

	绿豆				大豆		
染色体	基因ID	基因起始位点	共线性区域	染色体	基因ID	基因起始位点	共线性区域
Vr3	VrBBX5	7 206 384	9 109 201~35 086 483	3	GLYMA_03G209800	41 649 707	38 105 119~43 446 642
Vr5	VrBBX7	20 065 480	24 734 877~197 387 673	4	GLYMA_04G058900	4 830 134	219 793~5 119 686
Vr5	VrBBX7	20 065 480	24 734 877~197 554 103	6	GLYMA_06G059600	4 519 732	17 643~4 773 530
Vr6	VrBBX10	37 220 123	37 290 382~364 402 323	14	GLYMA_14G216500	48 144 382	48 932 270~480 622 153
Vr6	VrBBX10	37 220 123	37 412 042~364 402 323	17	GLYMA_17G255100	40 923 558	41 600 296~407 437 043
Vr6	VrBBX10	37 220 123	37 412 042~369 855 563	4	GLYMA_04G027000	2 193 861	2 387 094~20 055 003
Vr6	VrBBX10	37 220 123	36 985 556~37 412 042	6	GLYMA_06G027000	2 087 092	2 305 904~18 881 583
Vr7	VrBBX11	2 077 743	2 695 282~19 128 633	1	GLYMA_01G168500	50 609 598	50 769 670~500 783 033
Vr7	VrBBX11	2 077 743	2 695 282~19 128 633	11	GLYMA_11G074900	5 593 155	6 048 516~54 524 043
Vr7	VrBBX12	44 801 181	47 364 953~444 103 733	13	GLYMA_13G093800	20 903 249	20 564 703~23 255 391
Vr7	VrBBX12	44 801 181	49 512 640~437 330 653	17	GLYMA_17G066600	5 146 337	5 961 273~11 896 713
Vr7	VrBBX13	51 183 172	51 694 451~509 445 993	5	GLYMA_05G233700	41 087 671	41 569 485~409 123 343
Vr7	VrBBX13	51 183 172	51 694 451~509 471 913	8	GLYMA_08G041100	3 254 252	3 717 431~30 574 383
Vr8	VrBBX14	27 297 889	29 458 164~241 825 973	10	GLYMA_10G021400	1 857 313	3 073 972~8 998 503
Vr8	VrBBX16	43 588 019	45 668 730~416 656 063	10	GLYMA_10G274300	49 716 241	51 528 945~480 129 753
Vr8	VrBBX16	43 588 019	44 824 026~416 656 063	20	GLYMA_20G115600	35 746 760	37 989 762~341 797 943
scaffold_153	VrBBX19	194 458	358 273~427 646	8	GLYMA_08G221600	17 990 599	178 805 133~18 109 906

8.3.5 绿豆 VrBBX 基因的扩增分析

串联复制和片段复制会使基因发生多倍化，串联复制常以基因簇形式产生，片段复制会使基因分散在不同染色体，为了更好地阐明 BBX 基因在绿豆中的扩增模式，利用基因位置信息鉴定了 VrBBX 中的串联重复簇，结果表明绿豆 VrBBX 基因不存在串联重复基因。利用 McScanX 分析了片段复制，结果共鉴定出 6 个片段复制事件，发生片段复制的 10 个 VrBBX 基因（VrBBX1、VrBBX3、VrBBX5、VrBBX10、VrBBX11、VrBBX13、VrBBX14、VrBBX16、VrBBX17 和 VrBBX21）分别分布在 1、2、3、6、7、8、11 号染色

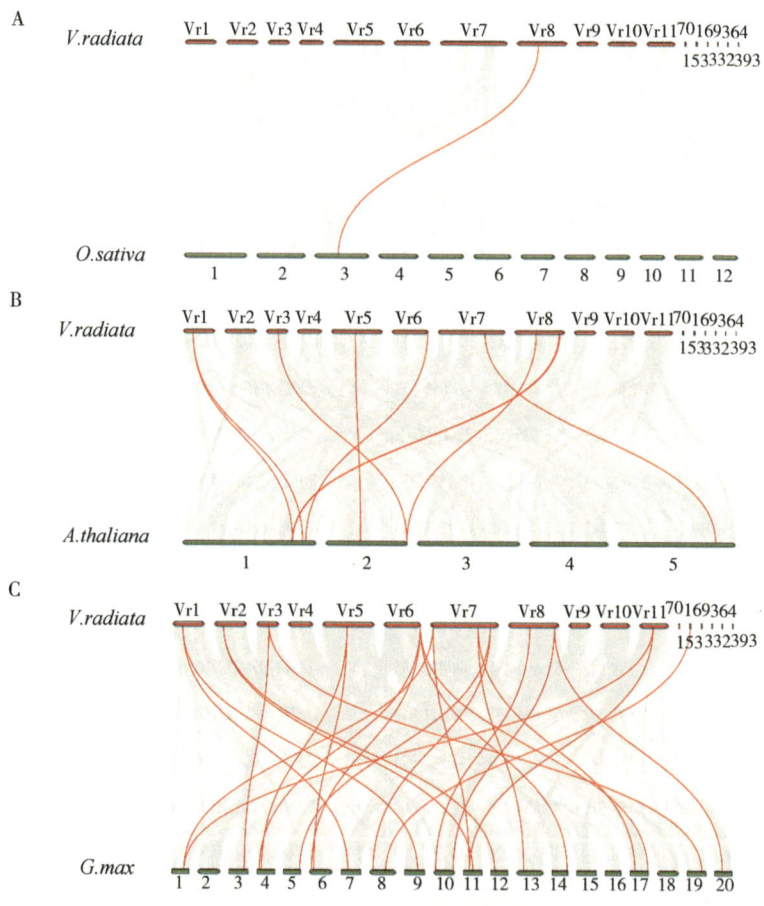

图 8-8　*BBX* 基因的共线性分析

A：绿豆 *VrBBX* 基因与水稻 *OsBBX* 基因的共线性分析；B：绿豆 *VrBBX* 基因与拟南芥 *AtBBX* 基因的共线性分析；C：绿豆 *VrBBX* 基因与大豆 *GmBBX* 基因的共线性分析。

注：*V. radiata*、*O. sativa*、*A. thaliana* 和 *G. max* 分别代表绿豆、水稻、拟南芥和大豆，背景中灰色线条为绿豆与其他物种基因组之间的重复基因对，红色线条为共线性基因对，彩色小棒代表染色体，顶部或底部的数字为染色体编号。

体和 scaffold_364 上（图 8-9）。随后，通过计算重复基因对的 Ka/Ks（非同义替换率/同义替换率）比值来确定选择压力，结果表明，除 *VrBBX1*/*VrBBX13* 基因对外，其他基因对的 Ka/Ks 比值均小于 1，说明大多数基因对在进化过程中属于纯化选择。共线基因对的复制时间为 19.841~33.910 百万年前（表 8-6）。

8 绿豆 BBX 基因家族的鉴定及对干旱和盐胁迫的响应

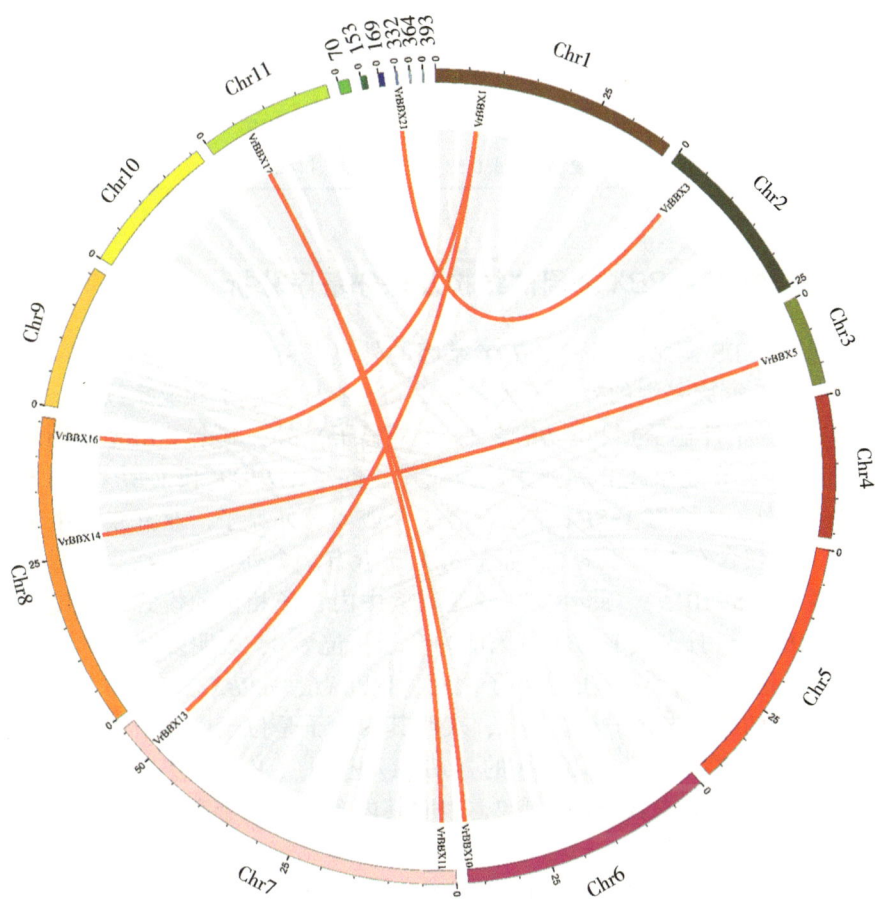

图 8-9 绿豆 VrBBX 基因的共线性分析

注：图中淡紫色线条表示绿豆基因组中每条染色体上的共线性基因对，红色粗线条表示复制的 VrBBX 基因对，彩色的棒状线条代表染色体或 scaffold，染色体上标记的比例尺表示染色体的长度（Mb）。

表 8-6 绿豆 VrBBX 重复基因对的 Ka/Ks 分析

复制基因 1	复制基因 2	复制类型	Ka	Ks	Ka/Ks	是否为纯化选择	复制时间/MYA
VrBBX10	VrBBX17	片段复制	0.994 55	1.017 31	0.977 63	是	33.910
VrBBX3	VrBBX21	片段复制	0.097 26	0.595 22	0.163 41	是	19.841
VrBBX11	VrBBX17	片段复制	0.087 54	0.615 10	0.142 32	是	20.503
VrBBX1	VrBBX16	片段复制	0.751 51	0.780 70	0.962 61	是	26.023

(续表)

复制基因1	复制基因2	复制类型	Ka	Ks	Ka/Ks	是否为纯化选择	复制时间/MYA
VrBBX1	*VrBBX13*	片段复制	0.699 35	0.648 17	1.078 97	否	21.606
VrBBX5	*VrBBX14*	片段复制	0.380 52	0.819 99	0.464 05	是	27.333

8.3.6 绿豆 *VrBBX* 基因的结构及保守基序分析

利用 GSDS 网站绘制了 *VrBBX* 基因的外显子-内含子图谱，结果表明，绿豆 *VrBBX* 家族基因的外显子数量在 1~7。在亚家族Ⅰ和亚家族Ⅲ中，除 *VrBBX1*（5个外显子）和 *VrBBX2*（3个外显子）外，其余 *VrBBX* 基因均有 2 个外显子，在亚家族Ⅱ和亚家族Ⅳ组中，除了 *VrBBX8* 和 *VrBBX23*（5个外显子）外，大多数 *VrBBX* 基因含有 3 个或 4 个外显子，亚家族Ⅴ中 *VrBBX19* 基因仅含有 1 个外显子，而 *VrBBX15* 含有 7 个外显子，所含外显子数量最多（图8-10 A）。此外，在各亚家族中内含子相位的模式也高度保守（图8-10 A），且多数 *VrBBX* 基因的内含子相位为 0，表明多数 *VrBBX* 基因的内含子是处在两个完整的密码子之间，*VrBBX1*、*VrBBX2*、*VrBBX8* 和 *VrBBX15* 基因的部分内含子相位是 1，表明其内含子是位于密码子的第一个核苷酸之后，在亚家族Ⅳ中的 *VrBBX* 基因（*VrBBX11*、*VrBBX17* 和 *VrBBX23*）的部分内含子相位是 2，表明其内含子是位于密码子的第二个核苷酸之后。

为了进一步探索 *VrBBX* 的潜在功能，我们分析了绿豆 VrBBX 蛋白序列上的保守基序，结果如图 8-10 B 所示，除了 B1、B2 和 CCT 结构域外，还发现了 7 个新的基序（基序 1-7），其序列见表 8-7，基序的 Logo 如图 8-11 所示。一些基序仅在特定的亚家族中具有保守性，如基序 1、基序 2 和基序 6 仅出现在亚家族Ⅳ的 VrBBX 序列中，基序 5 和基序 7 仅出现在亚家族Ⅲ的 VrBBX 序列中，因此，推测亚家族Ⅲ和亚家族Ⅳ中 VrBBX 可能存在功能差异。此外，同一组亚家族的 VrBBX 序列也包含不同的基序，例如，亚家族Ⅲ中的 VrBBX1 缺少基序 7，而亚家族Ⅲ中的其他三个 VrBBX（VrBBX13、VrBBX 16 和 VrBBX 20）含有基序 7，推测，同一亚家族中的 VrBBX 也具有不同的功能，在其他亚家族中也有相似的现象。此外，亚家族Ⅴ中 VrBBX19 不含有这 7 个基序。

8 绿豆 BBX 基因家族的鉴定及对干旱和盐胁迫的响应

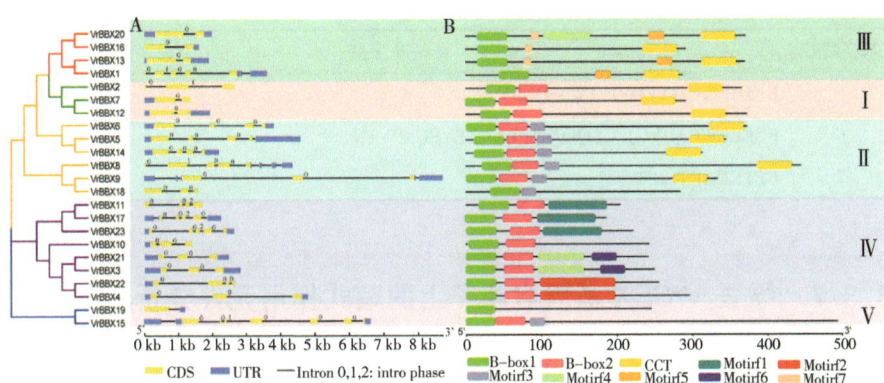

图 8-10 绿豆 VrBBX 基因家族的系统发育树、外显子-内含子结构及基序分析

A：VrBBX 基因的结构分析，外显子、内含子和非翻译区域（UTR）分别用黄色长方形盒子、黑色线条和蓝色长方形盒子表示，数字 0、1 和 2 表示内含子相位；B：VrBBX 蛋白的保守基序分析，不同基序用不同颜色的长方形盒子表示。

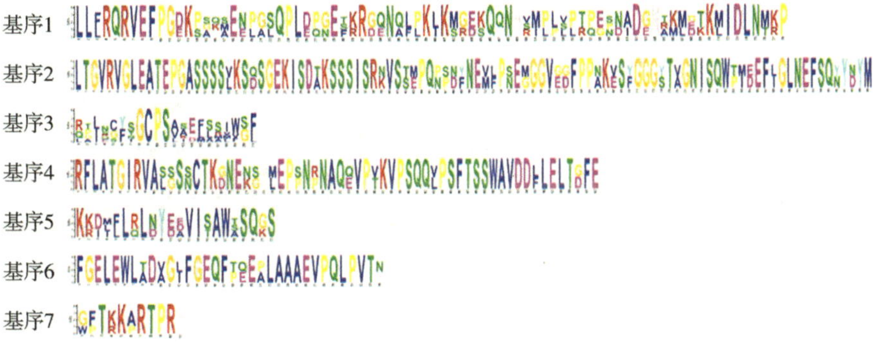

基序1 LLFRQRVEFPGDKPAQAENPGSQPLDPGESKRGQNQLPKLKMGEKQQNHVMPLVPTPENNADGHAKMDTKMIDLNMKP

基序2 LTGVRVGLEATEPGASSSSLKSDSGEKISDAKSSSISRKVSSEPQNPDFNEMFPNEGGGVEGFPPNKESFGGGYTVGNISQWPIEEFJGLNEFSQNYDYM

基序3 RPJNCYSGCPSAAEFSSIWGF

基序4 RFLATGIRVALGSNCTKGNEKGHLEPPNRNAQZVPVKVPSQQLPSFTSSWAVDDFLELTGFE

基序5 KKDYELBLNYEBVISAWASQZS

基序6 FGELEWLADXGYFGEQFTPEALAAAEVPQLPVTN

基序7 LGFTKKARTPR

图 8-11 绿豆 VrBBX 保守基序的 Logo 图

表 8-7 VrBBX 中保守基序的序列

基序编号	基序序列
1	LLFRQRVEFPGDKPAQAENPGSQPLDPGESKRGQNQLPKLKMGEKQQNHVMPLVPTPENNADGHAKMDTKMIDLNMKP
2	LTGVRVGLEATEPGASSSSLKSDSGEKISDAKSSSISRKVSSEPQNPDFNEMFPNEGGGVEGFPPNKESFGGGYTVGNISQWPIEEFJGLNEFSQNYDYM
3	RPJNCYSGCPSAAEFSSIWGF
4	RFLATGIRVALGSNCTKGNEKGHLEPPNRNAQZVPVKVPSQQLPSFTSSWAVDDFLELTGFE

(续表)

基序编号	基序序列
5	KKDJFLRLNYEDVISAWSSQGS
6	FGELEWLADVGJFGEQFPZEPLAAAEVPQLPVTN
7	GFTKKARTPRH

8.3.7 绿豆 VrBBX 基因启动子上的顺式作用元件分析

利用 plantCARE 分析了 VrBBX 基因上游 1 500 kb 启动子区域与逆境响应和激素应答的顺式作用元件，其中包括防御与应激响应元件、干旱胁迫应答元件、低温响应元件、厌氧响应元件、受损伤反应元件、脱落酸应答元件、生长素应答元件、赤霉素应答元件、茉莉酸甲酯应答元件和水杨酸应答元件。结果如图 8-12 所示，VrBBX 基因的启动子区域含有丰富的厌氧响应元件、茉莉酸甲酯响应元件和脱落酸响应元件，在 VrBBX1、VrBBX2、VrBBX3、VrBBX4、VrBBX5、VrBBX10、VrBBX17、VrBBX19 和 VrBBX22 基因启动子区域均含有干旱胁迫应答元件，在 VrBBX1、VrBBX5 和 VrBBX22 基因启动子区域含有受损伤反应元件，在 VrBBX2、VrBBX9、VrBBX11、VrBBX17 和 VrBBX19 基因启动子区域含有低温响应元件，在 VrBBX1、VrBBX4、VrBBX9、VrBBX13、VrBBX14、VrBBX17、VrBBX19 和 VrBBX22 基因启动子区域含有防御与应激响应元件，在 VrBBX2、VrBBX3、VrBBX10 和 VrBBX20 基因启动子区域含有生长素应答元件，在 VrBBX5、VrBBX9、VrBBX10、VrBBX13、VrBBX16、VrBBX18、VrBBX19 和 VrBBX21 基因启动子区域含有赤霉素应答元件，在 VrBBX2、VrBBX5、VrBBX6、VrBBX12、VrBBX17、VrBBX18、VrBBX19、VrBBX20、VrBBX21 和 VrBBX22 基因启动子区域含有水杨酸应答元件。以上结果表明，VrBBX 基因可能会对不同应激作出响应，且多个基因可能会响应同一应激反应。此外，来自同一亚家族的 VrBBX 基因启动子区域具有相似的顺式作用元件，例如，多数亚家族Ⅰ中 VrBBX 基因启动子具有脱落酸应答元件和茉莉酸甲酯应答元件，多数亚家族Ⅲ成员含有厌氧响应元件和茉莉酸甲酯应答元件，因此，同一亚家族 VrBBX 基因可能具有相似的功能。在亚家族Ⅲ组中，只有 VrBBX20 含有生长素应答元件，只有 VrBBX1 含有受损伤反应元件，表明同一亚家族 VrBBX 基因也可能具有不同的功能。

8 绿豆 BBX 基因家族的鉴定及对干旱和盐胁迫的响应

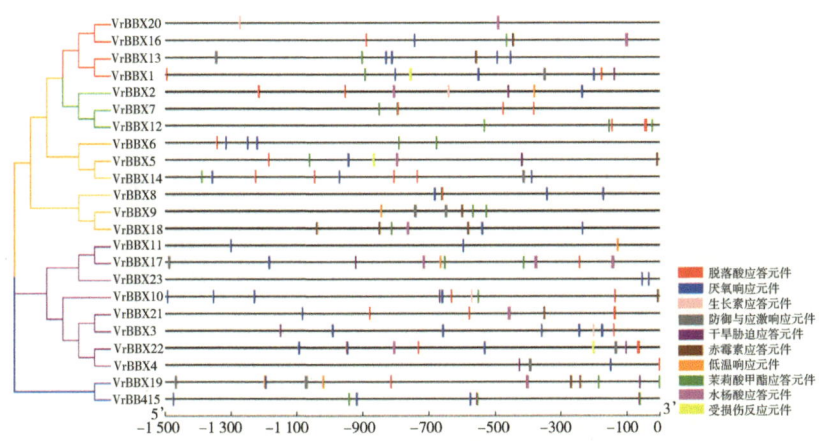

图 8-12 *VrBBX* 基因启动子区域的顺式作用元件

注：顺式作用元素用彩色长方形方框表示，底部的比例尺表示启动子序列的长度。

8.3.8 绿豆 *VrBBX* 基因的表达分析

为了探究 *VrBBX* 基因是否参与非生物胁迫，下载了 NCBI-SRA 数据库中 RNA-Seq 数据，分析了 *VrBBX* 基因的表达。该 RNA-Seq 的样品为干旱胁迫 3 d 和 6 d 时的叶片。聚类分析表明，*VrBBX1*、*VrBBX8*、*VrBBX10*、*VrBBX12*、*VrBBX20*、*VrBBX21* 和 *VrBBX22* 在干旱胁迫下上调表达，*VrBBX2*、*VrBBX3*、*VrBBX5*、*VrBBX6*、*VrBBX7*、*VrBBX9*、*VrBBX11*、*VrBBX14*、*VrBBX15*、*VrBBX16*、*VrBBX17*、*VrBBX18* 和 *VrBBX23* 在干旱胁迫下表达无显著变化，*VrBBX4*，*VrBBX13* 和 *VrBBX19* 在干旱胁迫下表达下调（图 8-13）。

VrBBX 基因的转录组数据分析和顺式作用元件分析表明，*VrBBX* 基因可能会响应不同的非生物胁迫。因此，为了预测 *VrBBX* 基因在绿豆中的功能，利用 qRT-PCR 分析了 ABA、PEG 和 NaCl 处理下绿豆叶片组织中 *VrBBX* 基因的表达。根据已报道的与非生物胁迫相关 *BBX* 基因的同源性，以及 *VrBBX* 基因启动子中存在防御与应激响应、干旱胁迫应答元件或脱落酸应答元件，选择了 9 个 *VrBBX* 基因（分别为亚家族 I 中的 *VrBBX12*、亚家族 II 中的 *VrBBX5*、亚家族 III 中的 *VrBBX1* 和 *VrBBX16*、亚家族 IV 中的 *VrBBX3*、*VrBBX10*、*VrBBX21* 和 *VrBBX22*、亚家族 V 中的 *VrBBX19*）探究了其在不同处理下的表达。其中，*VrBBX3* 和 *VrBBX21* 与 *AtBBX24* 同源性较高，

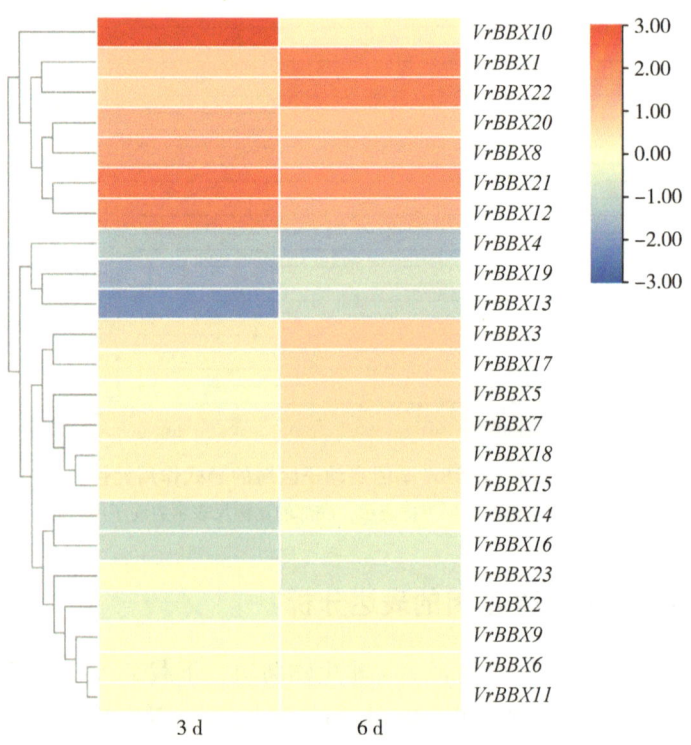

图 8-13　干旱胁迫下 *VrBBX* 基因的表达热图

注：红色表示基因表达上调，黄色表示基因表达变化不显著，蓝色表示干旱胁迫下基因下调表达。

VrBBX10 与 *AtBBX21* 同源性较高，*AtBBX24* 参与盐胁迫应答，*AtBBX21* 突变体对 ABA 和盐胁迫反应敏感。*VrBBX1*、*VrBBX19* 和 *VrBBX22* 的启动子区域含有防御和应激反应元件，除 *VrBBX12*、*VrBBX16* 和 *VrBBX21* 外，其余 9 个 *VrBBX* 启动子区域均含有干旱胁迫响应元件，且所选的 9 个 *VrBBX* 基因启动子区都含有脱落酸响应元件。结果如图 8-14 所示，部分 *VrBBX* 基因对 ABA、PEG 和 NaCl 处理有响应，*VrBBX5*、*VrBBX10* 和 *VrBBX12* 在 ABA、PEG 和 NaCl 处理下表达均上调。上调表达的基因中，*VrBBX10* 的相对表达量在 ABA 处理 24 h 时表达倍数最大，*VrBBX5* 的相对表达量在 NaCl 胁迫 12 h 时表达变化最大，在 PEG 胁迫下，*VrBBX5* 和 *VrBBX12* 的相对表达量最高。在 ABA 处理下，*VrBBX19* 基因的表达下调，*VrBBX1*、*VrBBX5*、*VrBBX10*、*VrBBX12* 和 *VrBBX16* 基因的表达上调，*VrBBX3*、*VrBBX21* 和 *VrBBX22* 基因的表达没有显著变化。在干旱胁迫下，*VrBBX19* 基因的表达下调，

VrBBX1、VrBBX3、VrBBX5、VrBBX10、VrBBX12、VrBBX16、VrBBX21 和 VrBBX22 基因的表达上调。在 NaCl 胁迫下，VrBBX1 和 VrBBX16 基因的表达下调，VrBBX3、VrBBX5、VrBBX10、VrBBX12、VrBBX21 和 VrBBX12 基因的表达上调，VrBBX19 基因的表达没有显著变化。

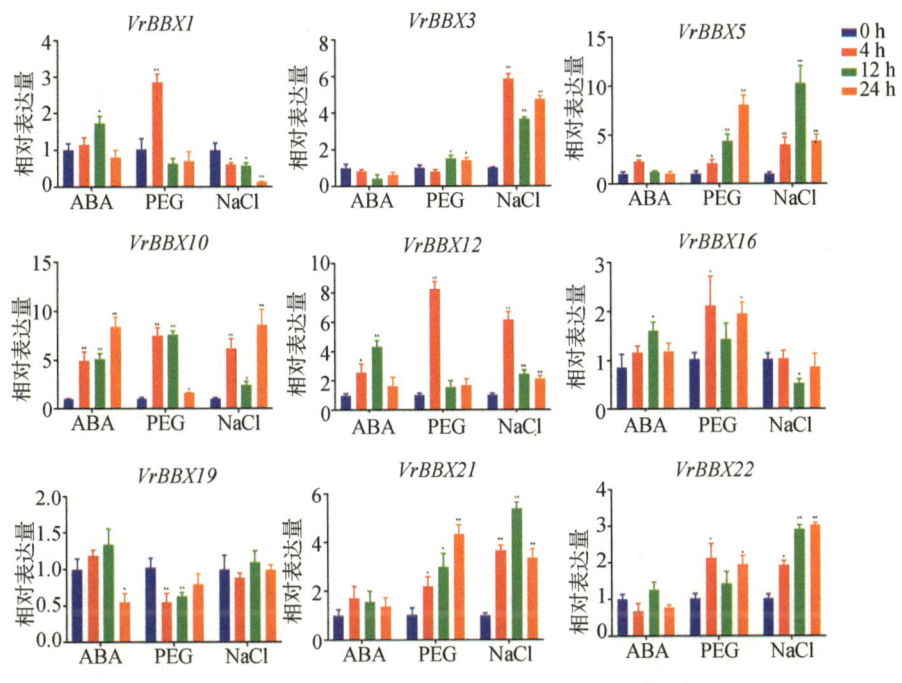

图 8-14　VrBBX 基因在 ABA、PEG 和 NaCl 处理下的表达

注：*表示对应基因较对照显著上调或下调（*表示 $p < 0.05$，**表示 $p < 0.01$）。

8.4　结论与讨论

基因家族成员在绿豆响应非生物胁迫中发挥重要作用，目前，已在绿豆中鉴定了多个与干旱和盐胁迫相关的基因家族成员，如 bZIP、WRKY 和 OSCA 等（Srivastava et al.，2018；Wang et al.，2018；Yin et al.，2021）。BBX 蛋白是一类介导发育和应激反应的重要调节因子（Gangapp and Botto，2014）。本研究通过在绿豆全基因组中筛选，共鉴定出 23 个 VrBBX 基因。在绿豆中所鉴定的 VrBBX 基因的数量少于其他物种，如拟南芥中有 32 个 BBX 基因（Khanna et al.，2009），水稻中有 30 个 BBX 基因（Huang et al.，

2012)。绿豆的基因组大小在 494~579 Mb，已预测到 22 368 个基因（Kang et al.，2014），水稻和拟南芥的基因组大小分别为 403 Mb 和 125 Mb（Yu et al.，2002；Initiative，2000），绿豆基因组的大小大于水稻和拟南芥基因组，因此，推测 *BBX* 家族成员数目可能与不同植物的基因组大小没有直接关系（Cao et al.，2017）。根据 *VrBBX* 基因的系统发育分析、B-box 的数量以及蛋白中是否存在 CCT 结构域，将 *VrBBX* 家族成员分为五个亚家族，这与其他物种中 BBX 成员聚类一致，因此，*BBX* 家族成员可能经历了相似的进化模式（Wei et al.，2020）。此外，亚家族的数量因植物种类而异，拟南芥在亚家族Ⅰ/Ⅱ、Ⅲ、Ⅳ和Ⅴ中分别有 13 个、4 个、8 个和 7 个 *BBX* 基因（Khanna et al.，2009），水稻在亚家族Ⅰ/Ⅱ、Ⅲ、Ⅳ和Ⅴ中分别有 7 个、10 个、10 个和 3 个 *BBX* 基因（Huang et al.，2012），而绿豆在亚家族Ⅰ/Ⅱ、Ⅲ、Ⅳ和Ⅴ中分别有 9 个、4 个、8 个和 2 个 *BBX* 基因。这些结果表明 *BBX* 家族成员具有共同的祖先，并在物种形成过程中发生了分化。

　　前人的研究表明，B-box1 的氨基酸序列与 B-box2 不同，且 B-box1 和 B-box2 具有相同的拓扑结构（Huang et al.，2012；Cao et al.，2017）。本研究结果表明，B-box1 结构域比 B-box2 结构域更为保守，因此，绿色植物中早期的 BBX 蛋白最初可能只有一个 B-box 结构域，另一个 B-box 结构域是通过复制事件进化而来的（Crocco and Botto，2013）。之前的研究证明了这一假设，即大多数绿藻的 BBX 蛋白只有 1 个 B-box 结构域，但较为原始的莱茵衣藻（*Chlamydomonas reinhrdtti*）BBX 蛋白 CrBBX1 有 2 个 B-box 结构域，这说明最初的 BBX 蛋白只有 1 个 B-box 结构域，而在后来的进化中 B-box 结构域所在的基因组序列发生了复制事件，而该事件很可能发生在绿色植物登陆之前（Kenrick and Crane，1997）。亚家族Ⅰ和亚家族Ⅱ中 BBX 蛋白均含有两个 B-box 和一个 CCT 结构域，且本研究发现绿豆中亚家族Ⅰ中 B-box2 结构域的氨基酸序列比亚家族Ⅱ中更为保守，这表明亚家族Ⅰ和亚家族Ⅱ中 B-box2 的进化机制可能不同。先前的研究预测，亚家族Ⅱ（B1+B2+CCT）中 BBX 蛋白是通过在亚家族Ⅳ（B1+B2）BBX 蛋白的 C 端添加 CCT 结构域而产生的，随后，B2 结构域的缺失产生了具有单个 B-box 和 CCT 结构域的亚家族Ⅲ BBX 蛋白，亚家族Ⅲ（B1+CCT）BBX 蛋白中 B1 结构域的复制产生了亚家族Ⅰ BBX 蛋白（B1+B2+CCT），亚家族Ⅴ（B1）BBX 成员可能是亚家族Ⅳ（B1+B2）的早期 BBX 蛋白缺失 B2 结构域后的产生的（图 8-15）（Crocco and Botto，2013）。从预测的进化方式可以看出，亚家族Ⅰ和亚家族Ⅱ的 B-box2 结构域氨基酸序列不同，这与我们的研究结果一致，表明 VrBBX 在绿豆中的进化与前人研究的进化模式是一致的。

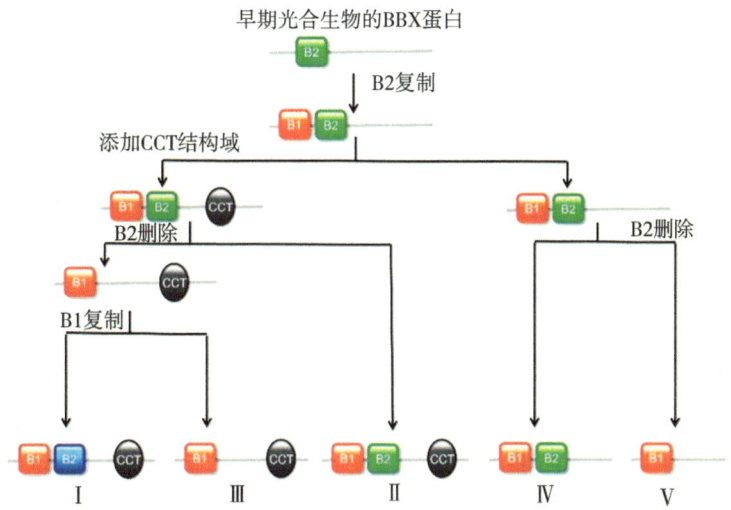

图 8-15　BBX 蛋白家族成员的进化模式

为了探究 BBX 基因家族的分子进化机制，利用 MCScanX 软件分析了绿豆与单子叶植物水稻和双子叶植物拟南芥及大豆 BBX 基因的共线性关系。绿豆 VrBBX14 与水稻 OsBBX 有一对同源基因对，表明 BBX 家族成员有共同的祖先，BBX 基因的大规模扩张可能发生在单子叶和双子叶植物分化之后，绿豆中有 7 个 VrBBX 基因（VrBBX1、VrBBX5、VrBBX7、VrBBX10、VrBBX12、VrBBX14 和 VrBBX16）与拟南芥和大豆中的 BBX 基因存在共线性关系，表明这些 VrBBX 基因可能起源于拟南芥、绿豆和大豆分化之前。绿豆中有 5 个 VrBBX 基因（VrBBX3、VrBBX11、VrBBX13、VrBBX17 和 VrBBX19）与大豆中的 BBX 基因存在共线性关系，表明这些 VrBBX 基因可能起源于绿豆和大豆分化之前，而有些 VrBBX 基因没有共线基因。在植物的进化过程中，基因复制是基因扩增的重要途经之一，基因的复制主要有两种形式，片段复制和串联重复，它们在基因家族成员的扩增中起着重要作用（Moore and Purugganan，2003）。因此，该研究分析了绿豆中 VrBBX 基因的复制事件，共鉴定出 6 对片段复制的 VrBBX 基因对，而未发现串联重复基因对，因此，片段复制是绿豆 VrBBX 基因家族成员扩增的主要方式，在绿豆 NAC 基因家族中也发现了相同的进化机制（Tariq et al.，2022）。先前的研究发现，串联重复事件通常发生在基因数目多、且进化速度快的基因家族中，而片段复制通常发生在进化缓慢的基因家族中（Cannon et al.，2004），因此，绿豆 VrBBX 基因家族具有缓慢进化的特征。此外，除了 *VrBBX1*/*VrBBX13* 外，所有重复的 *VrBBX* 基因对的 Ka/Ks 值都小于 1，表明多数经片段复制的 *VrBBX* 基因都经历了纯化选择压，由于纯化选择限制了基因的分化，复制的 *VrBBX* 基因在复制后可能保留了相似的功能（Liu et al., 2014）。

外显子-内含子的结构可反映出基因家族成员进化的印记（Lynch, 2002）。在本研究中，*VrBBX* 基因的外显子数目为 1~7，与番茄、梨等其他物种的 BBX 家族成员表现出相似的遗传多样性（Chu et al., 2016；Cao et al., 2017）。此外，外显子和内含子的不同剪接模式可能对 *VrBBX* 基因的进化有重要意义，本研究也发现了 *VrBBX* 基因的内含子相位数有 0、1 和 2，但同一亚家族的相位较为保守。对绿豆 *VrBBX* 家族成员的保守基序的研究发现，每个亚家族中都有共同的保守基序，而一些基序只出现在特定的亚家族中，不同亚家族中所含基序不同，表明不同 *VrBBX* 成员具有不同的功能，同一亚家族中含有相同的基序，表明 *VrBBX* 成员的功能存在协同性（Liu and Chu, 2015）。综上所述，*VrBBX* 成员的基因结构和基序分布在每个亚家族中都高度保守。

转录调控是植物响应应激反应的重要方式。转录因子是一种潜在的激活因子或抑制因子，通过结合靶基因启动子区域的顺式作用元件来控制基因的表达（Liu et al., 2018）。在大豆中，在干旱和盐胁迫下，36 个 *GmBBX* 基因表达数据可分为 6 种表达模式，表明 *GmBBX* 基因参与了干旱和盐胁迫响应（殷丽丽等，2022），本研究中，绿豆和大豆的共线性关系最高，因此，推测绿豆 *VrBBX* 基因也响应干旱和盐胁迫。通过对 *VrBBX* 启动子区域的分析，发现 *VrBBX* 启动子区含有多个与非生物胁迫和激素应答相关的顺式作用元件，推测其可能会响应非生物胁迫。研究也表明，*VrBBX5* 和 *VrBBX10* 启动子中含有干旱胁迫响应元件，在 PEG 胁迫下，*VrBBX5* 和 *VrBBX10* 的相对表达量比对照高出近 8 倍。为了探究 *VrBBX* 基因是否响应非生物胁迫，该研究分析了 RNA-Seq 数据中 *VrBBX* 的表达，并利用 qRT-PCR 进行了验证，结果表明，部分 *VrBBX* 基因响应 ABA、NaCl 和 PEG 处理，根据 qRT-PCR 结果，*VrBBX10*、*VrBBX5* 和 *VrBBX12* 可作为响应 ABA、NaCl 和 PEG 的候选基因。在 ABA 和 PEG 处理下，*VrBBX1* 和 *VrBBX16* 的表达上调，而在 NaCl 处理下，*VrBBX1* 和 *VrBBX16* 的表达下调，这表明 *VrBBX1* 和 *VrBBX16* 可能具有不同的作用机制来应对植物对各种非生物信号响应（Wei et al., 2020）。在 ABA、NaCl 和 PEG 处理下，*VrBBX5*、*VrBBX10* 和 *VrBBX12* 的表达均上调，表明这些 *VrBBX* 基因可能在多种非生物胁迫网络中发挥作用（Wei et al.，2020）。先前的研究表明，同一亚家族中的 VrBBX 基因可能具有相似的功能，如亚家族Ⅰ中的拟南芥 AtBBX 基因 AtCO 和 AtCOL 多与光周期或光周期调控开花相关（Lynch et al.，2002；Hassidim et al.，2009），亚家族Ⅳ中的 AtBBX 基因 AtBBX18、AtBBX19、AtBBX21、AtBBX22、AtBBX24 和 AtBBX25 多与光形态形成相关（Xu et al.，2018；Wang et al.，2011；Datta et al.，2008）。本研究发现，亚家族Ⅲ的 VrBBX1 和 VrBBX16、亚家族Ⅱ的 VrBBX3 和 VrBBX21 在不同处理下的表达谱相似，表明其在应对非生物胁迫方面可能具有相似的功能。VrBBX 基因在非生物胁迫下的表达特性证明了绿豆 VrBBX 响应非生物胁迫。

8.5 小结

本研究在绿豆中鉴定出 23 个 VrBBX 基因，并对 VrBBX 家族成员进行了系统分析，包括保守结构域、系统发育树、基因复制和扩增模式、基因结构、保守基序、染色体定位、启动子中所含顺式作用元件和表达模式等。结果表明，VrBBX 家族成员可划分为 5 个亚家族，分别为亚家族Ⅰ（含 3 个 VrBBX 基因）、亚家族Ⅱ（含 6 个 VrBBX 基因）、亚家族Ⅲ（含 4 个 VrBBX 基因）、亚家族Ⅳ（含 8 个 VrBBX 基因）、亚家族Ⅴ（含 2 个 VrBBX 基因）。基因复制分析表明，片段复制是绿豆 VrBBX 基因扩增的主要方式。VrBBX 成员的基因结构和基序分布在每个亚家族中都高度保守。在 VrBBX 启动子中发现了多个与非生物胁迫和激素应答相关的顺式作用元件，推测 VrBBX 基因参与非生物胁迫和激素应答反应，RNA-Seq 分析表明 VrBBX 受干旱胁迫诱导表达或抑制表达，VrBBX 基因在不同处理下的表达分析表明，部分 VrBBX 基因对 ABA、PEG 和 NaCl 处理有响应。VrBBX 基因家族的全基因组分析将为 VrBBX 基因的功能研究提供理论基础，并为今后植物的分子育种提供有价值的基因资源。

参考文献

殷丽丽，邢宝龙，陈晓亮，等，2022. 大豆 BBX 基因家族的鉴定及表达[J]. 西北农林科技大学学报，50（6）：35-45.

CANNON S B, MITRA A, BAUMGARTEN A, et al., 2004. The roles of segmental and tandem gene duplication in the evolution of large gene families in *Arabidopsis thaliana* [J]. BMC Plant Biology, 4: 10.

CAO S, KUMIMOTO R W, GNESUTTA N, et al., 2014. A distal *CCAAT/ NUCLEAR FACTOR Y* complex promotes chromatin looping at the *FLOWERING LOCUS T* promoter and regulates the timing of flowering in *Arabidopsis* [J]. Plant Cell, 26 (3): 1009-1017.

CAO Y, HAN Y, MENG D, et al., 2017. *B-BOX* genes: genome-wide identification, evolution and their contribution to pollen growth in pear (*Pyrus bretschneideri* Rehd.) [J]. BMC Plant Biology, 17 (1): 156.

CHANG C S J, LI Y H, CHEN L T, et al., 2008. LZF1, a HY5-regulated transcriptional factor, functions in *Arabidopsis* de-etiolation [J]. Plant Journal, 54 (2): 205-219.

CHENG X F, WANG Z Y, 2005. Overexpression of *COL9*, a CONSTANS-LIKE gene, delays flowering by reducing expression of *CO* and *FT* in *Arabidopsis thaliana* [J]. Plant Journal, 43 (5): 758-768.

CHU Z, WANG X, LI Y, et al., 2016. Genomicorganization, phylogenetic and expression analysis of the B-BOX gene family in tomato [J]. Frontiers in Plant Science, 7: 1552.

CROCCO C D, HOLM M, YANOVSKY M J, et al., 2011. Function of B-BOX under shade [J]. Plant Signal Behavior, 6 (1): 101-104.

CROCCO C D, BOTTO J F, 2013. BBX proteins in green plants: insights into their evolution, structure, feature and functional diversification [J]. Genes, 531 (1): 44-52.

CROCCO C D, LOCASCIO A, ESCUDERO C M, et al., 2015. The transcriptional regulator BBX24 impairs DELLA activity to promote shade avoidance in *Arabidopsis thaliana* [J]. Nature Communications, 6: 6202.

CROOKS G E, HON G, CHANDONIA J M, et al., 2004. WebLogo: a sequence logo generator [J]. Genome Research, 14 (6): 1188-1190.

DAI Y Q, LU Y, ZHOU Z, et al., 2022. B-box containing protein 1 from *Malus domestica* (*MdBBX1*) is involved in the abiotic stress response [J]. Peer Journal, 10: e12852.

DATTA S, HETTIARACHCHI C, JOHANSSON H, et al., 2007. SALT TOLERANCE HOMOLOG2, a B-box protein in *Arabidopsis* that activates transcription and positively regulates light-mediated development [J].

Plant Cell, 19 (10): 3242-3255.

DATTA S, HETTIARACHCHI G H C M, DENG X W, et al., 2006. *Arabidopsis* CONSTANS-LIKE3 is a positive regulator of red light signaling and root growth [J]. Plant Cell, 18 (1): 70-84.

DATTA S, JOHANSSON H, HETTIARACHCHI C, et al., 2008. LZF1/SALT TOLERANCE HOMOLOG3, an *Arabidopsis* B-box protein involved in light-dependent development and gene expression, undergoes COP1-mediated ubiquitination [J]. The Plant Cell, 20 (9): 2324-2338.

FINN R D, BATEMAN A, CLEMENTS J, et al., 2008. Pfam: the protein families database [J]. Nucleic Acids Research, 42 (Database issue): D222-230.

GANGAPPA S N, BOTTO J F, 2014. The BBX family of plant transcription factors [J]. Frontiers in Plant Science, 19 (7): 460-470.

GANGAPPA S N, BOTTO J F, 2016. The multifaceted roles of HY5 in plant growth and development [J]. Molecular Plant, 9 (10): 1353-1365.

GANGAPPA S N, CROCCO C D, JOHANSSON H, et al., 2013. The *Arabidopsis* B-BOX protein BBX25 interacts with HY5, negatively regulating BBX22 expression to suppress seedling photomorphogenesis [J]. Plant Cell, 25 (4): 1243-1257.

GENDRON J M, PRUNEDA-PAZ J L, DOHERTY C J, et al., 2012. *Arabidopsis* circadian clock protein, TOC1, is a DNA-binding transcription factor [J]. Proceedings of the National Academy of Sciences of United States of America, 109 (8): 3167-3172.

GUO A Y, ZHU Q H, CHEN X, et al., 2007. GSDS: a gene structure display server [J]. Yi Chuan, 29 (8): 1023-1026.

GUO Y N, ZHANG S Y, AI J, et al., 2023. Transcriptomic and biochemical analyses of drought response mechanism in mung bean [*Vignaradiata* (L.) Wilczek] leaves [J]. Public Library of Science, 18 (5): e0285400.

HASSIDIM M, HARIR Y, YAKIR E, et al., 2009. Over-expression of *CONSTANS-LIKE 5* can induce flowering in short-day grown *Arabidopsis* [J]. Planta, 230 (3): 481-491.

HENG Y Q, LIN F, JIANG Y, et al., 2019. B-box containing proteins BBX30 and BBX31, acting downstream of HY5, negatively regulate photomorphogenesis in *Arabidopsis* [J]. Plant Physiology, 180 (1): 497-508.

HOLTAN H E, BANDONG S, MARION C M, et al., 2011. BBX32, an *Arabidopsis* B-Box protein, functions in light signaling by suppressing HY5-regulated gene expression and interacting with STH2/BBX21 [J]. Plant Physiology, 156 (4): 2109-2123.

HUANG J Y, ZHAO X B, WENG X Y, et al., 2012. The rice B-box zinc finger gene family: genomic identification, characterization, expression profiling and diurnal analysis [J]. Public Library of Science, 7 (10): e48242.

INITIATIVE A G, 2000. Analysis of the genome sequence of the flowering plant *Arabidopsis thaliana* [J]. Nature-International Journal of Science Education and Technology, 408 (6814): 796-815.

JIANG L, WANG Y, LI Q F, et al., 2012. *Arabidopsis* STO/BBX24 negatively regulates UV-B signaling by interacting with COP1 and repressing HY5 transcriptional activity. [J]. Cell Research, 22 (6): 1046-1057.

JOB N, YADUKRISHNAN P, BURSCH K, et al., 2018. Two B-box proteins regulate photomorphogenesis by oppositely modulating HY5 through their diverse C-terminal domains [J]. Plant Physiology, 176 (4): 2963-2976.

KANG Y J, KIM S K, KIM M Y, et al., 2014. Genome sequence of mungbean and insights into evolution within Vigna species [J]. Nature Communications, 5: 5443

KENRICK P, CRANE P R, 1997. The origin and early evolution of plants on land [J]. Natural-International Journal of Science, 389 (6646): 33-39.

KHANNA R, KRONMILLER B, MASZLE D R, et al., 2009. The *Arabidopsis* B-box zinc finger family [J]. Plant Cell, 21 (11): 3416-3420.

KIELBOWICZ-MATUK A, 2012. Involvement of plant C2H2-type zinc finger transcription factors in stress responses. [J]. Plant Science, 185-186: 78-85.

KIELBOWICZ-MATUK A, REY P, RORAT T, 2014. Interplay between circadian rhythm, time of the day and osmotic stress constraints in the regulation of the expression of a *Solanum* Double B-box gene [J]. Annals Botany, 13 (5): 831-842.

KRZYWINSKI M, SCHEIN J, BIROL I, et al., 2009. Circos: an information aesthetic for comparative genomics [J]. Genome Research, 19 (9): 1639-1645.

KUMAR S, STECHER G, TAMURA K, 2016. MEGA7: molecular evolutionary genetics analysis version 7.0 for bigger datasets [J]. Molecular Biology and Evolution, 33 (7): 1870-1874.

LEE B D, KIM M R, KANG M Y, et al., 2017. The F-box protein FKF1 inhibits dimerization of COP1 in the control of photoperiodic flowering [J]. Nature Communications, 8 (1): 2259.

LESCOT M, DÉHAIS P, THIJS G, et al., 2002. PlantCARE, a database of plant cis-acting regulatory elements and a portal to tools for in silico analysis of promoter sequences [J]. Nucleic Acids Research, 30 (1): 325-327.

LETUNIC I, DOERKS T, BORK P, 2015. SMART: recent updates, new developments and status in 2015 [J]. Nucleic Acids Research, 43 (Database issue): D257-260.

LIU J H, SHEN J Q, XU Y, et al., 2016. *Ghd2*, a CONSTANS-like gene, confers drought sensitivity through regulation of senescence in rice [J]. Indian Journal Experimental Biology, 67 (19): 5785-5798.

LIU W, LI W, HE Q, et al., 2014. Genome-wide survey and expression analysis of calcium-dependent protein kinase in *Gossypium raimondii* [J]. Public Library of Science, 9 (6): e98189.

LIU X, CHU Z, 2015. Genome-wide evolutionary characterization and analysis of bZIP transcription factors and their expression profiles in response to multiple abiotic stresses in *Brachypodium distachyon* [J]. BMC Genomics [Computer file], 16 (1): 227.

LIU X, DAI Y Q, LI R, et al., 2019. Members of B-box protein family from *Malus domestica* enhanced abiotic stresses tolerance in *Escherichia coli* [J]. Molecular Biotechnology, 61 (6): 421-426.

LIU X, LI R, DAI Y Q, et al., 2018. Genome-wide identification and expression analysis of the B-box gene family in the Apple (*Malus domestica* Borkh.) genome [J]. Molecular Genetics & Genomic Medicine, 293 (2): 303-315.

LIU X, LI R, DAI Y Q, et al., 2019. A B-box zinc finger protein, MdB-BX10, enhanced salt and drought stresses tolerance in *Arabidopsis* [J]. Plant Molecular Biology, 99 (4/5): 437-447.

LIU Y N, CHEN H, PING Q, et al., 2019. The heterologous expression of *CmBBX22* delays leaf senescence and improves drought tolerance in *Arabidopsis* [J]. Plant Cell Reports, 38 (1): 15-24.

LIVAK K J, SCHMITTGEN T D, 2001. Analysis of relative gene expression data using real-time quantitative PCR and the 2 (-Delta Delta C (T)) [J]. Method, 25 (4): 402-408.

LYNCH M, 2002. Intron evolution as a population-genetic process [J]. Proceedings of the National Academy of Sciences of the United States of America, 99 (9): 6118-6123.

MERONIG, DIEZ-ROUX G, 2005. TRIM/RBCC, a novel class of 'single protein RING finger' E3 ubiquitin ligases [J]. Bioessays, 27 (11): 1147-1157.

MOORE R C, PURUGGANAN M D, 2003. Purugganan MD. The early stages of duplicate gene evolution [J]. Proceedings of the National Academy of Sciences of the United States of America, 100 (26): 15682-15687.

NAGAOKA S, TAKANO T, 2003. Salt tolerance-related protein STO binds to a Myb transcription factor homologue and confers salt tolerance in *Arabidopsis* [J]. Journal of Experimental Botany, 54 (391): 2231-2237.

ORAVECZ A, BAUMANN A, MÁTÉ Z, et al., 2006. CONSTITUTIVELY PHOTOMORPHOGENIC1 is required for the UV-B response in *Arabidopsis* [J]. Plant Cell, 18 (8): 1975-1990.

ORDOñEZ-HERRERA N, TRIMBORN L, MENJE M, et al., 2018. The transcription factor COL12 is a substrate of the COP1/SPA E3 ligase and regulates flowering time and plant architecture [J]. Plant Physiology, 176 (2): 1327-1340.

PARK H Y, LEE S Y, SEOK H Y, et al., 2011. EMF1 interacts with EIP1, EIP6 or EIP9 involved in the regulation of flowering time in *Arabidopsis* [J]. Plant and Cell Physiology, 52 (8): 1376-1388.

RIBONI M, TEST A R, GALBIATI M, et al., 2016. ABA-dependent control of *GIGANTEA* signalling enables drought escape via up-regulation of FLOWERING LOCUS T in *Arabidopsis thaliana* [J]. Journal Experimental Botany, 67 (22): 6309-6322.

RIECHMANN J L, HEARD J, MARTIN G, et al., 2000. *Arabidopsis* transcription factors: genome - wide comparative analysis among eukaryotes [J]. Science, 290 (5499): 2105-2110.

SONG Y H, SONG N Y, SHIN S Y, et al., 2008. Isolation of CONSTANS as a TGA4/OBF4 interacting protein [J]. Molecular Cells, 5 (4): 559-565.

SRIVASTAVA R, KUMAR S, KOBAYASHI Y, et al., 2018. Comparative genome-wide analysis of WRKY transcription factors in two Asian legume crops: Adzuki bean and Mung bean [J]. Scientific Reports, 8: 16971.

SUBRAMANIAN C, KIM B H, LYSSENKO N N, et al., 2004. The *Arabidopsis* repressor of light signaling, COP1, is regulated by nuclear exclusion: mutational analysis by bioluminescence resonance energy transfer [J]. Proceedings of the National Academy of Sciences of the United States of America, 101 (17): 6798-6802

SUN Y, FAN X Y, CAO D M, et al., 2010. Integration of brassinosteroid signal transduction with the transcription network for plant growth regulation in *Arabidopsis* [J]. Developmental Cell, 19 (5): 765-777.

SUN Z B, QI X Y, WANG Z L, et al., 2013. Overexpression of TsGOLS2, a galactinol synthase, in *Arabidopsis thaliana* enhances tolerance to high salinity and osmotic stresses [J]. Plant Physiology and Biochemistry, 69: 82-89.

TALAR U, KIEŁBOWICZ-MATUK A, CZARNECKA J, et al., 2007. Genome-wide survey of B-box proteins in potato (*Solanum tuberosum*) -Identification, characterization and expression patterns during diurnal cycle, etiolation and de-etiolation. [J]. Public Library of Science, 12 (5) : e0177471.

TARIQ R, HUSSAIN A, TARIQ A, et al., 2022. Genome-wide analyses of the mung bean NAC gene family reveals orthologs, co-expression networking and expression profiling under abiotic and biotic stresses [J]. BMC Plant Biology, 22 (1): 343.

THOMPSON J D, HIGGINS D G, GIBSON T J, 1994. CLUSTAL W: improving the sensitivity of progressive multiple sequence alignment through sequence weighting, position-specific gap penalties and weight matrix choice [J]. Nucleic Acids Research, 22 (22): 4673-4680.

TIWARI S B, SHEN Y, CHANG H C, et al., 2010. The flowering time regulator CONSTANS is recruited to the *FLOWERING LOCUS T* promoter via a unique cis-element [J]. New Phytologist, 187 (1): 57-66.

TRIPATHI P, CARVALLO M, HAMILTON E E, et al., 2017. *Arabidopsis* B-BOX32 interacts with CONSTANS-LIKE3 to regulate flowering [J]. Proceeding of the National Academy of Sciences of the United States of America, 114 (1): 172-177.

VAISHAK K, YADUKRISHNAN P, BAKSHI S, et al., 2019. The B-box bridge between light and hormones in plants [J]. Journal of Photochemistry and Photobiology B: biology, 191: 164-174.

WANG C Q, DEHESH K, 2015. From retrograde signaling to flowering time [J]. Plant Signal Behavior, 10 (6): e1022012.

WANG C Q, GUTHRIE C, SARMAST M K, et al., 2014. BBX19 interacts with CONSTANS to repress *FLOWERING LOCUS T* transcription, defining a flowering time checkpoint in *Arabidopsis* [J]. Plant Cell, 26 (9): 3589-3602.

WANG D, ZHANG Y, ZHANG Z, et al., 2010. KaKs_Calculator 2.0: a toolkit incorporating gamma-series methods and sliding window strategies [J]. Genomics, 8 (1): 77-80.

WANG L F, ZHU J F, LI X M, et al., 2018. Salt and drought stress and ABA responses related to *bZIP* genes from *V. radiata* and *V. angularis* [J]. Gene, 651: 152-160.

WANG Q M, TU X J, ZHANG J H, et al., 2013. Heat stress-induced BBX18 negatively regulates the thermotolerance in *Arabidopsis* [J]. Mol Biology Reports, 40 (3): 2679-2688.

WANG Q, ZENG J, DENG K, et al., 2011. DBB1a, involved in gibberellin homeostasis, functions as a negative regulator of blue light-mediated hypocotyl elongation in *Arabidopsis* [J]. Planta, 233 (1): 13-23.

WANG Y, TANG H, DEBARRY J D, et al., 2012. MCScanX: a toolkit for detection and evolutionary analysis of gene synteny and collinearity [J]. Nucleic Acids Research, 40 (7): e49.

WEI H R, WANG P P, CHEN J Q, et al., 2020. Genome-wide identification and analysis of B-BOX gene family in grapevine reveal its potential functions in berry development [J]. BMC Plant Biology, 20 (1): 72.

WILKINS M R, GASTEIGER E, BAIROCH A, et al., 1999. Protein identification and analysis tools in the ExPASy server [J]. Methods in Molecular Biology, 112: 531-552.

XU D, JIANG Y, LI J, et al., 2018. The B-Box Domain Protein BBX21 Promotes Photomorphogenesis [J]. Plant Physiology, 176 (3): 2365-2375.

XU D, LI J, GANGAPPA S N, et al., 2014. Convergence of light and ABA signaling on the *ABI5* promoter [J]. PLos Genetics, 10 (2): e1004197.

XU Y J, ZHAO X, AIWAILI P, et al., 2020. A zinc finger protein BBX19 interacts with ABF3 to affect drought tolerance negatively in chrysanthemum [J]. Plant Journal, 103 (5): 1783-1795.

YADAV A, BAKSHI S, YADUKRISHNAN P, et al., 2019. The B-box-containing microprotein miP1a/BBX31 regulates photomorphogenesis and UV-B protection [J]. Plant Physiology, 179 (4): 876-1892.

YADUKRISHNAN P, JOB N, JOHANSSON H, et al., 2018. Opposite roles of group IV BBX proteins: Exploring missing links between structural and functional diversity [J]. Plant Signaling & Behavior, 13 (8): e1562641.

YANG Y J, MA C, XU Y J, et al., 2014. A zinc finger protein regulates flowering time and abiotic stress tolerance in chrysanthemum by modulating gibberellin biosynthesis [J]. Plant Cell, 26 (5): 2038-2054.

YIN L L, ZHANG M L, WU R G, et al., 2021. Genome-wide analysis of OSCA gene family members in *Vigna radiata* and their involvement in the osmotic response [J]. BMC Plant Biology, 21: 408.

YU J, HU S, WANG J, et al., 2002. A draft sequence of the rice genome (*Oryza sativa* L. ssp. *Indica*) [J]. Science, 296 (5565): 79-92.

ZDOBNOV, APWEILER R, 2001. InterProScan-an integration platform for the signature-recognition methods in InterPro [J]. Bioinformatics, 17 (9): 847-848.

ZHANG Z L, JI R H, LI H Y, et al., 2014. CONSTANS-LIKE 7 (COL7) is involved in phytochrome B (phyB)-mediated light-quality regulation of auxin homeostasis [J]. Molecular Plant, 7 (9): 1429-1440.

ZHOU H, QI K, LIU X, et al., 2016. Genome-wide identification and comparative analysis of the cation proton antiporters family in pear and four other rosaceae species [J]. Molecular Genetics Genomics, 291 (4): 1727-1742.

ZHU D M, MAIER A, LEE J H, et al., 2008. Biochemical characterization of *Arabidopsis* complexes containing CONSTITUTIVELY PHOTOMORPHO-GENIC1 and SUPPRESSOR OF PHYA proteins in light control of plant development. [J]. Plant Cell, 20 (9): 2307-2323.

9 大豆 *BBX* 基因家族的鉴定及对干旱和盐胁迫的响应

9.1 引言

转录因子是生物中重要的调控因子,广泛参与生物生长、发育、代谢及环境响应的调控过程。锌指蛋白(zinc finger protein,ZFP)是一类具有组氨酸、半胱氨酸和锌离子的手指状结构的转录因子,能够与 DNA、RNA 及蛋白质互作,发挥对转录、RNA 包装、细胞凋亡、蛋白折叠组装等的调控作用(杨宁等,2020)。根据其保守结构域的不同又可分为若干个亚家族(Laity et al.,2001),BBX(B-box)是锌指结构转录因子家族的一个亚家族,其氨基酸序列 N 末端具有 1~2 个长约 40 个氨基酸残基的 B-box 基序,或在 C 末端同时存在保守的 CCT 结构域(Crocco and Botto,2013),B-box 分为 B-box1(B1)和 B-box2(B2)两种类型,根据 B-box 个数、类型及是否含有 CCT 结构域,将 BBX 蛋白分为 5 种类型,类型 Ⅰ 和类型 Ⅱ 都含有 2 个 B-box 和 1 个 CCT 结构域(B1+B2+CCT),但类型 Ⅰ 和类型 Ⅱ 的 B2 在氨基酸序列上有差异但仍具有较好的保守性,类型 Ⅲ 仅有 B-box1 和 1 个 CCT 结构域(B1+CCT),类型 Ⅳ 含有 2 个 B-box 结构域(B1+B2),类型 Ⅴ 只有 1 个 B-box 结构域(B1)(Gangappa and Botto,2014)。

植物 B-box 结构域在调控基因表达和蛋白互作方面发挥着极为重要的作用,B-box 结构域可直接与基因启动子作用调控基因的表达,也可与 BBX 蛋白家族内部或其他蛋白形成异二聚体调控下游基因的表达。在模式植物拟南芥中发现,BBX 在植物光形态建成、花的发育、激素信号转导及避荫响应等过程中都发挥了重要功能(杨宁等,2020)。如拟南芥 Ⅳ 型 BBX 中有 6 个(BBX20~BBX25)参与核心调控因子 HY5 依赖性的光形态建成(Gangappa and Botto,2016),其中,AtBBX20~AtBBX23 是光形态建成的正调控因子，AtBBX21 和 AtBBX22 可互作并结合到 *HY5* 基因表达的启动子，从而增强 *HY5* 基因的表达（Datta et al.，2007；Chang et al.，2008），AtBBX24 和 AtBBX25 是光形态建成的负调控因子，二者结合形成异二聚体可抑制 *HY5* 的转录（Gangappa et al.，2013）；拟南芥中的 AtBBX1/CO 可与 SPA1 蛋白互作并激活 *FT* 基因的表达，从而促进长日照植株开花（Tiwari et al.，2010；Cao et al.，2014）；AtBBX21 能通过下调生长素、乙烯和油菜素内酯通路中相关基因表达，而影响长期遮荫条件下的植物生长（Crocco et al.，2011）；AtBBX18 可通过促进 GA 代谢基因的活性而促进胚轴的生长（Wang et al.，2011）。近年来的研究显示，*BBX* 也可参与植物非生物逆境响应。如苹果中有 6 个 *BBX* 基因对渗透压、盐胁迫、低温胁迫和外源脱落酸处理敏感，其表达量大幅上调（Liu et al.，2018），拟南芥中的 *AtBBX18* 介导植株的热胁迫响应（Wang et al.，2013），番茄中大部分 *SlBBX* 基因均受热胁迫和高温胁迫诱导表达（Chu et al.，2016），在拟南芥中超表达菊花 *CmBBX22* 可降低转基因株系对脱落酸的敏感度，从而调控植株对干旱胁迫的抵御能力（Liu et al.，2019），超表达水稻 *BBX* 基因 *Ghd2* 的植株对干旱变得敏感，其衰老相关基因表达上调（Liu et al.，2016），高盐和 PEG 处理能够诱导马铃薯 *SsBBX24* 基因的表达和蛋白积累，且日照时间长短还能调控 *SsBBX24* 对盐胁迫的响应（Kielbowicz-Matuk et al.，2014）。

目前，已在拟南芥（Imtiaz et al.，2015）、水稻（Huang et al.，2012）、马铃薯（Talar et al.，2017）、苹果（Liu et al.，2018）、葡萄（Wei et al.，2020）、绿豆（Yin et al.，2024）等多种植物中鉴定出 *BBX* 基因家族成员。大豆是重要的油料作物之一，目前尚未对大豆 *BBX* 家族进行鉴定和研究。为此，本研究鉴定了大豆 *BBX* 家族成员，分析了各成员的蛋白质特性、染色体分布、保守基序及进化关系，并利用表达数据和转录组数据，对 *GmBBX* 的组织特异性和在干旱、盐胁迫条件下的表达模式进行了分析，以明确 *GmBBX* 的特性及其在植物逆境胁迫下的响应模式，为深入研究 *BBX* 基因家族的功能和新品种改良提供参考。

9.2　材料与方法

9.2.1　大豆 *BBX* 基因家族的鉴定及其在染色体上的分布

大豆全基因组 Glycine_max_v2.1 信息来自 Ensembl（http：//

plants.ensembl.org/index.html) 网站。在 Pfam (http://pfam.xfam.org) 网站下载 B-box 保守结构域的隐马尔可夫模型文件 (Pfam00643)，利用 HMMER 程序对大豆蛋白质序列进行搜索，获得序列去除重复后，利用 SMART (http://smart.embl-heidelberg.de/) (Letunic et al., 2015)、InterProScan (http://www.ebi.ac.uk/Tools/pfa/iprscan/) 数据库 (Zdobnov and Apweiler, 2001) 和 Pfam (http://pfam.xfam.org/) (Finn et al., 2014) 验证这些候选序列是否含有 B-box 保守结构域，除去不含 B-box 结构域的序列，即获得大豆 BBX 家族成员，其蛋白质的分子质量和等电点利用 ExPASy (http://www.expasy.org/) 在线网站分析。从大豆全基因组 (Glycine_max_v2.1) 获取 GmBBX 基因的基因号及其在染色体上的位置数据，利用 MapChart 软件绘制 GmBBX 基因在染色体上的分布图。

9.2.2　大豆 BBX 蛋白保守结构域分析

利用 ClustalW 将 GmBBX 蛋白序列进行多序列比对，将比对结果提交至 Weblogo (http://weblogo.berkeley.edu/) 网站，对 B-box 和 CCT 结构域的保守基序进行 Logo 分析。

9.2.3　大豆 BBX 家族基因系统发育树的构建

从基因组数据库 (https://phytozome.jgi.doe.gov/pz/portal.html) 下载大豆全基因组数据，获取大豆 BBX 基因家族的蛋白质序列，利用 MEGA 7 软件对大豆 42 个 GmBBX 蛋白进行多序列比对，采用邻接法 (Neighbor-Joining, NJ) 构建系统进化树，校验参数 Bootstrap method 设为 1 000 (Kumar et al., 2016)。

9.2.4　GmBBX 基因的扩展模式分析

利用 McScanX 软件对大豆 BBX 家族基因进行共线性分析，采用 Circos 软件绘制大豆 BBX 家族成员共线性关系图 (Krzywinski et al., 2009)。若两个基因的比对率大于 70%（相对于较长的基因），比对相似性大于 70%，且两个基因在染色体上的位置小于 100 kb 时，即认为这两个基因属于串联重复基因。

9.2.5 *GmBBX* 基因启动子序列分析及表达特征分析

从大豆基因组提取 *GmBBX* 起始密码子 ATG 上游 1 500 bp 序列作为 *GmBBX* 的启动子序列，利用 PlantCARE（http：//bioinformatics. psb. ugent. be/webtools/plantcare/html/）（Lescot et al., 2002）在线网站分析 *GmBBX* 基因启动子序列上的顺式作用元件，获得 *GmBBX* 基因启动子上与光响应、胁迫响应及激素应答相关的顺式作用元件。利用 Phytozome 网站（https：//phytozome. jgi. doe. gov/pz/portal. html）获取大豆 *BBX* 家族基因在根、茎、叶、花、荚果和种子中的表达数据，从 NCBI（GEO 登录号：GSE57252）共获得 36 个 *GmBBX* 在干旱（脱水处理）和盐（100 mmol/L NaCl）胁迫 0 h、1 h、6 h 和 12 h 的表达数据（Belamkar et al., 2014），利用 TBtools 软件绘制基因表达热图，并进行聚类分析。

9.3 结果与分析

9.3.1 大豆 *BBX* 基因家族鉴定及在染色体上的分布

对大豆全基因组序列进行搜索，除去不含 B-box 结构域的序列，最终在大豆全基因组中共鉴定得到 42 条非冗余大豆 BBX 蛋白的编码基因，根据其在染色体上的分布，命名为 *GmBBX1*~*GmBBX42*。由表 9-1 可以看出，*GmBBX* 成员编码的氨基酸为 152（GmBBX36）~430 个（GmBBX16）；所有蛋白的分子质量为 16.58（GmBBX36）~48.19 kD（GmBBX16）；等电点为 4.2（GmBBX30）~8.9（GmBBX35），其中大部分成员等电点小于 7，仅有 6 个 GmBBX 的等电点大于 7，分别为 GmBBX3（7.83）、GmBBX5（7.01）、GmBBX9（7.53）、GmBBX13（8.88）、GmBBX19（7.02）和 GmBBX35（8.90）。42 个 GmBBX 蛋白的不同长度导致不同的分子量和等电点，表明 GmBBX 在序列和理化性质上存在很大差异。使用 Mapchart 软件绘制大豆 *BBX* 家族基因在染色体上的分布，结果如图 9-1 所示，除 chr2 和 chr16 外，其余 18 条染色体上均有 *GmBBX* 分布，其中 chr1、chr3、chr5、chr7、chr14、chr18 和 chr20 染色体上只分布有 1 个 *GmBBX* 基因，*GmBBX* 基因分布最多的是 chr13 染色体，有 6 个成员（*GmBBX28*~*GmBBX33*）。此外，*GmBBX* 多分布在染色体的上端、中上端和下端。

9 大豆BBX基因家族的鉴定及对干旱和盐胁迫的响应

表9-1 大豆BBX基因家族信息

基因名称	基因ID	位置	氨基酸/个	等电点	分子质量/kD	保守结构域位置 Box-1	Box-2	CCT
GmBBX1	GLYMA_01G168500	Chr1：50609992~50613102	210	6.69	23.22	1~38	77~122	—
GmBBX2	GLYMA_03G209800	Chr3：41649707~41654690	349	5.98	38.81	3~50	51~93	303~346
GmBBX3	GLYMA_04G009200	Chr4：734314~736030	319	7.83	36.52	4~47	53~100	—
GmBBX4	GLYMA_04G027000	Chr4：2193861~2195469	266	6.58	29.38	4~47	53~100	—
GmBBX5	GLYMA_04G058900	Chr4：4830134~4831900	309	7.01	33.73	1~48	49~91	252~291
GmBBX6	GLYMA_05G233700	Chr5：41087671~41089500	365	5.43	40.83	13~60	—	310~353
GmBBX7	GLYMA_06G009100	Chr6：715829~717010	233	6.49	26.12	4~47	53~100	—
GmBBX8	GLYMA_06G027000	Chr6：2087092~2088456	245	6.11	27.17	4~47	53~100	—
GmBBX9	GLYMA_06G059600	Chr6：4519732~4521199	310	7.53	33.96	1~48	49~91	253~296
GmBBX10	GLYMA_06G300900	Chr6：48975674~48976800	177	4.34	19.20	1~45	—	—
GmBBX11	GLYMA_07G091400	Chr7：8539101~8541616	427	4.89	47.92	14~61	—	374~417
GmBBX12	GLYMA_08G041100	Chr8：3254252~3256417	371	5.83	41.54	13~60	—	316~359
GmBBX13	GLYMA_08G221600	Chr8：17990599~17991857	241	8.88	25.97	1~47	—	—
GmBBX14	GLYMA_08G255200	Chr8：22599514~22602226	348	5.88	38.47	10~46	50~97	279~322
GmBBX15	GLYMA_09G099000	Chr9：17582481~17586119	292	5.37	31.99	4~47	52~99	—
GmBBX16	GLYMA_09G184600	Chr9：40986149~40988677	430	4.86	48.19	14~61	—	369~412
GmBBX17	GLYMA_10G021400	Chr10：1857313~1860298	348	6.24	38.83	10~57	58~99	302~345
GmBBX18	GLYMA_10G274300	Chr10：49716241~49718424	419	5.48	46.90	15~62	—	364~407
GmBBX19	GLYMA_11G074900	Chr11：5593155~5596182	184	7.02	20.27	1~47	51~96	—
GmBBX20	GLYMA_11G110900	Chr11：8475794~8478437	212	5.90	23.77	1~47	51~96	—
GmBBX21	GLYMA_11G112800	Chr11：8627210~8628706	288	6.34	31.84	4~47	53~100	—
GmBBX22	GLYMA_11G127100	Chr11：9656242~9659517	238	5.01	26.08	4~47	52~99	—
GmBBX23	GLYMA_12G037200	Chr12：2698742~2702206	212	6.70	23.68	1~47	51~96	—
GmBBX24	GLYMA_12G051700	Chr12：3704987~3708481	238	5.10	26.08	4~47	52~99	—
GmBBX25	GLYMA_12G103800	Chr12：9301633~9302798	173	4.58	18.69	1~45	—	—
GmBBX26	GLYMA_12G198400	Chr12：35970558~35971945	221	4.36	24.36	1~45	—	—
GmBBX27	GLYMA_12G233900	Chr12：39321100~39325411	374	4.97	41.03	82~129	134~181	—
GmBBX28	GLYMA_13G050300	Chr13：14630394~14632571	361	5.32	40.22	15~62	63~105	292~335
GmBBX29	GLYMA_13G093800	Chr13：20903249~20905141	365	6.21	39.87	18~65	66~108	293~336
GmBBX30	GLYMA_13G248000	Chr13：35620202~35621661	154	4.20	16.70	1~45	—	—
GmBBX31	GLYMA_13G265000	Chr13：36804753~36808953	293	4.76	31.96	4~47	52~99	—
GmBBX32	GLYMA_13G303700	Chr13：40079052~40080607	221	4.27	24.25	1~45	—	—
GmBBX33	GLYMA_13G344700	Chr13：43563435~43565875	239	5.00	26.36	4~47	52~99	—
GmBBX34	GLYMA_14G216500	Chr14：48144382~48146183	276	6.30	30.56	4~47	53~100	—
GmBBX35	GLYMA_15G029500	Chr15：2377565~2381868	392	8.90	44.29	152~199	204~251	—
GmBBX36	GLYMA_15G065900	Chr15：5011484~5012449	152	4.63	16.58	1~45	—	—
GmBBX37	GLYMA_17G066600	Chr17：5146337~5148259	374	5.94	40.71	17~64	65~107	302~345
GmBBX38	GLYMA_17G255100	Chr17：40923558~40925409	327	6.15	36.45	49~96	102~149	—

（续表）

基因名称	基因ID	位置	氨基酸/个	等电点	分子质量/kD	保守结构域位置		
						Box-1	Box-2	CCT
GmBBX39	GLYMA_18G278100	Chr18：55964515~55967181	328	6.49	36.37	10~47	50~97	259~302
GmBBX40	GLYMA_19G039000	Chr19：5467686~5469895	366	5.47	40.91	17~64	65~107	297~340
GmBBX41	GLYMA_19G207100	Chr19：46241152~46245817	351	5.88	38.95	4~51	52~94	305~348
GmBBX42	GLYMA_20G115600	Chr20：35746760~35748974	418	5.61	46.75	15~62	—	363~406

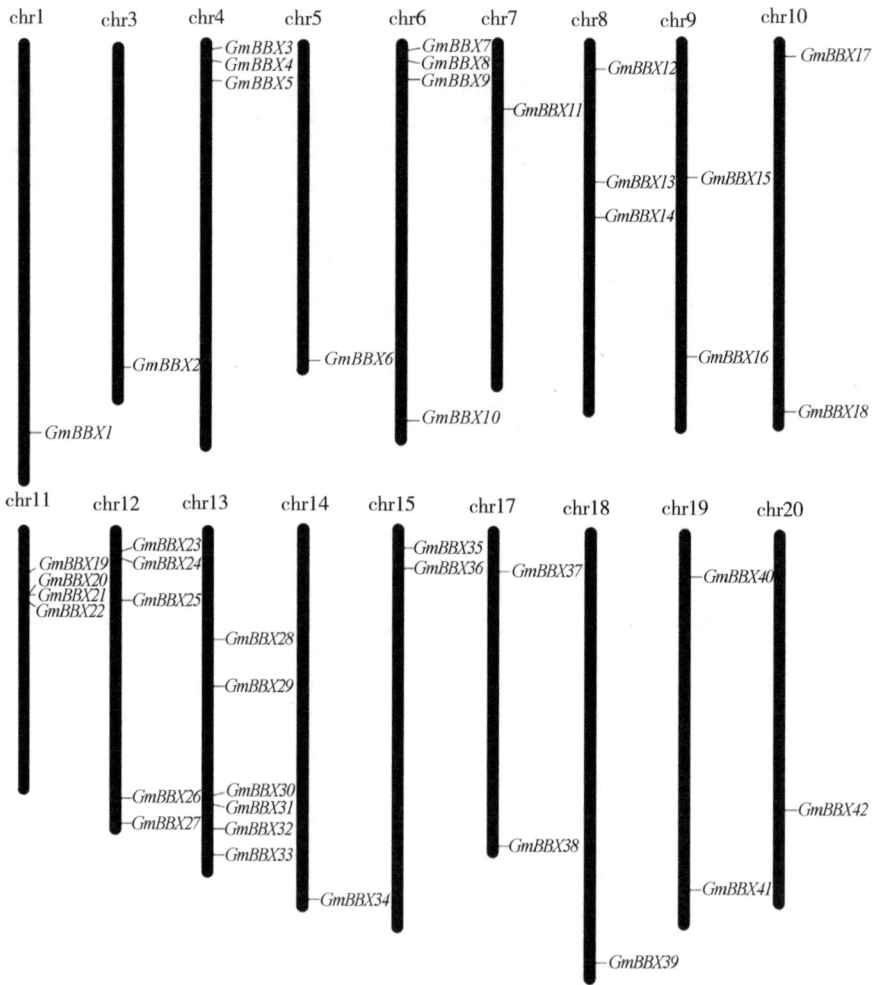

图 9-1　*GmBBX* 在染色体上的分布

9.3.2 大豆BBX蛋白保守结构域分析

大豆BBX蛋白含有3个保守结构域，分别为B-box1（B1）、B-box2（B2）和CCT（表9-1）。所有GmBBX均含有B-box1结构域，B-box1结构域的氨基酸数为37~48个，其中氨基酸数为48个的成员最多（18个），除GmBBX1、GmBBX14和GmBBX39外，其他GmBBX所含B-box1结构域的氨基酸数为44~48个；GmBBX中有29个成员含B-box2结构域，其所含氨基酸数为42~48个；有17个GmBBX含有CCT结构域，除GmBBX5外，其他GmBBX的CCT结构域氨基酸数均为44个。为了进一步了解各结构域氨基酸序列及其保守性，利用Weblogo网站对3个结构域的保守序列进行Logo分析，结果如图9-2所示，B-box1结构域的基序Logo为CXXCXXXXAXXXCXXDXAXLCXXCDXXX-HXXNXLXXXH（其中X为任意氨基酸），B-box2结构域的基序Logo为CXX-CXXXXXXXXCXXDXXXXCXXCDXXXHXXXXXXXX，CCT结构域的基序Logo为REARVXRYREKXXXRXFXKXIRYXXRKXXAEXRPRXKGRFXK，B-box1结构域比B-box2结构域的共有序列多，因此B-box1结构域较B-box2结构域更保守。

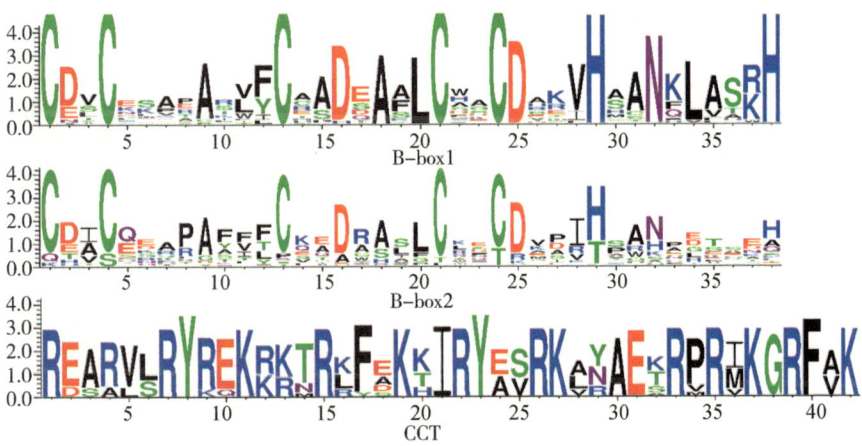

图9-2　GmBBX蛋白中保守结构域的Logo分析

注：x轴表示结构域的保守序列，字母的高度代表了每个氨基酸残基的保守性，y轴是相对熵的刻度，反映了每个氨基酸的守恒率。

9.3.3 大豆BBX家族的系统发育

根据大豆BBX蛋白质多序列比对和结构域分析构建GmBBX的系统发育

树，结果如图 9-3 所示。可以看出，大豆 BBX 可以分为 5 个亚家族，分别为 B1 + B2 + CCT（Ⅰ）、B1 + B2 + CCT（Ⅱ）、B1 + CCT（Ⅲ）、B1 + B2（Ⅳ）和 B1（Ⅴ），其中亚家族Ⅰ和亚家族Ⅱ中 B2 结构域的氨基酸序列存在差异，亚家族Ⅰ中包含 3 个 GmBBX 家族成员（GmBBX2、GmBBX17 和 GmBBX41），亚家族Ⅱ中包含 8 个 GmBBX 成员（GmBBX5、GmBBX9、GmBBX14、GmBBX28、GmBBX29、GmBBX37、GmBBX39 和 GmBBX40），亚家族Ⅲ中包含 6 个 GmBBX 成员（GmBBX6、GmBBX11、GmBBX12、GmBBX16、GmBBX18 和 GmBBX42），亚家族Ⅳ中包含的 GmBBX 成员最多，有 18 个 GmBBX（GmBBX1、GmBBX3、GmBBX4、GmBBX7、GmBBX8、GmBBX15、GmBBX19、GmBBX20、GmBBX21、GmBBX22、GmBBX23、GmBBX24、GmBBX27、GmBBX31、GmBBX33、GmBBX34、GmBBX35 和 GmBBX38），亚家族Ⅴ中包含 7 个 GmBBX 成员（GmBBX10、GmBBX13、GmBBX25、GmBBX26、GmBBX30、GmBBX32 和 GmBBX36）。

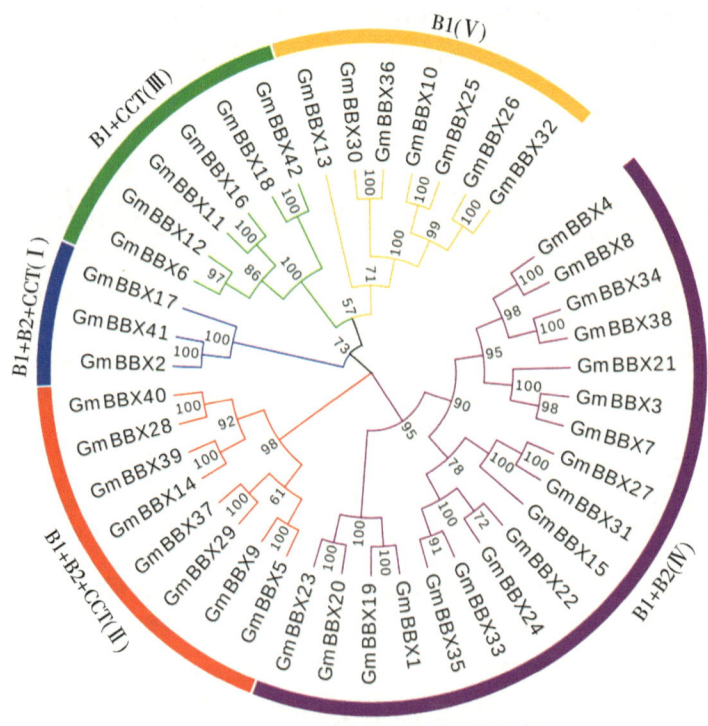

图 9-3　大豆 *BBX* 基因家族成员进化树

9.3.4 GmBBX 基因的扩展模式

基因复制对基因家族的产生起重要作用，其中串联复制和片段复制常使基因家族的基因发生多倍化，串联复制常会产生基因簇，而片段复制会使基因家族成员分散（卢婷婷等，2019）。为了明确 GmBBX 基因的扩展模式，利用基因位置信息鉴定了 GmBBX 中的串联重复簇，发现在 11 号染色体上存在一个由 GmBBX20 和 GmBBX21 形成的串联重复对（图 9-1），利用 McScanX 分析片段重复对表明，结果如图 9-4 和表 9-2 所示，在大豆基因组中

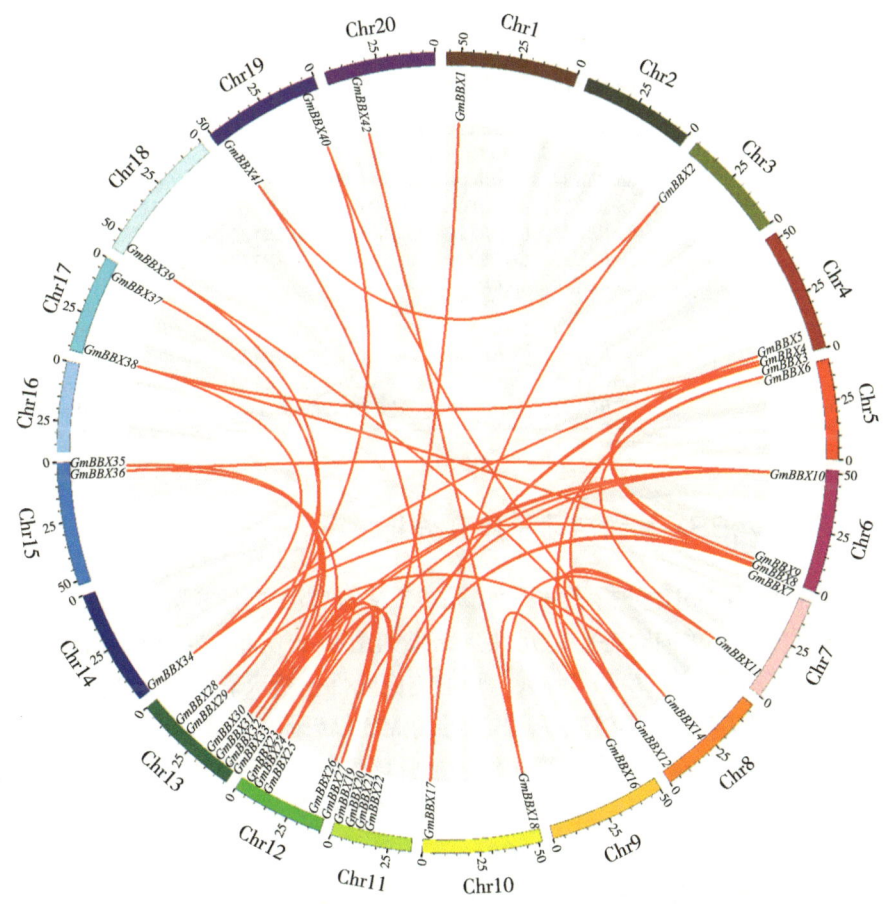

图 9-4 大豆 BBX 基因家族成员的共线性关系

注：图中淡紫色线条表示大豆基因组中每条染色体上的共线性基因对，红色粗线条表示复制的 GmBBX 基因对，彩色的棒状线条代表染色体，染色体上标记的比例尺表示染色体的长度（Mb）。

共有 50 对由片段复制形成的基因对，只有 GmBBX13 和 GmBBX15 未发生基因复制事件，表明在大豆 GmBBX 基因的扩增中，片段复制事件比例较串联复制大，片段复制是大豆 BBX 家族成员扩增的主要方式。

表 9-2　GmBBX 中片段复制形成的基因对

亚家族	结构域	基因对
Ⅰ	B1+B2+CCT	GmBBX17：GmBBX2、GmBBX41；GmBBX2、GmBBX41：GmBBX17
Ⅱ	B1+B2+CCT	GmBBX9：GmBBX5、GmBBX28；GmBBX14、GmBBX39：GmBBX14、GmBBX40：GmBBX14、GmBBX37；GmBBX29、GmBBX39：GmBBX28、GmBBX40：GmBBX28
Ⅲ	B1 +CCT	GmBBX11：GmBBX6、GmBBX12；GmBBX6、GmBBX16：GmBBX6、GmBBX12：GmBBX11、GmBBX16：GmBBX11、GmBBX18：GmBBX11、GmBBX16：GmBBX12、GmBBX18：GmBBX16、GmBBX42：GmBBX18
Ⅳ	B1+B2	GmBBX19：GmBBX1、GmBBX7：GmBBX3、GmBBX8：GmBBX3、GmBBX21：GmBBX3、GmBBX8：GmBBX4、GmBBX21：GmBBX4、GmBBX34：GmBBX4、GmBBX38：GmBBX4、GmBBX21：GmBBX7、GmBBX20：GmBBX8、GmBBX34：GmBBX8、GmBBX38：GmBBX8、GmBBX23：GmBBX20、GmBBX24：GmBBX22、GmBBX33：GmBBX22、GmBBX33：GmBBX24、GmBBX31：GmBBX27、GmBBX35：GmBBX33、GmBBX38：GmBBX34
Ⅴ	B1	GmBBX36：GmBBX30、GmBBX36：GmBBX32、GmBBX25：GmBBX26、GmBBX32：GmBBX25、GmBBX36：GmBBX25、GmBBX32：GmBBX26、GmBBX25：GmBBX10、GmBBX26：GmBBX10、GmBBX30：GmBBX10、GmBBX32：GmBBX10、GmBBX36：GmBBX10、GmBBX30：GmBBX32

9.3.5　GmBBX 基因启动子序列分析

利用 PlantCARE 分析了 42 个 GmBBX 基因启动子上与光响应、胁迫响应和激素应答相关的顺势作用元件，结果如图 9-5 所示，GmBBX 启动子上的光响应元件包括 ACE 和 G-box，胁迫响应元件包括厌氧诱导型顺式作用元件 ARE、低温响应元件 LTR、干旱诱导的 MYB 转录因子结合位点 MBS 和逆境响应元件 TC-rich，激素应答元件包括脱落酸响应元件 ABRE、乙烯响应元件 ERE、赤霉素响应元件 GARE-motif、水杨酸响应元件 TCA-element 及茉莉酸响应元件 CGTCA-motif 和 TGACG-motif。启动子上这些顺式作用元件的存在表明，GmBBX 除参与光诱导的形态建成等功能外，还可能在逆境胁迫响应中发挥重要作用，且 GmBBX 基因可能会对不同应激作出响应，且多个基因可能会响应同一应激反应。

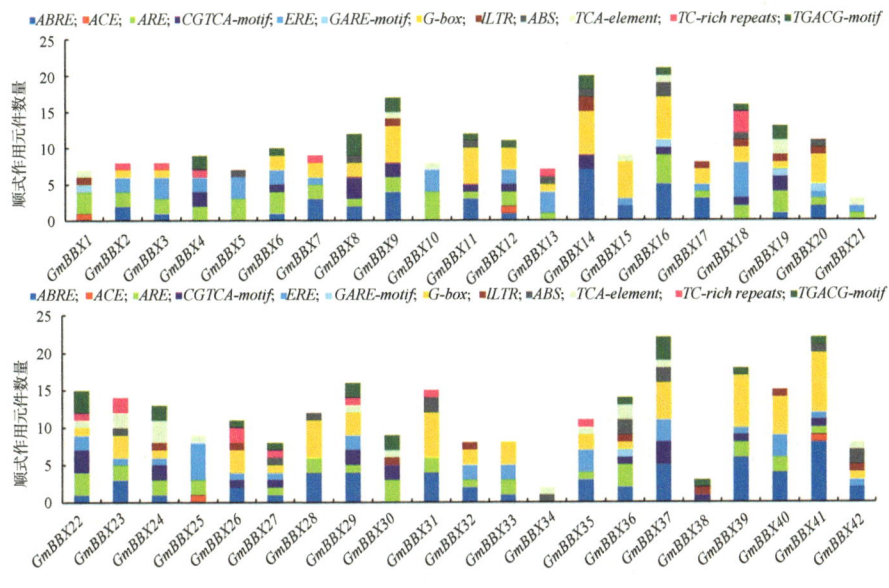

图 9-5 *GmBBX* 基因启动子顺式作用元件的分布

9.3.6 *GmBBX* 的组织特异性及逆境胁迫表达

利用 Phytozome 网站获取大豆 *BBX* 家族基因在不同组织的表达数据，结果如图 9-6 A 所示，*GmBBX* 基因在大豆不同器官中的表达存在差异，其中 *GmBBX9*、*GmBBX22*、*GmBBX24* 和 *GmBBX5* 在大豆根、茎、叶、花、荚果和种子中均具有较高的表达水平，而 *GmBBX36*、*GmBBX42* 和 *GmBBX23* 在各组织中的表达水平均较低，*GmBBX3*、*GmBBX28*、*GmBBX40* 在各个组织中几乎不表达，说明 *GmBBX* 基因在不同组织的表达特异性与其功能不同有关。

从 NCBI 数据库（GEO 登录号：GSE57252）获取 *GmBBX* 在干旱和盐胁迫下的表达数据并绘制基因表达热图。结果如图 9-6 B 和图 9-6 C 所示，*GmBBX* 在干旱和 NaCl 胁迫下具有不同的表达模式，根据 *GmBBX* 对胁迫响应的趋势，将其分为 6 种表达模式（A、B、C、D、E、F）。在干旱胁迫下共有 3 个 *GmBBX*、在盐胁迫下共有 7 个 *GmBBX* 的表达属于 A 表达模式，即呈先上升后下降的趋势，在胁迫处理 6 h 时表达量最高；在干旱胁迫下共有 5 个 *GmBBX*、在盐胁迫下共有 4 个 *GmBBX* 的表达属于 B 表达模式，即整体呈上升趋势，在胁迫 12 h 时表达量达到峰值；在干旱胁迫下共有 2 个 *GmB-*

BX、在盐胁迫下共有3个 GmBBX 的表达属于 C 表达模式，即呈先降低后升高的趋势，在胁迫1h时表达量下降，随后升高；在干旱胁迫和盐胁迫下均有18个 GmBBX 的表达属于 D 表达模式，即整体呈逐步下降趋势；在干旱胁迫下共有6个 GmBBX、在盐胁迫下共有2个 GmBBX 的表达属于 E 表达模式，即呈先上升后下降的趋势，在胁迫1h时表达量达到最高；GmBBX28 和 GmBBX40 在干旱和 NaCl 胁迫下均不表达，属于 F 表达模式，说明其不受干旱和盐胁迫影响。此外，GmBBX15、GmBBX21 和 GmBBX30 在干旱和盐胁迫下的表达均属于 A 表达模式，GmBBX7、GmBBX34 和 GmBBX41 在干旱和盐胁迫下的表达均属于 B 表达模式，GmBBX4 在干旱和盐胁迫下的表达均属于 C 表达模式，GmBBX29、GmBBX37 在干旱和盐胁迫下的表达均属于 E 表达模式，D 表达模式中，除 GmBBX18、GmBBX36 外，其他 GmBBX 在干旱和盐胁迫下的表达模式均一致。

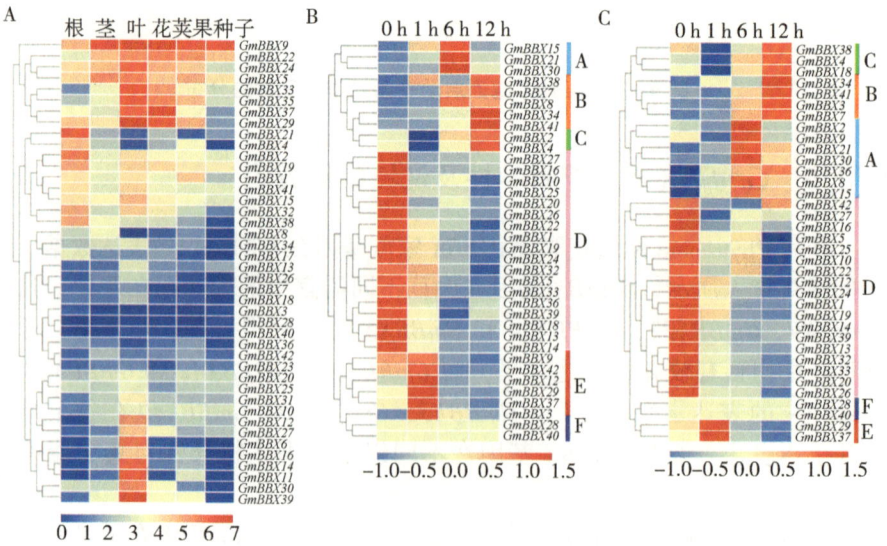

图 9-6 大豆 BBX 基因家族成员的表达

A：大豆 BBX 基因家族成员的组织特异性表达；B：大豆 BBX 基因家族成员在干旱胁迫下的表达；C：大豆 BBX 基因家族成员在盐胁迫下的表达。颜色刻度数值表示 log2 的表达值，其中蓝色表示低水平表达，红色表示高水平表达。

9.4 结论与讨论

本研究利用生物信息学手段鉴定出 42 个大豆 *BBX* 家族成员 *GmBBX1*~*GmBBX42*，其成员数量较水稻（30 个）（Huang et al., 2012）、马铃薯（30 个）（Talar et al., 2017）、葡萄（24 个）（Wei et al., 2020）等植物多，较苹果（Liu et al., 2018）（64 个）等植物少，表现出种间差异性。本研究中，42 个 GmBBX 在 N 端有一个或两个 B-box 结构域（B-box1 和 B-box2），且 B-box1 比 B-box2 更保守，部分成员在 C 端存在一个 CCT 结构域。研究表明，B-box 中保守的 C（半胱氨酸）和 H（组氨酸）位点对 *GmBBX* 的功能起重要作用（叶一隽等，2020）。

系统进化树和结构域分析表明，大豆 *BBX* 家族成员可以分为 5 个亚家族，分别为 B1+B2+CCT（Ⅰ）、B1+B2+CCT（Ⅱ）、B1+CCT（Ⅲ）、B1+B2（Ⅳ）和 B1（Ⅴ），这与拟南芥（Imtiaz et al., 2015）、番茄（Chu et al., 2016）、苹果（Liu et al., 2018）等植物中鉴定的 *BBX* 家族成员分类一致，因此，这些结构域在进化过程中具有较强的保守性。有研究认为，在 *BBX* 基因家族进化过程中，最初植物仅含有一个 B-box 结构域 B2，经复制造成 B-box 结构域加倍，形成了亚家族Ⅳ（B1+B2），后在 C 端增加了 CCT 结构域形成了亚家族Ⅱ（B1+B2+CCT），亚家族Ⅱ中某些成员的 B2 结构域删除形成了亚家族Ⅲ（B1+CCT），亚家族Ⅲ的 B1 结构域复制形成了亚家族Ⅰ（B1+B2+CCT），亚家族Ⅴ（B1）则是由亚家族Ⅳ的 B2 结构域删除进化而来（Crocco et al., 2013）。因此，亚家族Ⅰ和亚家族Ⅱ的 B-box2 在氨基酸序列上有差异，B-box1 的保守性高于 B-box2。本研究中 B-box1 基序的同源性也高于 B-box2。由大豆中两种 B-box 保守性的比较结果和进化树推测，大豆中 GmBBX 的进化与该进化模型一致。

本研究表明，在大豆 *GmBBX* 基因扩展中存在串联复制和片段复制事件，仅有 1 对基因（*GmBBX20* 和 *GmBBX21*）形成串联复制对，基因共线性分析发现有 50 对由片段复制事件形成的基因对，表明大豆 BBX 蛋白在进化过程中，在染色体之间发生片段复制的概率更高。大豆 *BBX* 家族中只有 *GmBBX13* 和 *GmBBX15* 未发生基因复制事件，推测 *GmBBX13* 和 *GmBBX15* 基因可能发生在大豆物种分化前，且在每个亚家族中均有片段复制事件，表明这 5 个亚家族中早期基因的进化发生在大豆物种分化前。此外，基因共线性分析结果与进化树分析结果一致。

BBX 家族成员参与植物的生长和发育过程。本研究发现，*GmBBX* 启动子上除含有光响应元件 *ACE*、*G-Box* 外，还发现了低温响应元件 LTR、逆境响应元件 *TC-rich* 和干旱诱导的 MYB 转录因子结合位点 *MBS*，这表明大豆 *BBX* 基因除与光形态建成有关外，还参与逆境胁迫响应。本研究进一步分析了 *GmBBX* 在干旱和 NaCl 胁迫下的表达，结果表明多数 *GmBBX* 参与大豆干旱和盐胁迫响应。此外，植物 BBX 参与激素介导的逆境胁迫响应。在拟南芥中突变 *AtBBX21* 可降低植株对 ABA 的敏感性和水分散失速率，从而提高植株的抗旱能力（Imtiaz et al., 2015）；*IbBBX24* 能够增强 JA 的信号从而提高红薯抗枯萎病的能力（Kang et al., 2018）。本研究中 42 个 *GmsBBX* 的启动子区也含有 ABA、IAA、GA、JA 及乙烯 5 种植物激素的顺式作用元件，它们参与激素介导的逆境胁迫响应需进一步研究。

大豆 *BBX* 基因家族成员在不同组织中的表达存在很大差异，表明 *GmBBX* 在不同组织中行使的功能不同。在进化上属于同一亚家族的基因表达模式也不同，如亚家族Ⅱ中 *GmBBX5* 和 *GmBBX9* 在各个组织中的表达均较高，表明其功能存在相似性，而亚家族Ⅱ中 *GmBBX28*、*GmBBX40* 在各个组织中几乎均不表达，在其他亚家族中也存在同样的情况，在番茄（Chu et al., 2016）和梨（Zou et al., 2017）中 *BBX* 基因的表达也有类似现象。说明 *BBX* 基因家族在进化上的基因重排可能导致其功能不同。

本研究结果表明，不同 *GmBBX* 响应干旱和盐胁迫的方式不同，A、B、E 表达模式中 *GmBBX* 在干旱和盐胁迫下表达均有上调，且 B 表达模式较 A、E 表达模式中 *GmBBX* 对胁迫应答的持续时间更长，说明 B 表达模式中 *GmBBX* 可能在干旱和盐胁迫应答反应中行使更重要的功能，表达模式 E 中 *GmBBX* 的表达在胁迫 1 h 时升高，随后下降，推测这些基因可能在逆境信号产生的初期发挥作用。C 表达模式中 *GmBBX* 的表达先降低后升高，表明这些基因在胁迫早期可能起到负调控作用，随胁迫时间延长，在胁迫应答后期起正调控作用。D 表达模式中 *GmBBX* 的表达均受到抑制，表明这些基因在大豆抗逆分子调控途径中可能起到负调控作用。在其他植物中也发现 *BBX* 基因起负调控作用，如在菊花中过表达 *CmBBX19* 后植株的抗旱能力降低，而抑制 *CmBBX19* 基因的表达能够提高植株的抗旱能力（Xu et al., 2020）；在番茄（Chu et al., 2016）、苹果（Liu et al., 2018）和葡萄（Wei et al., 2020）等植物中也发现多数 *BBX* 基因在干旱和盐胁迫下的表达被抑制。F 表达模式中 *GmBBX28* 和 *GmBBX40* 不受干旱和盐胁迫诱导，且这两个基因存在基因复制现象，因此，*GmBBX28* 和 *GmBBX40* 在干旱和盐胁迫下的表达一致。此外，在 A、B、D 和 E 表达模式中，部分 *GmBBX* 在干旱和盐胁迫下的表达模式也一致，如 *GmBBX29* 和 *GmBBX37* 在干旱和 NaCl 胁迫下的表达均属 E 表达模式，二者同属于第 Ⅱ 亚家族，*GmBBX15* 和 *GmBBX21* 在干旱和 NaCl 胁迫下的表达均属 A 表达模式，二者同属于 Ⅳ 亚家族成员，表明同一亚家族的基因在功能上具有一定的相似性，同一亚家族的基因还存在功能上的分化，如在干旱胁迫下 *GmBBX36* 表达呈下降的趋势，而在 NaCl 胁迫下其表达明显升高。

9.5 小结

大豆是一种重要的豆科植物，是中国重要的粮食作物之一，目前已有研究鉴定了部分植物的 *BBX* 基因家族成员，但大豆 *BBX* 家族成员仍缺乏系统的进化和功能分析。本研究利用生物信息学手段对大豆 *BBX* 家族基因进行全基因组鉴定，分析其保守结构域、系统进化树、基因复制关系、顺式作用元件、组织特异性表达和非生物逆境胁迫（干旱和 100 mmol/L NaCl 胁迫，均处理 0 h、1 h、6 h、12 h）响应模式。结果表明，大豆 *BBX* 基因家族有 42 个成员，分布在除 2 号和 16 号染色体外的 18 条染色体上。保守结构域分析表明，*GmBBX* 在 N 端有一个或两个 B-box 结构域（B-box1 和 B-box2），B-box1 较 B-box2 保守，部分成员在 C 端存在一个 CCT 结构域。系统发育分析表明，*GmBBX* 家族成员分为 5 个亚家族，分别为 B1+B2+CCT（Ⅰ型和Ⅱ型）、B1+CCT（Ⅲ型）、B1+B2（Ⅳ型）和 B1（Ⅴ型）类型，其成员数量分别为 3、8、6、18 和 7。共线性分析发现，在 *GmBBX* 基因的扩展中存在串联复制和片段复制事件，且片段复制事件是 *GmBBX* 基因扩增的主要方式。*GmBBX* 基因启动子上含有多种顺式作用元件，如光应答元件、逆境胁迫应答元件和激素响应元件等。*GmBBX* 基因表达分析结果显示，*GmBBX* 在大豆根、茎、叶、花、荚果和种子中的表达存在差异，不同 *GmBBX* 响应干旱和盐胁迫的方式不同，获得的 36 个 *GmBBX* 基因表达数据可分为 6 种表达模式表明 *GmBBX* 基因参与了非生物逆境胁迫响应，这可为明确大豆 *BBX* 家族的系统发育提供参考，为大豆抗逆分子育种提供候选基因资源。

参考文献

卢婷婷，王文佳，李存法，等，2019. 亚洲棉、雷蒙德棉和陆地棉 NRAMP 基因家族的鉴定和进化分析 [J]. 分子植物育种，17 (7)：2077-2085.

杨宁，从青，程龙军，2020. 植物 BBX 转录因子基因家族的研究进展 [J]. 生物工程学报，36 (4)：666-677.

叶一隽，李佳敏，曹红利，等，2020. 茶树 CsBBX 基因家族的鉴定与表达 [J]. 应用与环境生物学报，26 (6)：1508-1516.

BELAMKAR V, WEEKS N T, BHARTI A K, et al., 2014. Comprehensive characterization and RNA-Seq profiling of the HD-Zip transcription factor family in soybean (*Glycine max*) during dehydration and salt stress [J]. BMC Genomics, 15: 950.

CAO S, KUMIMOTO R W, GNESUTTA N, et al., 2014. A distal CCAAT/Nuclear Factor Y complex promotes chromatin looping at the *Flowering Locus T* promoter and regulates the timing of flowering in *Arabidopsis* [J]. Plant Cell, 26 (3): 1009-1017.

CHANG C J, LI Y H, CHEN L T, et al., 2008. LZF1, aHY5-regulated transcriptional factor, functions in *Arabidopsis* de-etiolation [J]. Plant Journal, 54 (2): 205-219.

CHU Z N, WANG X, LI Y, et al., 2016. Genomic organization, phylogenetic and expression analysis of the B-box gene family in tomato [J]. Frontiers in Plant Science, 7: 1552.

CROCCO C D, BOTTO J F, 2013. BBX proteins in green plants: insights into their evolution, structure, feature and functional diversification [J]. Gene, 531 (1): 44-52.

CROCCO C D, HOLM M, YANOVSKY M J, et al., 2011. Function of B-box under shade [J]. Plant Signal &Behavior, 6 (1): 101-104.

DATTA S, HETTIARACHCHI C, JOHANSSON H, et al., 2007. Salt tolerance homolog2, a B-box protein in *Arabidopsis* that activates transcription and positively regulates light-mediated development [J]. Plant Cell, 19 (10): 3242-3255.

FINN R D, BATEMAN A, CLEMENTS J, et al., 2014. Pfam: the protein families database [J]. Nucleic Acids Research, 42 (Database issue): D222-230.

GANGAPPA S N, BOTTO J F, 2014. The BBX family of plant transcription factors [J]. Trends in Plant Science, 19 (7): 460-470.

GANGAPPA S N, BOTTO J F, 2016. The multifaceted roles of HY5 in plant growth and development [J]. Molecular Plant, 9 (10): 1353-1365.

GANGAPPA S N, CROCCO C D, JOHANSSON H, et al., 2013. The *Arabidopsis* B-box protein BBX25 interacts with HY5, negatively regulating *BBX*22 expression to suppress seedling photomorphogenesis [J]. Plant Cell, 25 (4): 1243-1257.

HUANG J Y, ZHAO X B, WENG X Y, et al., 2012. The rice B-box zinc finger gene family: genomic identification, characterization, expression profiling and diurnal analysis [J]. PLoS One, 7 (10): e48242.

IMTIAZ M, YANG Y J, LIU R X, et al., 2015. Identification and functional characterization of the *BBX24* promoter and gene from chrysanthemum in *Arabidopsis* [J]. Plant Molecular Biology, 89 (1): 1-19.

KANG X, XU G, LEE B, et al., 2018. HRB2 and BBX21 interaction modulates *Arabidopsis* ABI5 locus and stomatal aperture [J]. Plant Cell and Environment, 41 (8): 1912-1925.

KIELBOWICZ-MATUK A, REY P, RORAT T, 2014. Interplay between circadian rhythm, time of the day and osmotic stress constraints in the regulation of the expression of a Solanum Double *B-box* gene [J]. Annals of Botany, 13 (5): 831-842.

KRZYWINSKI M, SCHEIN J, BIROL I, et al., 2009. Circos: an information aesthetic for comparative genomics [J]. Genome Research, 19 (9): 1639-1645.

KUMAR S, STECHER G, TAMURA K, 2016. MEGA7: molecular evolutionary genetics analysis Version 7.0 for bigger datasets [J]. Molecular Biology and Evolution, 33 (7): 1870-1874.

LAITY J H, LEE B M, WRIGHT P E, 2001. Zinc finger proteins: new insights into structural and functional diversity [J]. Current Opinion in

Structural Biology, 11 (1): 39-46.

LESCOT M, DÉHAIS P, THIJS G, et al., 2002. PlantCARE, a database of plant cis-acting regulatory elements and a portal to tools for in silico analysis of promoter sequences [J]. Nucleic Acids and Research, 30 (1): 325-327.

LETUNIC I, DOERKS T, BORK P, 2015. SMART: recent updates, new developments and status in 2015 [J]. Nucleic Acids Research, 43 (Database issue): D257-260.

LIU J H, SHEN J Q, XU Y, et al., 2016. *Ghd2*, a CONSTANS-like gene, confers drought sensitivity through regulation of senescence in rice [J]. Indian Journal Experimental Biology, 67 (19): 5785-5798.

LIU X, LI R, DAI Y Q, et al., 2018. Genome-wide identification and expression analysis of the B-box gene family in the apple (*Malus domestica* Borkh.) genome [J]. Molecular Genetics and Genomics, 293 (2): 303-315.

LIU Y N, CHEN H, PING Q, et al., 2019. The heterologous expression of CmBBX22 delays leaf senescence and improves drought tolerance in *Arabidopsis* [J]. Plant Cell Reports, 38: 15-24.

TALAR U, KIELBOWICZ-MATUK A, CZARNECKA J, et al., 2017. Genome-wide survey of B-box proteins in potato (*Solanum tuberosum*) -Identification, characterization and expression patterns during diurnal cycle, etiolation and de-etiolation [J]. PLoS One, 12 (5): e0177471.

TIWARI S B, SHEN Y, CHANG H C, et al., 2010. The flowering time regulator constans is recruited to the *Flowering Locus T* promoter via a unique cis-element [J]. New Phytologist, 187 (1): 57-66.

WANG Q M, TU X J, ZHANG J H, et al., 2013. Heat stress-induced BBX18 negatively regulates the thermotolerance in *Arabidopsis* [J]. Molecular Biology Reports, 40 (3): 2679-2688.

WANG Q M, ZENG J X, DENG K Q, et al., 2011. DBB1a, involved in gibberellin homeostasis, functions as a negative regulator of blue light-mediated hypocotyl elongation in *Arabidopsis* [J]. Planta, 233 (1): 13-23.

WEI H R, WANG P P, CHEN J Q, et al., 2020. Genome-wide identification and analysis of *B-box* gene family in grapevine reveal its potential functions in berry development [J]. BMC Plant Biology, 20: 72.

XU Y J, ZHAO X, AIWAILI P, et al., 2020. A zinc finger protein BBX19 interacts with ABF3 to negatively affect drought tolerance in *chrysanthemum* [J]. Plant Journal, 103 (5): 1783-1795.

YIN L L, WU R G, AN R L, et al., 2024. Genome-wide identification, molecular evolution and expression analysis of the B-box gene family in mung bean (*Vigna radiata* L.) [J]. BMC Plant Biology, 24: 532.

ZDOBNOV E M, APWEILER R, 2001. InterProScan: an integration platform for the signature-recognition methods in InterPro [J]. Bioinformatics, 17 (9): 847-848.

ZOU Z Y, WANG R H, WANG R, et al., 2017. Genome – wide identification, phylogenetic analysis, and expression profiling of the BBX family genes in pear [J]. The Journal of Horticultural Science and Biotechnology, 93 (1): 37-50.